安全评价实用技术丛书

矿山安全评价技术

主　编　杨勇
副主编　张浪　张彬

中国劳动社会保障出版社

图书在版编目(CIP)数据

矿山安全评价技术/杨勇主编. —北京：中国劳动社会保障出版社，2012
(安全评价实用技术丛书)
ISBN 978-7-5045-9860-8

Ⅰ.①矿… Ⅱ.①杨… Ⅲ.①矿山安全-安全评价 Ⅳ.①TD7

中国版本图书馆 CIP 数据核字(2012)第 208726 号

中国劳动社会保障出版社出版发行
(北京市惠新东街 1 号 邮政编码：100029)
出 版 人：张梦欣
*
北京金明盛印刷有限公司印刷装订 新华书店经销
787 毫米×1092 毫米 16 开本 15.5 印张 355 千字
2012 年 8 月第 1 版 2012 年 8 月第 1 次印刷
定价：38.00 元

读者服务部电话：010-64929211/64921644/84643933
发行部电话：010-64961894
出版社网址：http://www.class.com.cn

内容提要

本书为“安全评价实用技术丛书”之一，主要内容以实际工程案例为线索，围绕矿山安全评价技术知识展开，全书共有8章内容，并附有相关附录供参考查询。

在书中，第一章简单介绍安全评价和安全评价技术的基础知识。从第二章开始，根据实际安全评价工作程序，介绍了煤矿安全评价的如下几个方面内容：前期准备，危险、有害因素辨识及评价单元划分，危险、有害因素定性、定量评价，安全对策措施，安全评价结论，安全评价报告编制。最后一章即第八章，介绍了露天煤矿与井工矿井在安全评价上的区别，同时讲述了露天煤矿安全评价的前期准备，危险、有害因素的危险性分析，安全对策措施及建议。

本书既具有科学性、知识性，又具有实用性与知识普及性，可供矿山企业从业人员学习、了解安全评价相关知识使用，也可作为安全生产及其相关专业日常安全培训教育用书，还可作为从事安全评价工作的从业人员的日常学习手册。

前　言

安全评价技术是安全系统工程的重要组成部分。自20世纪60年代初起源于美国之后，经过多年的实践与发展，安全评价已经成为现代企业风险管理的一项重要内容。所谓安全评价技术就是指利用安全系统工程原理和方法来识别、评价系统工程存在的风险的过程，这一过程包括危险、有害因素识别及危险和危害程度评价两部分。20世纪80年代，安全评价作为先进的安全管理理念从国外引入我国，经历了技术探索、试运用和逐步规范发展三个阶段，现已成为安全生产许可工作中重要的一个环节。我国《安全生产法》《危险化学品安全管理条例》《安全生产许可证条例》等法律法规明确了安全评价对事故预防的作用，确定了安全评价工作的法律地位，使安全评价成为企业的一项法定工作。

伴随着安全评价技术的发展，安全评价机构蓬勃兴起，从业队伍逐步成长壮大起来，安全评价技术人员成为安全生产工作中的一支重要的技术力量，吸引了越来越多的科技学者、专业技术人员投身于安全评价工作中来，成为推动安全生产工作健康发展的一支不可或缺的力量。2007年11月22日，安全评价师被正式批准为我国新的社会职业。2008年2月29日，国家劳动和社会保障部正式颁布了《国家职业标准·安全评价师》(试行)，标志着安全评价师国家职业资格制度开始实施，安全评价工作步入法制化进程。

为了适应广大从事安全评价工作的从业人员的学习要求，系统地介绍安全评价知识和先进的技术方法，从而进一步掌握矿山、化工、危险化学品和烟花爆竹等高危行业企业的安全评价技术方法，我们组织编写了“安全评价实用技术丛书”。本套丛书具有以下特点：

1. 先进性。本套丛书是在最新法律法规的指导下，注重安全评价技术新技术、新方法的讲授，前瞻性地介绍安全评价技术在我国的发展趋势。每分册均有相关的法律法规供参考查阅。

2. 系统性。丛书分基础知识、理论知识、法律法规应用知识和高危企业安全评价技术，兼顾即将从事和正在从事安全评价工作的从业人员，从基础理论入手，逐步培养安全评价实际操作能力，通过系统学习将受益匪浅。

3. 实用性。本丛书各分册针对读者的不同需求，如基础知识和理论分册使读者能够全面了解安全评价技术及其发展的来龙去脉，了解安全评价方法和采取的技术手段的前因后果，安全评价方法的具体内容与它们在实际工作中的应用；行业分册旨在让读者系统地学习安全评价在高危行业中的应用，从实际操作与案例入手，让读者掌握该行业企业安全评价工作的方法，培养实际操作能力。

本套丛书邀请了相关高等学校、科研院所长期从事安全评价科研与实际工作的专家、学者，以及安全评价机构长期从事相关行业企业安全评价工作的从业人员，共同组成了编写委员会，以理论与实际紧密结合的方式，增加了可读性与可操作性，旨在成为即将从事或正在从事安全评价工作的科研人员、高校师生和从业人员的学习资料、工作指导与实践指南。

参加本丛书组织和编写工作的人员有：佟瑞鹏、马英楠、陈大伟、赵一姝、范小花、杨勇、陈金玉、王岩、韩海荣、李桂君、于春雨、梁欣涛、任丽军、佟永兴、李继征、韩雪萍、熊艳、刘淘、柳文杰、杜博、刘凯、孙超、王璐明、程春花、蒋永清、周志良、焦宇、张浪、张彬、秦伟。

丛书编写过程中，大量参考了相关专家学者的著作和资料，在此向他们表示感谢。由于时间紧迫，水平有限，难免存在错误或不足之处，敬请广大读者批评指正。

编委会

2010 年 4 月

目　录

第一章　概　　论

第一节　安全评价基本概念

一、安全术语

1. 安全（Safety）

安全是指没有危险，不受威胁，不出事故。

生产过程中的安全又称为生产安全，是指不发生工伤事故、职业病、设备或财产损失的状态。

工程中的安全，用概率表示近似的客观量，用于衡量安全的程度。

系统工程中的安全概念，认为世界上没有绝对安全的事物，任何事物都有不安全的因素，具有一定的危险性。安全和危险是一对互为存在前提的术语，在安全评价中，安全主要是指人和物的安全。

《辞海》中将“安全生产”解释为：为预防生产过程中发生人身、设备事故，形成良好劳动环境和工作秩序而采取的一系列措施和活动。《中国大百科全书》中将“安全生产”解释为：旨在保护劳动者在生产过程中安全的一项方针，也是企业管理必须遵循的一项原则，要求最大限度地减少劳动者的工伤和职业病，保障劳动者在生产过程中的生命安全和身体健康。

安全生产是企业生产的重要组成部分，安全生产包含在企业管理之中并贯穿于始终。因此，研究安全生产管理必须以管理学的基本理论为指导，探索安全生产规律，以求有效地控制生产中安全事故的发生。

安全生产管理是管理的重要组成部分，是安全科学的一个分支学科。安全生产管理是指针对人们在生产过程中的安全问题，运用有效的资源，发挥人们的智慧，通过人们的努力，进行有关决策、计划、组织和控制等活动，实现生产过程中人与机器设备、物料、环境的和谐发展，达到安全生产的目标。

安全生产管理的目标是，减少和控制危害，减少和控制事故，尽量避免生产过程中由于事故所造成的人身伤害、财产损失、环境污染以及其他损失。安全生产管理包括安全生产法制管理、行政管理、监督检查、工艺技术管理、设备设施管理、作业环境和条件管理以及劳动防护用品管理等。

安全生产管理的基本对象是企业的从业人员，设计企业中的所有人员、设备设施、物料、环境、财务、信息等各个方面。安全生产管理的内容包括：安全生产管理机构和安全生产管理人员、安全生产责任制、安全生产管理规章制度、安全生产策划、安全培训教育、安全生产档案等。

2. 危险（Danger）

危险是指易于受到损害或伤害的一种状态，它是指系统中存在导致发生不期望后果的可能性超过了人们的接受程度。

危险性是对系统危险程度的客观描述，它用危险概率和危险严重度来表示某一危险可能导致的损失。

长期以来，人们一直把安全和危险看做两个截然不同的、相对独立的概念。系统安全包含许多新的观点：认为世界上没有绝对安全的事物，任何事物中都包含有不安全的因素，具有一定的危险性，其中，危险概率是指发生危险的可能性，危险严重度是指对危害造成的最坏结果的定性评价。安全则是一个相对的概念，它是一种模糊数学的概念。危险性是对安全性的隶属度；当危险性低于某种程度时，人们就认为是安全的。安全性（S）与危险性（D）互为补数，即 $S=1-D$。

3. 事故（Dccident）

一般是这样定义事故的：事故是指生产系统或者生产工作中的人遭受阻碍或中止条件，可能导致人员受到伤害，或财产受到损失的非预先知晓的意外事件。通常人们认为，事故是指安全生产管理中的伤亡事故和职业危害事故，是从业人员在生产活动中发生的人身伤害和职业中毒事故。

事故具有以下基本特征：

（1）普遍性。由于生产活动中普遍存在可能导致人员伤亡和财产损失的危险性，因此，就普遍存在发生事故的可能。

（2）随机性。事故是偶然发生的，具有随机性的特点，并且事故发生的时间、地点、形式、规模、后果都是不确定的。

（3）必然性。按照安全系统工程的观点，人们在生产过程中必然会发生事故，只不过是时间长短、损失严重程度不同而已。

（4）因果相关性。事故的发生是由于系统中造成事故的各种原因相互作用的结果。事故发生的原因可大体分为人的不安全行为和物的不安全状态，以及安全生产管理上的缺陷。

（5）紧急性。事故从发生、发展到结束，往往速度很快，允许组织和个人做出反应的时间很短。这就要求人们平时积累紧急应对能力和加强应急救援体系建设。

（6）危害性。凡是事故，特别是伤亡事故，都会在一定程度上给个人、集体和社会带来损失或危害，乃至夺去人的生命，威胁企业的生存或影响到社会的稳定。

事故都有破坏性，是人们不想看见的结果。但是，人们在长期同事故做斗争的过程中，促进了科技进步和生产力的发展。因此，人们应当认识事故，预防和控制事故，研究控制事故的方法和措施。正因为如此，催生了安全生产管理这样一门学问，人们不会消极地应对事故，而是积极主动地去预测和控制事故，将事故的危害降低到最低水平。

国务院令第 493 号《生产安全事故报告和调查处理条例》，将“生产安全事故”定义为：生产经营活动中发生的造成人身伤亡或者直接经济损失的事件。

按照《企业职工伤亡事故分类标准》（GB 6441—1986）将企业工伤事故分为 20 类，分别为物体打击、车辆伤害、机械伤害、起重伤害、触电、淹溺、灼烫、火灾、高处坠落、坍塌、冒顶片帮、透水、放炮、瓦斯爆炸、火药爆炸、锅炉爆炸、其他爆炸、中毒和窒息及其他伤害等。

4. 风险（Risk）

风险是危险、危害事故发生的可能性与危险、危害事故严重程度的综合度量。风险是描述系统危险程度的客观量，又称为风险度或危险性。衡量风险大小的指标是风险率（R），它等于事故发生的概率（P）与事故损失严重程度（S）的乘积：

$$R=PS$$

由于概率值难以取得，常用频率代替概率，此时上式可表示为：

$$风险率=\frac{事故次数}{单位时间}\times\frac{事故损失}{事故次数}=\frac{事故损失}{单位时间}$$

单位时间是指系统的运行周期，可以是一年或几年；事故损失可以表示为死亡人数、事故次数、损失工作日数或经济损失等；风险率是二者之商，可以定量表示为百万工时死亡事故率、百万工时总事故率等，对于财产损失可以表示为千人经济损失率等。

5. 系统（System）

系统是指由相互作用、相互依赖的若干组成部分，为了达到一定目标而结合成具有独立功能的有机整体。对生产系统而言，系统构成包括人员、物资、设备、资金、任务指标和信息六个要素。

6. 系统安全（System Safety）

系统安全是指在系统寿命期间内，应用系统安全工程和管理方法，识别系统中的危险源，定性或定量表征其危险性，并采取控制措施使其危险性最小化，从而使系统在规定的性能、时间和成本范围内达到最佳的可接受安全程度。

现代安全管理中比较倾向于系统安全管理理论，它包括很多区别于传统安全理论的创新概念：

（1）在事故致因理论方面，改变了人们只注重操作人员的不安全行为，而忽略硬件故障在事故致因中作用的传统观念，开始考虑如何通过改善物的系统可靠性来提高复杂系统的安全性，从而避免事故。

（2）没有任何一种事物是绝对安全的，任何事物中都潜伏着危险因素。通常所说的安全或危险只不过是一种主观的判断。

（3）不可能根除一切危险源，可以减小现有危险源的危险性。要减小总的危险性而不是只消除几种选定的风险。

（4）由于人的认识能力有限，有时不能完全认识危险源及其风险，即使认识了现有的危险源，随着生产技术的发展，新技术、新工艺、新材料和新能源的出现，又会产生新的危险源。安全工作的目标就是控制危险源，努力把事故发生概率降到最低，即使发生事故，也可以把伤害和损失控制在较轻的程度上。

7. 安全系统工程（Safety Systems Engineering）

安全系统工程是以预测和防止事故为中心，以识别、分析评价和控制安全风险为重点，开发、研究出来的安全理论和方法体系。它将工程和系统中的安全作为一个整体系统，应用科学的方法对构成系统的各个要素进行全面的分析，判明各种状况下危险因素的特点及其可能导致的灾害性事故，通过定性和定量分析对系统的安全性做出预测和评价，将系统事故降至最低的可接受限度。

8. 职业病（Occupational Disease）

职业病是指劳动者在工作或者其他职业活动中，因接触粉尘、放射线和有毒、有害物质等职业危害因素而引起的疾病。

当职业危害因素作用于人体的强度与时间超过一定的限度时，人体不能代偿其所造成的功能性或器质性病理的改变，从而出现相应的临床症状，影响劳动能力，这类疾病通称为职业病。一般被认定为职业病，应具备下列 3 个条件：该疾病应与工作场所的职业性有害因素密切有关；所接触的有害因素的剂量（浓度或强度）无论过去或现在，都足以导致疾病的发生；必须区别职业性与非职业性病因所起的作用，而前者的可能性必须大于后者。

医学上所称的职业病是泛指职业危害因素所引起的特定疾病，而在立法的意义上，职业病却具有一定的范围，即凡由国家政府主管部门明文规定的职业病，统称为法定职业病。

《中华人民共和国职业病防治法》将职业病定义为：企业、事业单位和个体经济组织（有的称为用人单位）的劳动者在职业活动中，因接触粉尘、放射性物质和其他有毒、有害物质等因素而引起的疾病。

9. 危险因素（Hazards）

危险因素是指能对人造成伤亡或对物造成突发性损害的因素。凡是具有物态和能量的物质，在一定条件下能转化为事故的因素都称为危险因素。它具有如下性质：

（1）危险因素是构成事故的物质基础。它表示劳动生产过程的物质条件（如工具、设备、机械、产品、劳动场所、环境等）的固有危险性质和它本身潜在的破坏能量。

（2）危险因素所固有的危险性质，还决定了它受管理缺陷和外界条件激发转化为事故的难易程度，这种难易程度称为危险因素的感度。感度越高，危险因素越容易转化为事故。结构和能量容易发生形变和转化的物质，也容易转化为事故。

（3）有危险因素存在就有发生事故的可能，事故的严重程度（发生事故后的经济和劳动力的损失）与危险因素的能量成正比。因此，首先要采取防止发生事故的措施，防止第一次激发，作为第一道防线；还要采取防止事故扩大的措施，防止第二次激发，作为第二道防线。

（4）危险因素随着物质条件的存在而存在，也随着物质条件的变化而变化。

（5）危险因素转化为事故是有条件的，只要控制住危险因素转化为事故的条件，事故就可以避免。

（6）危险因素在未被人认识之前，无法采取防范措施，危险因素能直接转化为事故，因而事故的发生虽不能绝对避免，但可以避免一切可能避免的事故，或减少事故造成的损失。

（7）危险因素是客观存在的，是不能绝对消灭的。

10. 有害因素（Adverse Factor）

有害因素是指能影响人的身体健康而导致疾病，或对物造成慢性损害的因素。

在进行系统安全管理（如进行安全评价）时，常将危险因素和有害因素统称为危险、有害因素。危险、有害因素可以按照导致事故的直接原因和参照《企业职工伤亡事故分类》（GB 6441—1986）进行分类。

按导致事故的直接原因进行分类，即根据《生产过程危险和有害因素分类与代码》（GB/T 13861—2009）的规定，将生产过程中的危险、有害因素分为4大类：

（1）人的因素：①心理、生理性危险和有害性因素，包括负荷超限、体力负荷超限、听力负荷超限、视力负荷超限、其他负荷超限、健康状况异常、从事禁忌作业、心理异常、情绪异常、冒险心理、过度紧张、其他心理异常、辨识功能缺陷、感知延迟、辨识错误、其他辨识功能缺陷、其他心理与生理性危险和有害因素共17种；②行为性危险和有害因素，包括指挥错误、指挥失误、违章指挥、其他指挥错误、操作错误、误操作、违章操作、其他操作错误、监护失误、其他行为性危险和有害因素。

（2）物的因素：①物理性危险和有害因素，包括设备、设施、工具、附件缺陷，防护缺陷，电伤害，噪声，振动危害，电离辐射，非电离辐射，运动物伤害，明火，高温物体，低温物体，信号缺陷，标志缺陷，其他物理性危险和有害因素；②化学性危险和有害因素，包括爆炸品，压缩气体和液化气体，易燃液体，易燃固体、自燃物品和遇湿易燃物品，氧化剂和有机过氧化物，有毒品，放射性物品，腐蚀品，粉尘与气溶胶，其他化学性危险和有害因素；③生物性危险和有害因素，包括致病微生物、细菌、病毒、真菌、其他致病微生物、传染病媒介物、致害动物、致害植物、其他生物性危险和有害因素。

（3）环境因素：①室内作业场所环境不良，包括室内地面滑，室内作业场所狭窄，室内作业场所杂乱，室内地面不平，室内梯架缺陷，地面、墙和天花板上的开口缺陷，房屋地基下沉，室内安全通道缺陷，房屋安全出口缺陷，采光照明不良房屋安全出口缺陷，作业场所空气不良，室内温度、湿度、气压不适，室内给、排水不良，室内涌水，其他室内作业场所环境不良；②室外作业场所环境不良，包括恶劣气候与环境，作业场地和交通设施湿滑，作业场地狭窄，作业场地杂乱，作业场地不平，航道狭窄、有暗礁或险滩，脚手架、阶梯和活动梯架缺陷，地面开口缺陷，建筑物和其他结构缺陷，门和围栏缺陷，作业场地基础下沉，作业场地安全通道缺陷，作业场地安全出口缺陷，作业场地光照不良，作业场地空气不良，作业场地温度、湿度、气压不适，作业场地涌水，其他室外作业场地环境不良；③地下（含水下）作业环境不良，包括隧道/矿井顶面缺陷、隧道/矿井正面或侧壁缺陷、隧道/矿井地面缺陷、地下作业面空气不良、地下火、冲击地压、地下水、水下作业供氧不当、其他地下（含水下）作业环境不良；④其他作业环境不良，包括强迫体位、综合性作业环境不良、以上未包括的其他作业环境不良。

（4）管理因素：①职业安全卫生组织机构不健全；②职业安全卫生责任制未落实；③职业安全卫生管理规章制度不完善，包括建设项目“三同时”制度未落实、操作规程不规范、事故应急预案及响应缺陷、培训制度不完善、其他职业安全卫生管理规章制度不健全、职业安全卫生投入不足；④职业健康管理不完善；⑤其他管理因素缺陷。

参照《企业职工伤亡事故分类》（GB 6441—1986），综合考虑起因物、引起事故的诱导性原因、致害物、伤害方式等，可将危险因素分为20类：物体打击；车辆伤害；机械伤害；起重伤害；触电；淹溺；灼烫；火灾；高处坠落；坍塌；冒顶片帮；透水；放炮；火药爆炸；瓦斯爆炸；锅炉爆炸；压力容器爆炸；其他爆炸；中毒和窒息；其他伤害。

11. 有害物质（Harmful Substance）

有害物质是指人体通过皮肤接触或吸入、咽下后，对健康产生危害的物质。通常所说的六大有害物质是：铅（Pb）、汞（Hg）、镉（Cd）、六价铬、聚溴二苯醚和聚溴联苯。

12. 刺激性物质（Stimulating Substance）

刺激性物质是指对皮肤及呼吸道有不良影响的物质。刺激性气体的共同点是对人体皮肤黏膜具有刺激作用。根据其水溶性大小可分成两类：

（1）水溶性大的刺激性气体，如氨气、氯气、氯化氢、二氧化硫、三氧化硫等。对人体作用的特点是：人一接触到这些刺激性气体，立即出现局部刺激症状，即流泪、畏光、眼结膜充血、流鼻涕、打喷嚏、咽疼、呛咳等。如果突然吸入高浓度气体，可引起喉痉挛、水肿、气管和支气管炎，甚至可导致肺炎、肺水肿。

（2）水溶性小的刺激性气体，如氮氧化物、光气等。其对上呼吸道刺激性小，吸入后往往不易发觉。进入呼吸道深部后逐渐与水分作用而对肺产生刺激和腐蚀作用，常引起肺水肿。

13. 腐蚀性物质（Corrosive Substance）

凡能腐蚀人体、金属和其他物质的物质，统称为腐蚀性物质。按腐蚀性的强弱，腐蚀性物质可分为两级，按其酸碱性及是否有机物、无机物则可分为8类。

（1）一级无机酸性腐蚀物质。这类物质具有强腐蚀性和酸性。主要是一些具有氧化性的强酸，如氢氟酸、硝酸、硫酸、氯磺酸等。还有遇水能生成强酸的物质，如二氧化氮、二氧化硫、三氧化硫、五氧化二磷等。

（2）一级有机酸性腐蚀物质。具有强腐蚀性及酸性的有机物，如甲酸、氯乙酸、磺酸酰氯、乙酰氯、苯甲酰氯等。

（3）二级无机酸性腐蚀物质。这类物质主要是一些氧化性较差的强酸，如烟酸、亚硫酸、亚硫酸氢铵、磷酸等，以及与水接触能部分生成酸的物质，如四氧化碲。

（4）二级有机酸性腐蚀物质。主要是一些较弱的有机酸，如乙酸、乙酸酐、丙酸酐等。

（5）无机碱性腐蚀物质。主要是一些具有强碱性无机腐蚀物质，如氢氧化钠、氯氧化钾，以及与水作用能生成碱性的腐蚀物质，如氧化钙、硫化钠等。

（6）有机碱性腐蚀物质。主要是一些具有碱性的有机腐蚀物质，主要是有机碱金属化合物和胺类，如二乙醇胺、甲胺、甲醇钠等。

（7）其他无机腐蚀物质。这类物质有漂白粉、三氯化碘、溴化硼等。

（8）其他有机腐蚀物质。如甲醛、苯酚、氯乙醛、苯酚钠等。

14. 有毒物质（Poisonous Substance）

凡进入人体后，能损害机体的组织与器官，并能在组织与器官内发生生物化学或生物物理的作用，扰乱或破坏机体的正常生理功能，使机体发生病理变化的物质，都称为有毒物质。

有毒物质进入人体的途径有3个方面：

（1）呼吸道。整个呼吸道都能吸收有毒物质，其中以肺泡的吸收能力为最大；其吸收毒物的速度取决于空气中毒物的浓度、毒物的理化性质、毒物在水中的溶解度和肺活量等。

（2）皮肤。许多毒物能通过皮肤吸收（通过表皮屏障、通过毛囊、极少数通过汗腺）进入皮下血管，吸收的数量与毒物的溶解度、浓度、皮肤的温度、出汗等有关。

（3）消化道。经消化道吸收的毒物先经过肝脏，转运后进入血液中。

由有毒物质导致的人体中毒可分为 3 类：

（1）急性中毒。由于较大量的毒素在短时间内进入机体所致。

（2）慢性中毒。由于长期经常有小剂量毒物进入机体所致。

（3）亚急性中毒。是介于急性中毒与慢性中毒之间的中间类型。

15. 易燃、易爆物质（Combustibles & Explosives）

易燃、易爆物质是指引燃、引爆后在短时间内释放大量能量并产生大量有毒物质的物质。

目前，我国的危险化学品分类的主要依据是《化学品分类和危险性公示　通则》（GB 13690—2009）和《危险货物分类和品名编号》（GB 6944—2005）。《化学品分类和危险性公示　通则》（GB 13690—2009）将危险化学品分为 8 类、21 项。

（1）爆炸品。

（2）压缩气体和液化气体：分为 3 项，即易燃气体、不燃气体、有毒气体。

（3）易燃液体：分为 3 项，即低闪点液体、中闪点液体、高闪点液体。

（4）易燃固体、自燃物品和遇湿易燃物品：分为 3 项，即易燃固体、自燃物品、遇湿易燃物品。

（5）氧化剂和有机过氧化物：分为 2 项，即氧化剂、有机过氧化物。

（6）毒害品和感染性物品：分为 2 项，即毒害品、感染性物品。

（7）放射性物品。

（8）腐蚀品：分为 3 项，即酸性腐蚀品、碱性腐蚀品、其他腐蚀品。

16. 保险装置（Safety Apparatus）

保险装置是指当生产中发生危险情况时，能自动地动作以消除危险状态的装置。

一般情况下，又将保险装置称为安全装置，即通过自身的结构功能限制或防止机器的某种危险，或限制运动速度、压力等危险因素。常见的安全装置有连锁装置、双手操作式装置、自动停机装置、限位装置等。

17. 安全对策措施（Safety Precautions）

安全对策措施是要求设计单位、生产单位、经营单位在建设项目设计、生产经营、管理中采取的消除或减弱危险、有害因素的技术措施和管理措施，是预防事故和保障整个生产、经营过程安全的对策措施。

在安全评价中，安全对策措施的内容包括：

（1）厂址及厂区平面布置的对策措施。

（2）防火、防爆对策措施。

（3）电气安全对策措施。

（4）机械伤害对策措施。

（5）其他安全对策措施（包括：高处坠落、物体打击、安全色、安全标志等方面）。

（6）有害因素控制对策措施（包括：尘、毒、窒息、噪声和振动等有害因素的控制对策措施）。

（7）安全管理方面的对策措施。

18. 事故应急救援预案（Emergency Response Programe）

事故应急救援预案，又名“预防和应急处理预案”“应急处理预案”“应急计划”或“应急救援预案”，是事先针对可能发生的事故（件）或灾害进行预测，而预先制定的应急与救援行动、降低事故损失的有关救援措施、计划或方案。事故应急救援预案实际上是标准化的反应程序，以使应急救援活动能迅速、有序地按照计划和最有效的步骤来进行。

事故应急救援预案最早是为预防、预测和应急处理“关键生产装置事故”“重点生产部位事故”“化学泄漏事故”而预先制定的对策方案。应急预案有三个方面的含义：

（1）事故预防。通过危险辨识、事故后果分析，采用技术和管理手段降低事故发生的可能性且使可能发生的事故控制在局部，防止事故蔓延。

（2）应急处理。万一发生事故（或故障）有应急处理程序和方法，能快速反应处理故障或将事故消除在萌芽状态。

（3）抢险救援。采用预定现场抢险和抢救的方式，控制或减少事故造成的损失。

19. 应急救援（Emergency Response）

事故应急救援是指在发生事故时，采取的消除、减少事故危害和防止事故恶化，最大限度地降低事故损失的措施。

事故应急救援的基本任务是：

（1）立即组织营救受害人员，组织撤离或者采取其他措施保护危害区域内的其他人员。抢救受害人员是应急救援的首要任务。

（2）迅速控制事态，并对事故造成的危害进行检测、监测，测定事故的危害区域、危害性质及危害程度。及时控制住造成事故的危险源是应急救援工作的重要任务。

（3）消除危害后果，做好现场恢复。及时清理废墟和恢复基本设施，将事故现场恢复至相对稳定的状态。

（4）查清事故原因，评估危害程度。事故发生后应及时调查事故的发生原因和事故性质，评估出事故的危害范围和危险程度，查明人员伤亡情况，做好事故原因调查，并总结救援工作中的经验和教训。

20. 预案（Preliminary Programe）

预案是指根据预测危险源、危险目标可能发生事故的类别、危害程度，而制定的事故应急救援方案。要充分考虑现有物质、人员及危险源的具体条件，能及时、有效地统筹指导事故应急救援行动。

重大事故应急预案根据层次可分为 3 种：

（1）综合预案。相当于总体预案，从总体上阐述预案的应急方针、政策，应急组织结构及相应的职责，应急行动的总体思路等。

（2）专项预案。是针对某种具体的、特定类型的紧急情况而制订的计划或方案，是综合应急预案的组成部分，应按照综合应急预案的程序和要求组织制定，并作为综合应急预案的附件。

（3）现场处置方案。是在专项预案的基础上，根据具体情况而编制的。现场处置方案的特点是针对某一具体场所的该类特殊危险及周边环境情况，在详细分析的基础上，对应急救援中的各个方面做出具体、周密而细致的安排。现场处置方案的另一特殊形式为单项预案。

21. “三同时”(three Simultaneity)

建设项目“三同时”是指生产性基本建设项目中的劳动安全卫生设施必须符合国家规定的标准，必须与主体工程同时设计、同时施工、同时投入生产和使用，以确保建设项目竣工投产后，符合国家规定的劳动安全卫生标准，保障劳动者在生产过程中的安全与健康。

建设项目“三同时”的要求是针对我国境内的新建、改建、扩建的基本建设项目、技术改造项目和引进的建设项目，包括在我国境内建设的中外合资、中外合作和外商独资的建设项目。

《安全生产法》第二十四条规定：“生产经营单位新建、改建、扩建工程项目（以下统称建设项目）的安全设施，必须与主体工程同时设计、同时施工、同时投入生产和使用。安全设施投资应当纳入建设项目概算。”

《职业病防治法》《劳动法》《建设项目（工程）劳动安全卫生监察规定》（原劳动部第3号令)、《建设项目（工程）劳动安全卫生预评价管理办法》（原劳动部第10号令）和《建设项目（工程）劳动安全卫生预评价单位资格认可与管理规则》（原劳动部第11号令）对建设项目“三同时”都有明确的规定。

22. 危险目标（Danger Object)

危险目标是指因危险性质、数量可能引起事故的危险化学品所在场所或设施。

23. 危险点（Danger Point)

危险点是指在作业中有可能发生危险的地点、部位、场所、工器具和行为动作等。

24. 危险点分析（Danger Point Analysis)

危险点分析是指在一项作业或工程开工前，对该作业项目所存在的危险性类别、发生条件、可能产生的情况和后果等，进行危险性的分析并找出危险点，其目的是控制事故的发生。

25. 物质系数（Matter Coefficient)

物质系数是表征物质在燃烧或其他化学反应引起的火灾、爆炸时释放能量大小的内在特性的最基础的数值。

二、安全评价术语

1. 安全评价（Safety Assessment)

安全评价是以实现安全为目的，应用安全系统工程原理和方法，辨识与分析工程、系统、生产经营活动中的危险、有害因素，预测发生事故或造成职业危害的可能性及其严重程度，提出科学、合理、可行的安全对策和措施及建议，做出评价结论的活动。安全评价可针对一个特定的对象，也可针对一定区域范围。

安全评价过程包括4方面内容：危险有害因素的识别与分析、危险性评价、确定可接受风险和制定安全对策措施。

2. 安全预评价（Safety Assessment Prior to Start)

安全预评价是在建设项目可行性研究阶段、工业园区规划阶段或生产经营活动组织实施之前，根据相关的基础资料，辨识与分析建设项目、工业园区、生产经营活动潜在的危险、有害因素，确定其与安全生产法律法规、标准、行政规章、规范的符合性，预测发生事故的可能性及其严重程度，提出科学、合理、可行的安全对策和措施及建议，做出安全评价结论的活动。

3. 安全验收评价（Safety Assessment Upon Completion）

安全验收评价是在建设项目竣工后正式生产运行前或工业园区建设完成后，通过检查建设项目安全设施与主体工程同时设计、同时施工、同时投入生产和使用的情况或工业园区内的安全设施、设备、装置投入生产和使用的情况，检查安全生产管理措施到位情况，检查安全生产规章制度健全情况，检查事故应急救援预案建立情况，审查确定建设项目、工业园区建设满足安全生产法律法规、标准、规范要求的符合性，从整体上确定建设项目、工业园区的运行状况和安全管理情况，做出安全验收评价结论的活动。

4. 安全现状评价（Safety Assessment In Operation）

安全现状评价是针对生产经营活动中工业园区的事故风险、安全管理等情况，辨识与分析其存在的危险、有害因素，审查确定其与安全生产法律法规、规章、标准、规范要求的符合性，预测发生事故或造成职业危害的可能性及其严重程度，提出科学、合理、可行的安全对策和措施及建议，做出安全现状评价结论的活动。

安全现状评价既适用于对一个生产经营单位或一个工业园区的评价，也适用于对某一特定的生产方式、生产工艺、生产装置或作业场所的评价。

5. 安全专项评价（Safety Specific Evaluation）

安全专项评价一般是针对某一项活动或场所，如一个特定的行业、产品、生产方式、生产工艺或生产装置等存在的危险、有害因素进行的安全评价，目的是查找其存在的危险、有害因素，确定其程度，提出合理可行的安全对策和措施及建议。

6. 安全评价机构（Safety Assessment Organization）

安全评价机构是指依法取得安全评价相应资质，按照资质证书规定的业务范围开展安全评价活动的社会中介服务组织。

7. 安全评价人员（Safety Assessment Professional）

安全评价人员是指依法取得《安全评价人员资格证书》，并经从业登记的专业技术人员。其中，与所登记服务的机构建立法定劳动关系，专职从事安全评价活动的安全评价人员，称为专职安全评价人员。

8. 评价单元（Evaluation Unit）

评价单元是为了安全评价需要，按照建设项目生产工艺或场所的特点，将生产工艺或场所划分成若干相对独立的部分。

9. 重大危险源（A Great Source of Danger）

重大危险源是指长期地或临时地生产、加工、搬运、使用或储存危险物质，且危险物质的数量等于或超过临界量的单元（包括场所和设施）。

10. 工艺单元（Technics Cell）

工艺单元是工艺装置的任一主要单元，在计算火灾、爆炸危险指数时，只评价从预防损失角度考虑对工艺有影响的单元。

11. 危害辨识（Danger Distinguish）

危害辨识是通过系统的分析和科学的检测等手段，在系统开始运作前找出存在其中的危险点，以便能采取有针对性的措施，预防危险的发生。

12. 可接受风险（Acceptable Risk）

可接受风险是指在规定的性能、时间和成本范围内达到的最佳可接受安全程度。

第二节 安全评价的目的和意义

一、安全评价的目的

安全评价的目的是查找、分析和预测工程、系统存在的危险、有害因素及可能导致的危险、危害后果和程度，提出合理可行的安全对策措施，指导危险源监控和事故预防，以达到最低事故率、最少损失和最优的安全投资效益。

安全评价要达到的目的包括以下 4 个方面：

1. 促进实现本质安全化生产

系统地从工程、系统设计、建设、运行等过程对事故和事故隐患进行科学分析，针对事故和事故隐患发生的各种可能原因事件和条件，提出消除危险的最佳技术措施方案。特别是从设计上采取相应措施，实现生产过程的本质安全化，做到即使发生误操作或设备故障时，系统存在的危险因素也不会因此导致重大事故发生。

2. 实现全过程安全控制

在设计之前进行安全评价，可避免选用不安全的工艺流程和危险的原材料以及不合适的设备、设施，或当必须采用时，提出降低或消除危险的有效方法。设计之后进行的评价，可查出设计中的缺陷和不足，及早采取改进和预防措施。系统建成以后运行阶段进行的系统安全评价，可了解系统的现实危险性，为进一步采取降低危险性的措施提供依据。

3. 建立系统安全的最优方案，为决策提供依据

通过安全评价分析系统存在的危险源、分布部位、数目、事故的概率、事故严重度，预测和提出应采取的安全对策措施等，决策者可以根据评价结果选择系统安全最优方案和管理决策。

4. 为实现安全技术、安全管理的标准化和科学化创造条件

通过对设备、设施或系统在生产过程中的安全性是否符合有关技术标准、规范相关规定的评价，对照技术标准、规范找出存在问题和不足，以实现安全技术和安全管理的标准化、科学化。

二、安全评价的意义

安全评价的意义在于可有效地预防事故发生，减少财产损失和人员伤亡及伤害。安全评价与日常安全管理及安全监督监察工作不同，它从技术带来的负效应出发，分析、论证和评估由此产生的损失和伤害的可能性、影响范围、严重程度及应采取的对策和措施等。安全评价的意义可以概括为以下 5 个方面。

1. 安全评价是安全生产管理的一个必要组成部分

“安全第一，预防为主，综合治理”是我国的安全生产基本方针，作为预测、预防事故重要手段的安全评价，在贯彻安全生产方针中有着十分重要的作用，通过安全评价可确认生产经营单位是否具备了安全生产条件。

2. 有助于政府安全监督管理部门对生产经营单位的安全生产实行宏观控制

安全预评价将有效地提高工程安全设计的质量和投产后的安全可靠程度；投产时的安全验收评价将根据国家有关技术标准、规范对设备、设施和系统进行符合性评价，提高安全达标水平；系统运转阶段的安全技术、安全管理、安全教育等方面的安全状况综合评价，可客观地对生产经营单位安全水平做出结论，使生产经营单位不仅了解可能存在的危险性，而且明确如何改进安全状况，同时也为安全监督管理部门了解生产经营单位安全生产现状、实施宏观控制提供基础资料；通过专项安全评价，可为生产经营单位和政府安全监督管理部门提供管理依据。

3. 有助于安全投资的合理选择

安全评价不仅能确认系统的危险性，而且还能进一步考虑危险性发展为事故的可能性及事故造成损失的严重程度，进而计算事故造成的危害，即风险率，并以此说明系统危险可能造成负效益的大小，以便合理地选择控制、消除事故发生的措施，确定安全措施投资的多少，从而使安全投入和可能减少的负效益达到合理的平衡。

4. 有助于提高生产经营单位的安全管理水平

安全评价可以使生产经营单位安全管理变事后处理为事先预测、预防。传统安全管理方法的特点是凭经验进行管理，多为事故发生后再进行处理的“事后过程”。通过安全评价，可以预先识别系统的危险性，分析生产经营单位的安全状况，全面地评价系统及各部分的危险程度和安全管理状况，促使生产经营单位达到规定的安全要求。

安全评价可以使生产经营单位安全管理变纵向单一管理为全面系统管理，安全评价使生产经营单位所有部门都能按照要求认真评价本系统的安全状况，将安全管理范围扩大到生产经营单位各个部门、各个环节，使生产经营单位的安全管理实现全员、全面、全过程、全时空的系统化管理。

系统安全评价可以使生产经营单位安全管理变经验管理为目标管理。仅凭经验、主观意志和思想意识进行安全管理，没有统一的标准、目标。安全评价可以使各部门、全体职工明确各自的安全指标要求，在明确的目标下，统一步调，分头进行，从而使安全管理工作做到科学化、统一化、标准化。

5. 有助于生产经营单位提高经济效益

安全预评价可减少项目建成后由于安全要求引起的调整和返工建设。安全验收评价可将一些潜在事故消除在设施开工运行前，安全现状综合评价可使生产经营单位较好地了解可能存在的危险并为安全管理提供依据。生产经营单位的安全生产水平的提高无疑可带来经济效益的提高，使生产经营单位真正实现安全、生产和经济的同步增长。

第三节　安全评价的内容和种类

一、安全评价的内容

在 20 世纪 60 年代初，安全评价技术起源于美国。美国空军倡导系统安全工程评价方法，而美国道化学公司则首创了危险指数评价方法，迄今为止已逐渐形成了并行不悖的两大流派。

不论哪一种评价方法，其主要内容不外乎以下 4 个方面：危险的识别、危险的定量、定量化的危险与基准值比较、提出控制危险的措施。危险的识别是分析所研究对象存在的各种危险；危险的定量则是研究确定这些危险发生的频率及可能造成的后果；一般将定量化的危险称为风险，与基准值比较是将这些风险与预定的风险值相比较，判断是否可以接受；控制危险的措施即根据风险能否接受而提出的降低、排除、转移风险的对策。

安全评价是一个利用安全系统工程原理和方法识别及评价系统、工程存在的风险的过程，这一过程包括危险、有害因素识别及危险和危害程度评价两部分。危险、有害因素识别的目的在于识别危险来源；危险和危害程度评价的目的在于确定来自危险源的危险性、危险程度，应采取的控制措施，以及采取控制措施后仍然存在的危险性是否可以被接受。在实际的安全评价过程中，这两个方面是不能截然分开、孤立进行的，而是相互交叉、相互重叠于整个评价工作中。安全评价的基本内容如图 1—1 所示。

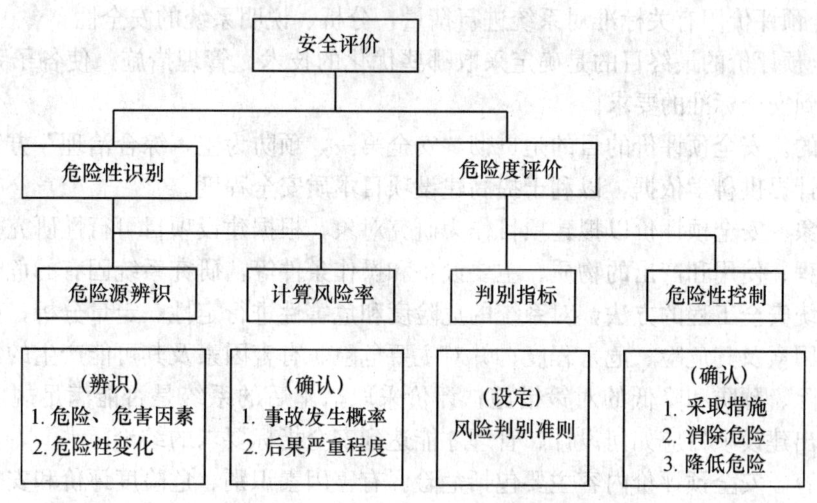

图 1—1　安全评价的基本内容

随着现代科学技术的发展，在安全技术领域里，已由以往主要研究、处理那些已经发生和必然发生的事件，发展为主要研究、处理那些还没有发生，但有可能发生的事件，并把这种事件发生的可能性具体化为一个数量指标，计算事故发生的概率，划分危险等级，制定安全标准和对策措施，并对其进行综合比较和评价，从中选择最佳的方案，预防事故的发生。

安全评价通过危险性识别及危险度评价，客观地描述系统的危险程度，指导人们预先采取相应措施，来降低系统的危险性。

二、安全评价的分类

目前国内将安全评价通常根据工程、系统生命周期和评价的目的分为安全预评价、安全验收评价、安全现状评价和专项安全评价 4 类。实际它是 3 大类，即安全预评价、安全验收评价、安全现状综合评价，专项安全评价应属于安全现状评价的一种，属于政府在特定的时期内进行专项整治时开展的评价。

1. 安全预评价

(1) 定义。安全预评价是根据建设项目可行性研究报告的内容，分析和预测该建设项目可能存在的危险、有害因素的种类和程度，提出合理可行的安全对策措施及建议。安全预评价实际上就是在项目建设前应用安全评价的原理和方法对系统（工程、项目）的危险性、危害性进行预测性评价。

安全预评价可概括为以下 4 点：

1) 安全预评价是一种有目的的行为，它是在研究事故和危害为什么会发生、是怎样发生的和如何防止发生等问题的基础上，回答建设项目依据设计方案建成后的安全性如何、是否能达到安全标准的要求及如何达到安全标准、安全保障体系的可靠性如何等至关重要的问题。

2) 安全预评价的核心是对系统存在的危险、有害因素进行定性、定量分析，即针对特定的系统范围，对发生事故、危害的可能性及其危险、危害的严重程度进行评价。

3) 安全预评价用有关标准对系统进行衡量，分析、说明系统的安全性。

4) 安全预评价的最终目的是确定采取哪些优化的技术、管理措施，使各子系统及建设项目整体达到安全标准的要求。

(2) 目的。安全预评价的目的是贯彻“安全第一，预防为主，综合治理”方针，为建设项目初步设计提供科学依据，以利于提高建设项目本质安全程度。

(3) 对象。安全预评价以拟建项目作为研究对象，根据建设项目可行性研究报告提供的生产工艺过程、使用和产出的物质、主要设备和操作条件等，研究系统固有的危险及有害因素，应用系统安全工程的方法，对系统的危险度和危害性进行定性、定量分析，确定系统的危险、有害因素及其危险、危害程度；针对主要危险、有害因素及其可能产生的危险、危害后果提出消除、预防和降低的对策措施；评价采取措施后的系统是否能满足规定的安全要求，从而得出建设项目应如何设计、管理才能达到安全指标要求的结论。

(4) 内容。安全预评价内容主要包括危险、有害因素识别、危险度评价和安全对策措施及建议。

(5) 程序。安全预评价程序一般包括：准备阶段；危险、有害因素识别与分析；确定安全预评价单元；选择安全预评价方法；定性、定量评价；提出安全对策措施及建议；编制安全预评价报告。安全预评价程序如图 1—2 所示。

1) 准备阶段。明确被评价对象和范围，进行现场调查和收集国内外相关法律法规、技术标准及建设项目资料。

2) 危险、有害因素识别与分析。根据被评价的工程、系统的情况，识别和分析危险、

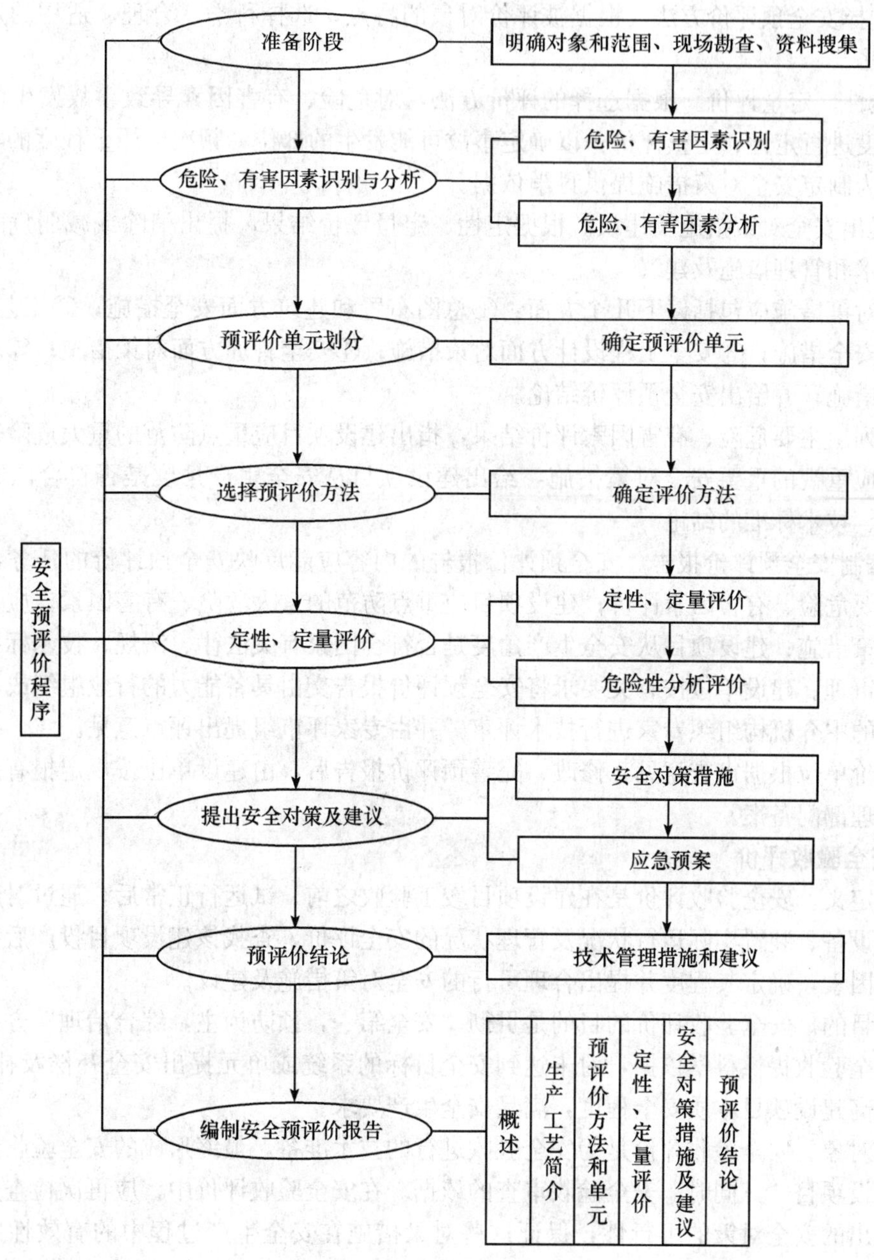

图1—2 安全预评价程序

有害因素，确定危险、有害因素存在的部位、存在的方式、事故发生的途径及其变化的规律。

3）确定安全预评价单元。在危险、有害因素识别和分析基础上，根据评价的需要，将建设项目分成若干个评价单元。划分评价单元的一般性原则应按生产工艺功能、生产设施设备相对空间位置、危险有害因素类别及事故范围划分评价单元，使评价单元相对独立，具有明显的特征界限。

4）选择安全预评价方法。根据被评价对象的特点，选择科学、合理、适用的定性、定量评价方法。

5）定性、定量评价。根据选择的评价方法，对危险、有害因素导致事故发生的可能性和严重程度进行定性、定量评价，以确定事故可能发生的部位、频次、严重程度的等级及相关结果，为制定安全对策措施提供科学依据。

6）提出安全对策措施及建议。根据定性、定量评价结果，提出消除或减弱危险、有害因素的技术和管理措施及建议。

安全对策措施应包括以下几个方面：①总图布置和建筑方面安全措施；②工艺和设备、装置方面安全措施；③安全工程设计方面对策措施；④安全管理方面对策措施；⑤应采取的其他综合措施；⑥给出安全预评价结论。

简要列出主要危险、有害因素评价结果，指出建设项目应重点防范的重大危险、有害因素，明确应重视的重要安全对策措施，给出建设项目从安全生产角度是否符合国家有关法律、法规、技术标准的结论。

7）编制安全预评价报告。安全预评价报告的内容应能反映安全预评价的任务，即建设项目的主要危险、有害因素评价；建设项目应重点防范的重大危险、有害因素；应重视的重要安全对策措施；建设项目从安全生产角度是否符合国家有关法律、法规、技术标准。

（6）审理。建设单位按有关要求将安全预评价报告交由具备能力的行业组织或具备相应资质条件的中介机构组织专家进行技术评审，并由专家评审组提出评审意见。

预评价单位根据审查意见，修改、完善预评价报告后，由建设单位按规定报有关安全生产监督管理部门备案。

2. 安全验收评价

（1）定义。安全验收评价是在建设项目竣工验收之前、试运行正常后，通过对建设项目的设施、设备、装置实际运行状况及管理状况的安全评价，查找该建设项目投产后存在的危险、有害因素，确定其程度并提出合理可行的安全对策措施及建议。

（2）目的。安全验收评价的目的是贯彻“安全第一，预防为主，综合治理”方针，为建设项目安全验收提供科学依据，对未达到安全目标的系统或单元提出安全补偿及补救措施，以利于提高建设项目本质安全程度，满足安全生产要求。

（3）对象。安全验收评价是为安全验收进行的技术准备，最终形成的安全验收评价报告将作为建设项目“三同时”安全验收审查的依据。在安全验收评价中，应再次检查安全与预评价中提出的安全对策的可行性，保证这些对策措施在安全生产过程中的有效性以及在设计、施工和运行中的落实情况，包括：各项安全措施落实情况，施工过程中的安全设施施工和监理情况，安全设施的调试、运行和检测情况以及各项安全管理制度的落实情况等。

（4）内容

1）检查建设项目中安全设施是否已与主体工程同时设计、同时施工、同时投入生产和使用；评价建设项目及与之配套的安全设施是否符合国家有关安全生产的法律法规和技术标准。

2）从整体上评价建设项目的运行状况和安全管理是否正常、安全、可靠。

（5）程序。安全验收评价程序一般包括：前期准备；编制安全验收评价计划；安全验收评价现场检查；编制安全验收评价报告；安全验收评价报告评审。安全验收评价程序如图1—3所示。

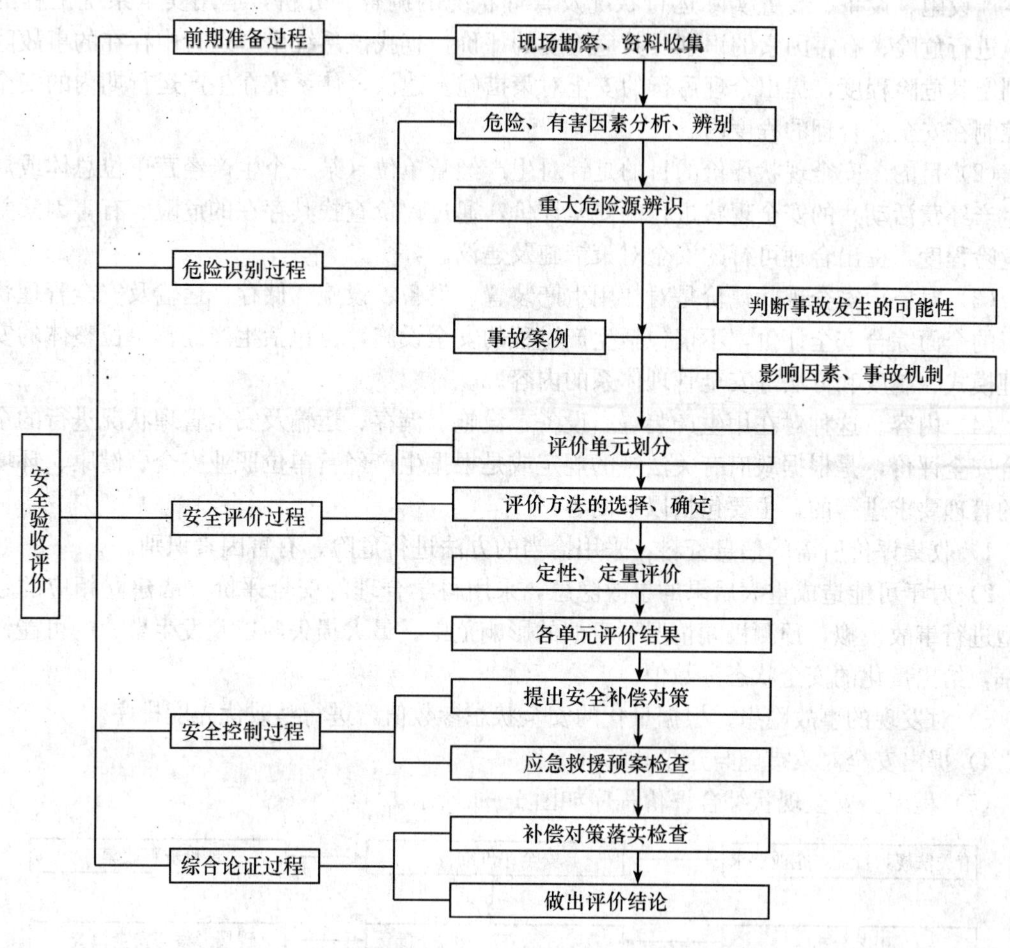

图1—3　安全验收评价程序

1）前期准备。明确被评价对象和范围；进行现场调查，收集国内外相关法律法规、技术标准及建设项目的资料（包括初步设计、变更设计、安全预评价报告、各级批复文件）等。

2）编制安全验收评价计划。在前期准备工作的基础上，分析项目建成后主要危险、有害因素分布与控制情况，依据有关安全生产的法律法规和技术标准，确定安全验收评价的重点和要求；依据项目实际情况选择验收评价方法；测算安全验收评价进度。

3）安全验收评价现场检查。按照安全验收评价计划对安全生产条件与状况独立进行验收评价现场检查。评价机构对现场检查及评价中发现的隐患或尚存在的问题，提出改进措施及建议。

4）编制安全验收评价报告。根据安全验收评价计划和验收评价现场检查所获得的数据，对照相关法律法规、技术标准，编制安全验收评价报告。

3. 安全现状综合评价

(1) 定义。安全现状综合评价是在系统生命周期内的生产运行期，通过对生产经营单位的生产设施、设备、装置实际运行状况及管理状况的调查、分析，运用安全系统工程的方法，进行危险、有害因素的识别及其危险度的评价，查找该系统生产运行中存在的事故隐患并判定其危险程度，提出合理可行的安全对策措施及建议，使系统在生产运行期内的安全风险控制在安全、合理的程度内。

(2) 目的。安全现状评价的目的是针对生产经营单位（某一个生产经营单位总体或局部的生产经营活动）的安全现状进行的安全评价，通过评价查找其存在的危险、有害因素并确定危险程度，提出合理可行的安全对策措施及建议。

(3) 对象。安全现状评价是对在用生产装置、设备、设施、储存、运输及安全管理状况进行的全面综合安全评价，不仅包括生产过程的安全设施，也包括生产经营单位整体的安全管理模式、制度和方法等安全管理体系的内容。

(4) 内容。这种对在用生产装置、设备、设施、储存、运输及安全管理状况进行的全面综合安全评价，是根据政府有关法规的规定或是根据生产经营单位职业安全、健康、环境保护的管理要求进行的，主要包括以下内容：

1) 收集评价所需的信息资料，采用恰当的方法进行危险、有害因素识别。

2) 对于可能造成重大后果的事故隐患，采用科学合理的安全评价方法建立相应的数学模型进行事故模拟，预测极端情况下事故的影响范围、最大损失，以及发生事故的可能性或概率，给出量化的安全状态参数值。

3) 对发现的事故隐患，根据量化的安全状态参数值，进行整改优先度排序。

4) 提出安全对策措施与建议。

(5) 程序。安全现状综合评价程序如图 1—4 所示。

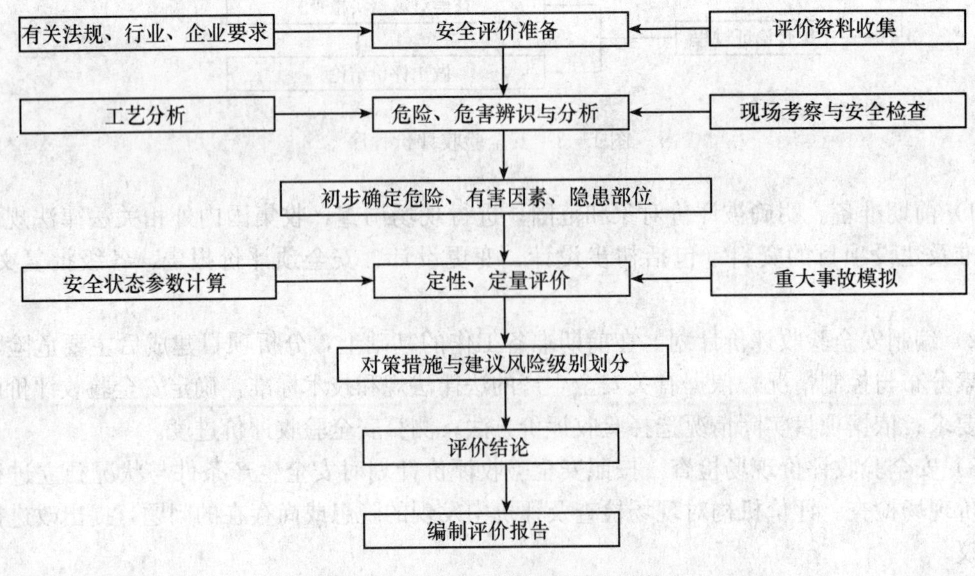

图 1—4　安全现状综合评价程序

1）前期准备。明确评价的范围，收集所需的各种资料，重点收集与现实运行状况有关的各种资料与数据，包括涉及生产运行、设备管理、安全、职业危害、消防、技术检测等方面内容。评价机构依据生产经营单位提供的资料，按照确定的评价范围进行评价。

安全现状综合评价所需主要资料从以下方面收集：

①工艺。

②物料。

③生产经营单位周边环境情况。

④设备相关资料。

⑤管道。

⑥电气、仪表自动控制系统。

⑦公用工程系统。

⑧事故应急救援预案。

⑨规章制度及企业标准。

⑩相关的检测和检验报告。

2）危险、有害因素和事故隐患的识别。应针对评价对象的生产运行情况及工艺、设备的特点，采用科学、合理的评价方法，进行危险、有害因素识别和危险性分析，确定主要危险部位、物料的主要危险特性，有无重大危险源，以及可能导致重大事故的缺陷和隐患。

3）定性、定量评价。根据生产经营单位的特点，确定评价的模式及采用的评价方法。安全现状综合评价在系统生命周期内的生产运行阶段，应尽可能地采用定量化的安全评价方法，通常采用“预先危险性分析→安全检查表检查→危险指数评价→重大事故分析与风险评价→有害因素现状评价”依次渐进、定性与定量相结合的综合性评价模式，科学、全面、系统地进行分析评价。

通过定性、定量安全评价，重点对工艺流程、工艺参数、控制方式、操作条件、物料种类与理化特性、工艺布置、总图、公用工程等内容，运用选定的分析方法对存在的危险、有害因素和事故隐患逐一分析，通过危险度与危险指数量化分析与评价计算，确定事故隐患部位、预测发生事故的严重后果，同时进行风险排序，结合现场调查结果以及同类事故案例分析其发生的原因和概率，运用相应的数学模型进行重大事故模拟，模拟发生灾害性事故时的破坏程度和严重后果，为制订相应的事故隐患整改计划、安全管理制度和事故应急救援预案提供数据。

4）安全管理现状评价。安全管理现状评价包括：安全管理制度评价；事故应急救援预案的评价；事故应急救援预案的修改及演练计划。

5）确定安全对策措施及建议。综合评价结果，提出相应的安全对策措施及建议，并按照安全风险程度的高低进行解决方案的排序，列出存在的事故隐患及整改紧迫程度，针对事故隐患提出改进措施及改善安全状态水平的建议。

6）评价结论。根据评价结果明确指出生产经营单位当前的安全状态水平，提出安全可接受程度的意见。

7）编制安全现状综合评价报告。生产经营单位应当依据安全评价报告编制事故隐患整改方案和实施计划，完成安全评价报告。生产经营单位与安全评价机构对安全评价报告的结论存在分歧的，应当将双方的意见连同安全评价报告一并报安全生产监督管理部门。

4. 专项安全评价

（1）定义。专项安全评价是根据政府有关管理部门的要求进行的，是对专项安全问题进行的专题安全分析评价，如危险化学品专项安全评价、非煤矿山专项安全评价等。专项安全评价是针对某一项活动或场所，以及一个特定的行业、产品、生产方式、生产工艺或生产装置等存在的危险、有害因素进行的安全评价，查找其存在的危险、有害因素，确定其程度，并提出合理可行的安全对策措施及建议。专项安全评价所形成的专项安全评价报告则是上级主管部门批准其获得或保持生产经营营业执照所要求的文件之一。

（2）程序。专项安全评价程序如图 1—5 所示。

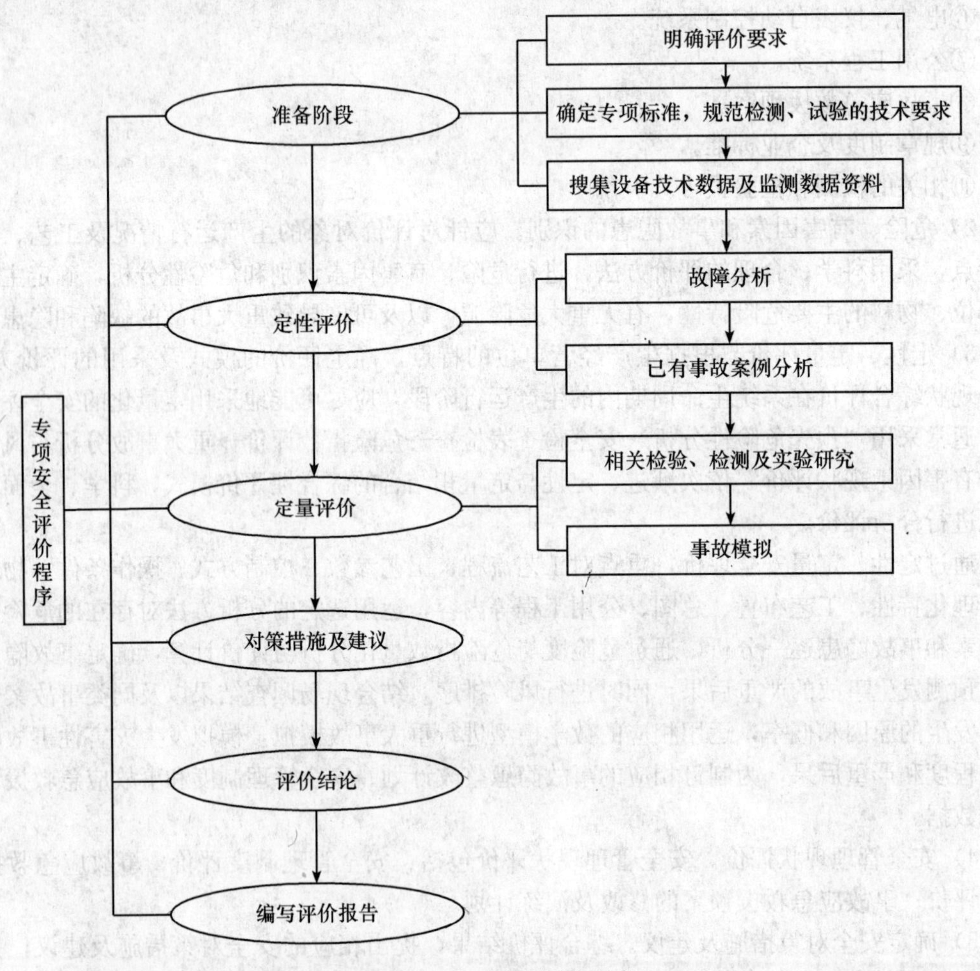

图 1—5　专项安全评价程序

（3）评价报告。一般而言，专项安全评价报告作为安全现状综合评价报告的附件或补充文件，至少包括如下主要内容。

1）前言。包括：项目由来、评价目的、评价实施单位等简单介绍。

2）专题项目概述。包括：项目概况、项目委托约定的评价范围、项目实施准备采用的评价程度。

3）评价依据。包括：评价所依据的法规文件、专项安全评价合同、安全现状综合评价报告、评价所遵循的技术标准以及对技术标准选用的说明。

4）评价方法。包括：实施评价所采用的检测、检验、测试、实验等手段方法、故障分析方法、事故后果模拟方法的简介与方法选用说明。

5）数据处理与分析。根据所评价专题的技术要求，对所获得的数据按照专业要求分类整理，并进行技术分析。

6）故障分析与事故模拟。包括：对专题研究所涉及的重要事件、事故的定性分析；对可能产生的重大事故后果，运用数学模型进行定量模拟。

7）对策措施。根据评价所涉及的问题，提出相应的对策措施及建议。

8）评价结论与建议。依据分析、检测、模拟等得出对专题研究的明确结论和建议，并做简要说明。

专项安全评价主要有危险化学品包装物、容器定点生产企业生产条件评价；危险化学品生产企业安全评价；危险化学品经营单位安全评价；煤矿安全评价；非煤矿山安全评价；民用爆破器材安全评价；烟花爆竹生产企业安全评价等。

第四节　安全评价的程序和依据

一、程序

安全评价程序主要包括：准备阶段，危险、有害因素识别与分析，定性、定量评价，提出安全对策措施，形成安全评价结论及建议，编制安全评价报告，如图 1—6 所示。

1. 准备阶段

明确评价的对象和范围，收集国内外相关法规和标准，了解同类设备、设施或工艺的生产和事故情况，评价对象的地理、气象条件及社会环境状况等。

2. 危险、有害因素识别与分析

根据所评价的设备、设施或场所的地理、气象条件、工程建设方案、工艺流程、装置布置、主要设备和仪表、原材料、中间体、产品的理化性质等识别和分析危险、有害因素，确定危险、有害因素存在的部位、存在的方式、事故发生的途径及其变化的规律。

3. 定性、定量评价

在上述危险分析的基础上，划分评价单元，根据评价目的和评价对象的复杂程度选择具体的一种或多种评价方法。对事故发生的可能性和严重程度进行定性或定量评价，在此基础上按照事故风险的标准值进行风险分级，以确定管理的重点。

4. 提出安全对策措施

根据评价和分级结果，高于标准值的风险必须采取工程技术或组织管理措施，降低或控制风险。低于标准值的风险属于可接受或允许的风险，应建立监测措施，防止生产条件变更导致风险值增加，对不可排除的风险要采取防范措施。

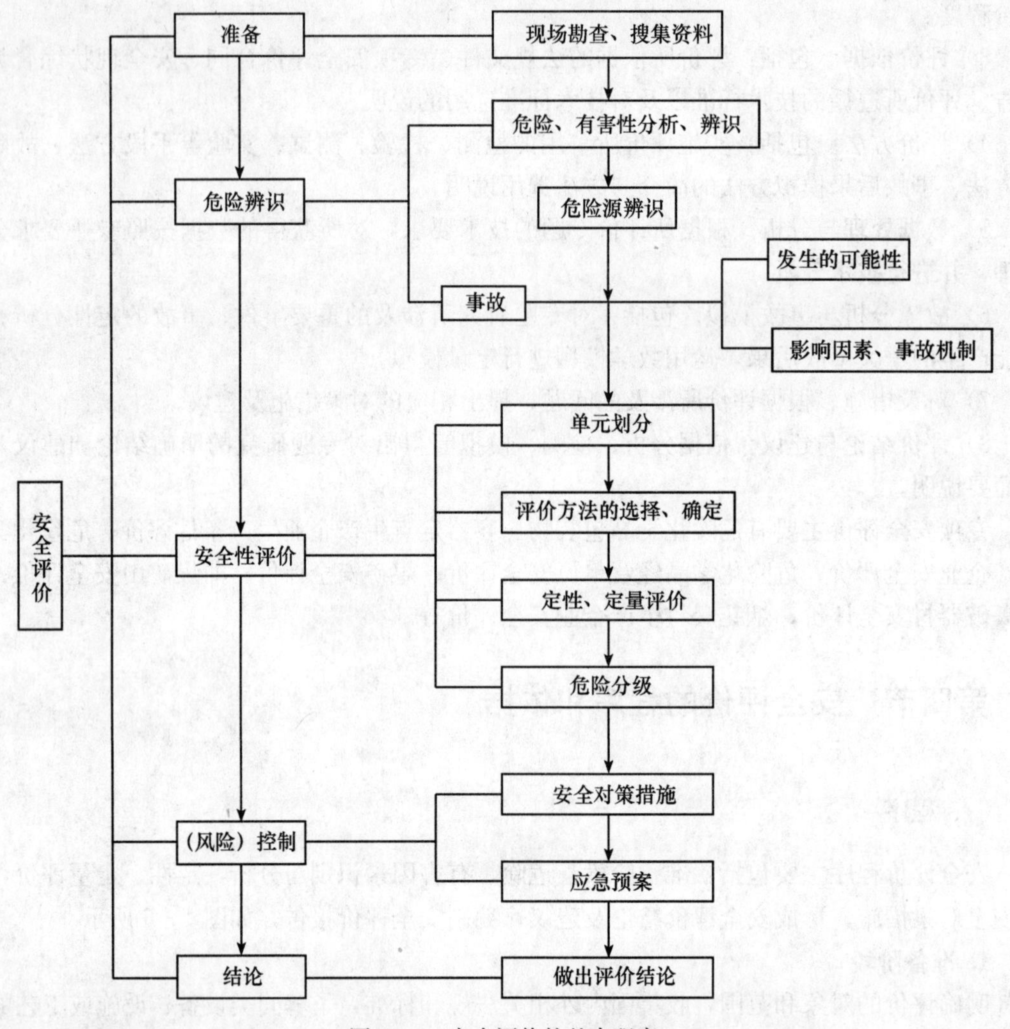

图 1—6　安全评价的基本程序

5. 形成评价结论及建议

简要地列出主要危险、有害因素的评价结果，指出工程、系统应重点防范的重大危险因素，明确生产经营者应重视的重要安全措施。

6. 编制安全评价报告

依据安全评价结果编制相应的安全评价报告。

二、依据

安全评价是政策性很强的一项工作，必须依据我国现有的法律、法规和技术标准，以保障被评价项目的安全运行，保障劳动者在劳动过程中的安全与健康。这些法规、标准等可随法规、标准条文的修改或新法规、标准的出台而变动。

1. 安全法规与标准综述

（1）安全法规、标准的形式。安全法规是国家为了保障劳动者在劳动过程中的安全与健康、保证劳动条件的改善而制定并以国家强制措施保证其实施的行为规范。它主要有以下几种形式：

1）由国家立法机构以法律形式颁布实施的。例如《中华人民共和国劳动法》《中华人民共和国安全生产法》等。

2）由国家、省、市政府或国务院、行业、地方政府有关部门以行政法规形式实施的。例如国务院发布的《女职工劳动保护规定》，原劳动部发布的《建设项目（工程）劳动安全卫生监察规定》《建设项目（工程）劳动安全卫生预评价管理办法》《建设项目（工程）职业安全卫生设施和技术措施验收办法》，国家安全生产监督管理局文件《关于进一步加强建设项目（工程）劳动安全卫生预评价管理工作的通知》等。

3）安全标准由政府主管标准化工作的部门批准并以特定形式发布，例如《生产设备安全卫生设计总则》《生产过程安全卫生要求总则》等。

（2）安全法规与标准分类。按法规与标准的来源分：

1）由全国人民代表大会或全国人民代表大会常务委员会通过的法律，具有最高法律效力，如《中华人民共和国劳动法》《中华人民共和国安全生产法》《中华人民共和国矿山安全法》等。

由国家技术监督局颁布的标准为国家标准，是在全国范围内统一执行的标准，如《电梯试验方法》（GB/T 10059—1997）等。

2）由国务院及其所属部、委依据宪法和法律制定的规范性文件，其表现形式主要有各项命令、条例、规定、管理办法、实施细则、标准，如国家安全生产监督管理局、国家煤矿安全监察局《关于加强安全评价机构管理的意见》等。这些规范性文件是宪法和各项法律的具体体现，同样具有法律效力。由各部、委发布的标准为行业标准，是在全国各专业范围内统一执行的标准。

3）由地方各级人民代表大会或人大常委会、地方各级政府为执行宪法、法律和各项行政法规制定的补充性规范性文件，其表现形式多为决议、决定、办法、标准，如《江苏省苏南运河交通管理办法》等，只在本辖区内具有法律效力。

4）国际标准。对于引进项目（含技术、设备）依据的标准在合同中有特殊规定或受专业范围、特殊情况限制而我国又暂无相应的安全标准的，可采用国际标准、引进国际标准。

采用国际标准时，必须与我国标准体系进行对比分析或验证，应不低于我国相关标准或暂行规定的要求，并经有关安全生产监督管理部门批准。

（3）安全指标。安全指标（以下简称“指标”）是安全法规的重要组成部分，安全指标的目标值是衡量系统危险性、危害性，进行定性、定量评价结果的标准。若没有指标（标准），评价者将无法判定系统的危险和危害性是否符合要求，以及改善到什么程度才算系统的安全水平是可以接受的，定性、定量评价也就失去了意义。

世界上没有绝对的安全，所谓安全就是达到了可以容许的限度。当危险性、危害性降到一定程度就可以认为是安全了，而指标就是这种限度的目标值。因此，不是以危险性、危害性为零作为指标，而是根据国家的政治、经济、技术情况和对危险、危害后果、危险、危害发生的可能性（概率、频率）和安全投资水平进行综合分析、归纳和优化，从而制定一系列有针对性的危险、危害等级、指标等作为要实现的目标值。

例如，部分行业的危险等级划分标准、各行业规定的千人死亡率、千人重伤率、百万吨（立方米）产量死亡率、伤害频率、伤害严重率、损失率等可作为安全指标。

随着与国际接轨的需要，在安全评价中经常采用一些外国的定量评价方法，其依据的指标反映了评价方法制定国（或公司）的经济、技术和安全水平，一般是比较先进的，若其指标低于我国的可比指标，采用时须做必要的修正。

2. 安全评价工作依据的主要法规标准

(1)《中华人民共和国安全生产法》。2002 年 6 月 29 日第九届全国人民代表大会常务委员会第二十八次会议通过，中华人民共和国主席令第 70 号公布了《中华人民共和国安全生产法》，自 2002 年 11 月 1 日起施行。

《中华人民共和国安全生产法》规定了“安全生产管理，坚持安全第一、预防为主的方针”；“建立、健全安全生产责任制度，完善安全生产条件，确保安全生产”；“生产经营单位的主要负责人对本单位的安全生产工作全面负责”；以及对安全生产监督管理，依法设立为安全生产提供技术服务的中介机构，生产经营单位的安全生产保障，进行安全评价，从业人员的权利和义务，事故的应急救援与调查处理，法律责任等有关内容进行了规定。这是我国生产经营单位进行安全生产必须遵守的大法，也是进行安全评价的重要依据。与安全评价有关的规定有：

1）依法设立为安全生产提供服务的中介机构，依照法律、行政法规和执业准则，接受生产经营单位的委托为其安全生产工作提供技术服务。

2）矿山建设项目和用于生产、储存危险物品的建设项目，应当分别按照国家有关规定进行安全条件论证和安全评价。

3）生产经营单位对重大危险源应当登记建档，进行定期检测、评估、监控，并制定应急预案，告知从业人员和相关人员在紧急情况下应采取的应急措施。

4）生产经营单位应当按照国家有关规定，将本单位重大危险源及有关安全措施、应急措施报有关地方人民政府负责安全生产监督管理部门和有关部门备案。

5）承担安全评价、认证、检测、检验的机构应当具备国家规定的资质条件，并对其做出的安全评价、认证、检测、检验的结果负责。

6）承担安全评价、认证、检测、检验工作的机构出具虚假证明，构成犯罪的，依照刑法有关规定追究刑事责任；尚不够刑事处罚的，没收违法所得，违法所得在五千元以上的，并处违法所得二倍以上五倍以下的罚款，没有违法所得或者违法所得不足五千元的，单处或者并处五千元以上二万元以下的罚款，对其直接负责的主管人员和其他直接责任人员处五千元以上五万元以下的罚款；给他人造成损害的，与生产经营单位承担连带赔偿责任。对有前款违法行为的机构，撤销其相应资格。

(2) 原劳动部第 10 号令《建设项目（工程）劳动安全卫生预评价管理办法》。本办法是依据原劳动部第 3 号令《对预评价的概念、目的、要求、适用范围、预评价大纲和预评价报告书》的主要内容和建设单位、评价单位、设计单位在预评价工作中的职责做了明确的规定，并对各级劳动行政部门（安全生产监督管理部门）的审批权限做了说明，是具体开展预评价工作依据的法规。国经贸安字［1999］500 号《关于建设项目（工程）劳动安全卫生预评价单位进行资格认可的通知》、原劳动部第 11 号令《建设项目（工程）劳动安全卫生预评价单位资格认可与管理规则》规定了从事建设项目劳动安全卫生预评价的单位（简称预评价单位）应具备的条件、申领各类预评价资格证书的方法和预评价单位的职责，是进行预评价单位资格认可和管理工作的准则。发改投资［2003］1346 号《国家发展和改革委员会国家安全生产监督管理局关于加强建设项目安全设施“三同时”工作的通知》要求，对矿山建设项目和生产、储存危险物品、使用危险化学品等高危险行业的建设项目以及具有较大安全风险的建设项目，建设单位在进行项目可行性研究时，应对安全生产条件进行专门论证，委托安全评价中介机构进行安全生产评价。

（3）有关安全评价方面的导则。原劳动部颁布标准《建设项目（工程）劳动安全卫生预评价导则》以技术法规的形式，规定了建设项目（工程）劳动安全卫生预评价的基本要求、预评价工作程序、预评价大纲和预评价报告书的内容及要求、评价方法的选择原则、预评价大纲和预评价报告书的格式。最近几年，国家安全生产监督管理总局又先后颁布了《安全评价通则》《安全预评价导则》《安全验收评价导则》《非煤矿山安全评价导则》《危险化学品经营单位安全评价导则（试行）》《煤矿安全评价导则》等，这些导则是具体进行安全评价工作的操作依据。国家安全生产监督管理总局颁布了《安全评价通则》，规定了系统、工程安全评价的基本原则和要求、评价工作程序、评价报告书的内容及要求、评价方法的选择原则、评价报告书的格式等，是具体进行评价工作的操作依据。

（4）国家安全生产监督管理局、国家煤矿安全监督局联合颁布的《关于加强安全评价机构管理的意见》，首次明确规定安全评价的主要内容为：安全评价是指运用定量或定性的方法，对建设项目或生产经营单位存在的职业危险因素和有害因素进行识别、分析和评估。安全评价包括安全预评价、安全验收评价、安全现状综合评价和专项安全评价。

（5）安全评价依据的标准众多，不同行业会涉及不同的标准，难以一一列出。

各类法律、法规、技术标准和规范性文件都是开展安全评价工作的依据，在编制安全评价报告中应予以引用。但是，在引用中应关注以下几个问题：一是引用最新版本，保证最新发布的安全法规得到及时落实；二是引用应具有针对性，报告中所引用的要列细、列全，报告中没有用到的，不应罗列；三是引用要书写完整，不得使用简略方式；四是引用基本法规和文件时，要根据评价项目的需要优先选择最合适的法规；五是严禁引用废止的法规和标准。

各安全评价机构应加强对安全评价依据的收集和整理，确保安全评价依据的齐全和有效。通过在安全评价报告编制中的正确引用，克服编制报告时的照搬照抄现象，从而有效地提高安全评价报告的质量。

三、安全评价基本原则

安全评价是关系到被评价项目能否符合国家规定的安全法律法规，能否保障劳动者安全与健康的关键性工作。由于这项工作不但具有较复杂的技术性，而且还有很强的政策性，因此，要做好这项工作，必须以被评价项目的具体情况为基础，以国家安全法律法规及有关技术标准为依据，用严肃科学的态度，认真负责的精神，强烈的责任感和事业心，全面、仔细、深入地开展和完成评价任务。在安全评价工作中必须始终遵循合法性、科学性、公正性和针对性原则。

1. 合法性

安全评价是国家以法规形式确定下来的一种安全管理制度。安全评价机构和评价人员必须由国家安全生产监督管理部门予以资质核准和资格注册，只有取得了认可的单位才能依法进行安全评价工作。政策、法规、标准是安全评价的依据，政策性是安全评价工作的灵魂。所以，承担安全评价工作的单位必须在国家安全生产监督管理部门的指导、监督下严格执行国家及地方颁布的有关安全的方针、政策、法规和标准等；在具体评价过程中，全面、仔细、深入地剖析评价项目或生产经营单位在执行产业政策、安全生产和劳动保护政策等方面存在的问题，并且在评价过程中主动接受国家安全生产监督管理部门的指导、监督和检查，力争为项目决策、设计和安全运行提出符合政策、法规、标准要求的评价结论和建议，为安全生产监督管理提供科学依据。

2. 科学性

安全评价涉及学科范围广，影响因素复杂多变。为保证安全评价能准确地反映被评价项目的客观实际和结论的正确性，在开展安全评价的全过程中，必须依据科学的方法、程序，以严谨的科学态度全面、准确、客观地进行工作，提出科学的对策措施，做出科学的结论。

危险、有害因素产生危险、危害后果需要一定条件和触发因素，要根据内在的客观规律分析危险、有害因素的种类、程度，产生的原因及出现危险、危害的条件及其后果，才能为安全评价提供可靠的依据。

现有的评价方法均有其局限性。评价人员应全面、仔细、科学地分析各种评价方法的原理、特点、适用范围和使用条件，必要时还应用几种评价方法进行评价，进行综合分析，提高评价的准确性，避免局限和失真。评价时，切忌生搬硬套、主观臆断、以偏概全。

从收集资料、调查分析、筛选评价因子、测试取样、数据处理、模式计算和权重值的给定，直至提出对策措施、做出评价结论与建议等，每个环节都必须用科学的方法和可靠的数据，按照科学的工作程序一丝不苟地完成各项工作，努力在最大限度上保证评价结论的正确性和对策措施的合理性、可行性和可靠性。

受一系列不确定因素的影响，安全评价在一定程度上存在误差。评价结果的准确性直接影响到决策的正确，安全设计的完善，运行是否安全、可靠。因此，对评价结果进行验证十分重要。为不断提高安全评价的准确性，评价单位应有计划、有步骤地对同类装置、国内外的安全生产经验、相关事故案例和预防措施以及评价后的实际运行情况进行考察、分析、验证，利用建设项目建成后的事后评价进行验证，并运用统计方法对评价误差进行统计和分析，以便改进原有的评价方法和修正评价的参数，不断提高评价的准确性、科学性。

3. 公正性

评价结论是评价项目的决策依据、设计依据、能否安全运行的依据，也是国家安全生产监督管理部门进行安全监督管理的执法依据。因此，对于安全评价的每一项工作都要做到客观和公正，既要防止评价人员主观因素的影响，又要排除外界因素的干扰，避免出现不合理、不公正现象。

评价的正确与否直接涉及被评价项目能否安全运行；涉及国家财产和声誉是否受到破坏和影响；涉及被评价单位的财产是否会受到损失，生产能否正常进行；涉及周围单位及居民是否受到影响；涉及被评价单位职工乃至周围居民的安全和健康。因此，评价单位和评价人员必须严肃、认真、实事求是地进行公正的评价。

安全评价有时会涉及一些部门、集团、个人的利益。因此，在评价时，必须以国家和劳动者的利益为重，要充分考虑劳动者在劳动过程中的安全与健康，要依据有关标准法规和经济技术的可行性提出明确的要求和建议。评价结论和建议不能模棱两可，含糊其辞。

4. 针对性

进行安全评价时，首先应针对被评价项目的实际情况和特征，收集有关资料，对系统进行全面的分析；其次要对众多的危险、有害因素及单元进行筛选，对主要的危险、有害因素及重要单元应进行有针对性的重点评价，并辅以重大事故后果和典型案例进行分析、评价。由于各种评价方法都有特定的适用范围和使用条件，要有针对性地选用评价方法；最后要从实际的经济、技术条件出发，提出有针对性的、操作性强的对策措施，对被评价项目做出客观、公正的评价结论。

四、安全评价规范

为了规范安全评价行为，确保安全评价的科学性、公正性和严肃性，国家安全生产监督管理部门制定发布了安全评价通则、各类安全评价的导则及主要行业部门的安全评价导则。通则和导则为安全评价活动规定了基本原则、目的、要求、程序和方法，是安全评价工作所必须遵循的指南。

我国安全评价规范体系可分为3个层次，一是安全评价通则，二是各类安全评价导则及行业评价导则，三是各类安全评价实施细则，如图1—7所示。

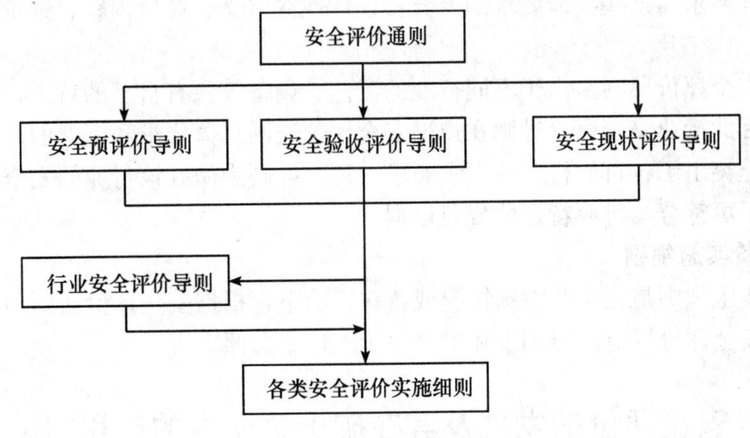

图1—7 安全评价规范体系

1. 安全评价通则

安全评价通则是规范安全评价工作的总纲，是安全评价活动的总体指南。它规定了所有安全评价工作的基本原则、目的、要求、程序和方法，对安全评价进行了分类和定义，对安全评价的内容、程序以及安全评价报告评审与管理程序做了原则性说明，对安全评价导则和细则的规范对象做了原则性规定，但这些原则性规定在具体实施时需要更详细的规范支持。

2. 安全评价导则

各类安全评价导则是根据安全评价通则的总体要求制定的，是安全评价通则总体指南的具体化和细化。导则使细化后的规范更具有可依据性和可实施性，为安全评价提供了易于遵循的规定。目前已发布的安全评价导则，按安全评价种类划分，有安全预评价导则、安全验收评价导则、安全现状评价导则，以及专项安全评价导则；按行业划分，有煤矿安全评价导则、非煤矿山安全评价导则、陆上石油和天然气开采业安全评价导则、危险化学品生产企业安全评价导则等。

导则也称为指南，安全评价导则为所有安全评价工作提供了一个须共同遵循的体系规范。从导则的内容可以看出，这些导则对各类安全评价工作和各行业安全评价工作的具体内容和要求都做出了较为明确的阐述，无论是评价单位开展评价工作、评价人员编写安全评价报告、业主为安全评价提供支持，还是对评价报告进行审核，都应将此作为重要依据。

当然，安全评价的对象多种多样，且各有自己的特点，导则不可能包罗万象，也不可能面面俱到，导则也需随着安全评价工作的不断深入实践而逐步加以完善。在具体项目的评价过程中，需要评价单位在遵守基本要求和保证质量的基础上，努力创新，以更好地完成评价工作。但是，没有规矩不成方圆，安全评价导则为我国安全评价工作的规范化提供了重要基础，应成为我国安全评价工作者共同遵守的指南。

(1) 各类安全评价导则。由于各类安全评价导则都是依据安全评价通则制定的，所以它们采用的格式和提出的基本要求是一致的。其内容主要包括：主题内容与适用范围，评价目的和基本原则，定义，评价内容，评价程序，评价报告主要内容，评价报告要求和格式，附件（评价所需主要资料清单、常用评价方法、评价报告封面格式、著录项格式等）。

由于不同类型的安全评价的评价对象不同，因此，导则在安全评价有关细节上各有针对自己情况的具体要求。这些具体要求的差异特别体现在定义、评价内容、评价程序、报告主要内容等方面。

(2) 行业安全评价导则。由于不同行业的工艺、设备等各有自己的特点，也有各自不同的安全风险，因此行业安全评价导则在遵循安全评价通则总体要求和框架的基础上，在各类安全评价细节上突出了各自的行业特点和要求。这些导则为做好该行业的安全评价提供了适用指南，提供了更符合本行业特点的规范依据。

3. 安全评价实施细则

安全评价实施细则是在某些特殊情况或特殊要求下，根据安全评价通则和导则制定的内容更为详细的安全评价规范，更利于在安全评价工作中参照。

第五节　安全评价的发展及其在矿山企业中的应用

一、国内外安全评价发展

1. 国外安全评价发展

安全评价技术起源于20世纪30年代，是随着西方国家保险业的发展需要而发展起来的。保险公司为客户承担各种风险，必然要收取一定的费用，而收取费用的多少是由所承担的风险大小决定的。因此，就产生了一个衡量风险程度的问题，这个衡量、确定风险程度的过程实际上就是一个安全评价的过程，因此，安全评价也被称作“风险评价”。

安全评价技术在20世纪后半叶得到很大的发展，得益于系统安全工程理论的完善和发展。系统安全理论首先被应用于美国军事工业。1962年4月美国公布了第一个有关系统安全的说明书《空军弹道导弹系统安全工程》，以此作为对与民兵式导弹计划有关的承包商提出的系统安全要求，这是系统安全理论的首次实际应用。1969年美国国防部批准颁布了最具有代表性的系统安全军事标准《系统安全大纲要点》（MIL-STD-822），对完成系统在安全方面的目标、计划和手段，包括设计、措施和评价，提出了涵盖系统整个生命周期的安全要求、程序和目标。此项标准于1977年修订为MIL-STD-822A，1984年又修订为MIL-STD-822B，对世界工程安全和防火领域产生了巨大影响，陆续推广到世界各国的航空、航天、核工业、石油、化工等领域，并不断发展、完善，形成了现代系统安全工程的理论、方法体系，在当今安全科学中占有非常重要的地位。

系统安全工程理论和技术的发展与应用，为进行事故预测、预防的系统安全评价奠定了科学的基础。安全评价的现实作用又促使许多国家政府、工商业集团加强对安全评价的研究，开发自己的评价方法，对系统进行事先、事后的评价，分析、预测系统的安全可靠性，努力避免不必要的损失。

1964年美国道（DOW）化学公司根据化工生产的特点，首先开发出“火灾、爆炸危险指数评价法”，用于对化工装置进行安全评价。该评价方法几十年来已经进行多次修订、补充和完善。它是以单元重要危险物质在标准状态下的火灾、爆炸或释放出危险性潜在能量大小为基础，同时考虑工艺过程的危险性，计算单元火灾爆炸指数（F&EI），确定危险等级，并提出安全对策措施，使危险降低到人们可以接受的程度。1974年英国帝国化学公司（ICI）蒙德（Mond）工厂在道化学公司评价方法的基础上引入了毒性概念，并发展了某些补偿系数，提出了“蒙德火灾、爆炸、毒性指标评价法”。1974年美国原子能委员会在没有核电站事故先例的情况下，应用系统安全工程分析方法，提出了著名的《核电站风险报告》（WASH—1400），并被以后发生的核电站事故所证实。1976年日本劳动省颁布了“化工厂安全评价六阶段法”，确定了一种安全评价的模式，并陆续开发了匹田法等评价方法。由于安全评价技术的发展，安全评价已在现代企业管理中占有优先的地位。

由于安全评价在预防事故，特别是重大恶性事故方面取得的巨大效益，许多国家政府和生产经营单位投入巨额资金进行安全评价，美国原子能委员会1974年发表的《核电站风险报告》，就用了70人/年的工作量，耗资300万美元，相当于建造一座1 000兆瓦核电站投资的1%。

20世纪70年代以后，世界范围内发生了许多震惊世界的火灾、爆炸、有毒物质的泄漏事故。例如，1974年，英国夫利克斯保罗化工厂发生的环己烷蒸气爆炸事故，导致死亡29人、受伤109人，直接经济损失达700万美元；1978年，在西班牙巴塞罗那市和巴伦西亚市之间的通道上，一辆满载丙烷的槽车因充装过量发生爆炸，烈火和浓烟造成150人被烧死、120多人烧伤、100多辆汽车和14幢建筑物被烧毁的惨剧；1984年12月3日凌晨，印度博帕尔农药厂发生一起甲基异氰酸酯泄漏的恶性中毒事故，有2 500多人中毒死亡，20余万人中毒，是世界上绝无仅有的大惨案；1988年，英国北海石油平台因天然气压缩间发生大量泄漏而爆炸，在平台上工作的230余名工作人员只有67人幸免于难。

恶性事故造成的人员严重伤亡和巨大的财产损失，促使各国政府、议会立法或颁布法令，规定工程项目、技术开发项目必须强化安全管理，降低安全风险程度。日本《劳动安全卫生法》规定，由劳动基准监督署对建设项目实行事先审查和许可证制度；美国对重要工程项目的竣工、投产都要求进行安全评价；英国政府规定，凡未进行安全评价的新建项目不准开工；欧共体1982年颁布《关于工业活动中重大危险源的指令》，欧共体成员国陆续制定了相应的法律；国际劳工组织（ILO）也先后公布了《重大事故控制指南》（1988年）、《重大工业事故预防实用规程》（1990年）和《工作中安全使用化学品实用规程》（1992年），其中对安全评价均提出了要求。2002年欧盟在未来化学品白皮书中，明确危险化学品的登记及风险评价，作为政府的强制性的指令。当前，大多数工业发达国家已将安全评价作为工厂设计和选址、系统设计、工艺过程、事故预防措施及制订应急计划的重要依据。

近年来，随着信息处理技术、数字化技术和事故预防技术的进步，还开发出了包括危险辨识、事故后果模型、事故频率分析、综合危险定量分析等内容的商用化安全评价计算机软件，计算机技术的广泛应用又促进了安全评价向更深层次发展。

2. 国内安全评价发展现状

“安全第一，预防为主，综合治理”是我国安全生产工作的基本方针，这一方针的确立是经过我国从事安全生产工作几代人的共同努力，总结了大量伤亡事故的原因、经验教训，通过科学探索得出的结论。生产必须安全，安全只有预防，依法进行安全评价就是预防为主的具体体现。

我国的安全评价工作，大致经历了以下3个发展阶段。

一是探索阶段。20世纪70年代末，我国的一些学者开始运用现代安全管理思想，借鉴国外的安全评价经验，探索性地应用了一些安全评价、风险评估的方法，如安全检查表（SCL）、事故树分析（FTA）、故障类型及影响分析（FMFA）、事件树分析（ETA）、预先危险性分析（PHA）、危险与可操作性研究（HAZOP）、作业条件危险性评价（LEC）等，这些方法被应用到企业安全生产管理中，取得了一定成效。

二是起步阶段。1988年，原劳动部首次对建设项目提出了进行职业安全卫生评价的要求；1996年，又具体规定了6类建设项目必须进行劳动安全卫生预评价；1999年，原国家经贸委发出了《关于对建设项目（工程）劳动安全卫生预评价单位进行资格认可的通知》，国家开始了对安全评价机构资质的依法监管。2002年颁布实施的《危险化学品安全管理条例》，提出了“生产、储存、使用剧毒化学品的单位，应当对本单位的生产、储存装置每年进行一次安全评价；生产、储存、使用其他危险化学品的单位，应当对本单位的生产、储存装置每两年进行一次安全评价”的要求；同年颁布实施的《中华人民共和国安全生产法》中，规定生产经营单位的建设项目必须实施“三同时”，同时还规定矿山建设项目和用于生产、储存危险物品的建设项目应进行安全条件论证和安全评价。2002年，国家安全生产监督管理局发布了《关于加强安全评价机构管理的意见》，全面开展了安全评价机构的资质许可工作，进一步推动了这方面的工作。

三是发展规范阶段。2003年以后，在国务院的统一领导下，在各部门、各单位以及社会各方面的共同努力下，安全评价工作得到了快速发展。安全评价工作的相关法律、法规和技术标准相继颁布，安全评价机构和安全评价人员的监管制度不断完善，安全评价队伍不断壮大，评价质量不断提高。

当前，随着《安全生产法》《危险化学品安全管理条例》《安全生产许可证条例》《安全评价通则》《安全预评价导则》《安全验收评价导则》《安全现状评价导则》《安全评价机构管理规定》《安全评价人员考试管理办法（试行）》《安全评价人员考试要点（试行）》《安全评价人员资格登记管理规则》等一系列相关法律、法规和技术标准的相继颁布实施，安全评价工作迅速走上法制化、规范化管理的轨道。

与此同时，安全评价队伍粗具规模。截至 2007 年 9 月，全国从事安全评价工作的人员已达 5 万人，形成了一支较为稳定的技术服务队伍，这些从业人员分布于我国 34 个省、自治区、直辖市以及经济特区，基本覆盖了国民经济各领域，他们为安全生产提供了强有力的技术支持服务。2007 年 11 月，劳动和社会保障部又组织有关专家制定了安全评价师的国家职业标准，对安全评价职业的活动范围、工作内容、能力要求和知识水平都做了明确规定。安全评价工作的正式职业化，对于提高安全评价人员的能力和素质，规范安全评价工作，提高安全评价质量，切实保障公共安全、人身健康和生命财产安全，必将产生积极的推动作用。

30 多年来，我国的安全评价从无到有、从小到大，期间经历了曲曲折折。在它的发展过程中，吸取了环境影响评价、管理体系认证等其他类似工作的很多的经验、教训。国家安全生产监督管理局已将安全评价体系作为安全生产 6 大技术支撑体系之一，安全评价体系将为保障我国的安全生产工作发挥巨大的作用。实践证明，安全评价不仅能有效地提高企业和生产设备的本质安全程度，而且可以为各级安全生产监督管理部门的决策和监督检查提供有力的技术支撑。

二、安全评价在煤矿中的应用

1. 国外煤矿安全评价现状

1974 年由英国化工协会制定的优良可劣评价法开始对煤矿企业安全状况进行评价，并制定了《企业安全活动评价标准》，把煤矿的组织管理、安全操作规程、工作人员选用，灾害事故处理计划等生产活动定性地划分为优、良、中、劣 4 个等级，依据被评价矿井生产现状做出定性的评价。

1976 年在日本隧道工程安全评价中使用的矿山工程安全评价方法开始在煤矿企业应用并得到了发展。矿山工程安全评价方法是对各主要危险源分别给出不同的评价函数，根据情况确定评价函数中评价因子的取值，然后计算评价函数的函数值，最后根据函数值的大小进行危险分级，并采取适当的防范措施。该方法把煤矿中瓦斯、水、火和顶板作为评价指标，建立瓦斯爆炸评价函数、水灾评价函数、火灾评价函数和冒顶评价函数，根据 4 个评价函数的得分，并对照危险性分级表确定矿井的危险等级。

1977 年美国颁布《联邦矿山安全与健康法》，内容以“井下煤矿法定安全暂行标准使用范围”为主，包括了煤矿的详细检查标准：从设计到施工、从开工到报废、从地面到井下、采煤、掘进、通风、瓦斯、煤尘、防火、治水和环保等。此外，各州政府还根据各自情况，制定本州的法规，作为补充，加强了对煤矿的检查力度。法制化的轨道，使煤矿安全状况明显改善，进入 20 世纪 90 年代，煤矿事故继续减少，保持世界最好水平。

欧共体 1982 年颁布《关于工业活动中重大危险源的指令》，欧共体成员国陆续制定了相应的法律；国际劳工组织（ILO）也先后公布了1988年的《重大事故控制指南》、1990年的《重大工业事故预防实用规程》，这些法规都对安全评价提出了严格的要求。

随着现代科技的迅速发展，特别是数学方法和计算机科学技术的发展，以模糊数学为基础的安全评价方法得到了发展和投入应用，并拓展了原有的方法和应用范围，如模糊故障树分析、模糊概率法等。应用计算机专家系统、决策支持系统、人工神经网络技术，对生产系统进行实时、动态的安全评价等。

目前国外煤炭工业安全评价领域，具体的研究和应用主要集中在以下几个方面：

(1) 矿山安全评价主要以概率风险评价为基础。就是把矿井生产系统中隐患导致事故的概率与隐患造成的损害的乘积作为系统状态的危险度，隐患发生的概率和造成的损害经过统计数据获得。

(2) 在伤亡事故统计方面，建立了包括损失时间、职业病、死亡、重伤、轻伤以及与其他相关因素的工伤数据库等。

(3) 数据库与计算机技术在生产系统安全评价工作中得到了较大范围的推广和应用。

(4) 在安全评价的系统理论和方法发展的同时，局部关键技术开发得到了足够重视。如在可靠性理论研究过程中研究了系统及元件失效概率的估计问题，以及可提供系统安全性评价借鉴的概率估计方法。

2. 国内煤矿安全评价现状

煤炭工业的安全管理和评价研究与其他行业相比，时间上几乎同步，但研究的规模、深度要落后于原机械电子工业部、建设部与劳动部门。1982年，煤炭工业部制定颁发了《矿井通风质量标准及检查评定办法》，作为矿井通风安全管理部门的检查标准；1986年，原煤炭工业部制定了《生产矿井质量标准化标准》作为行业标准实行。

1997年以后，各级煤矿安全监察机构开始对全国范围内的煤矿进行安全评价工作。国务院机构改革后，国家安全生产监督管理局重申要继续做好建设项目安全预评价、安全验收评价、安全现状综合评价及专项安全评价。

2003年，国家煤矿安全监察局在全国范围内开展安全现状综合评价工作，并印发了《安全现状评价导则》，要求各省级安全监察局组织本省内各类煤矿开展安全评价工作，并对安全评价进行监督和管理。2004年，全国有83.4%的煤矿开展了安全现状综合评价。

目前对煤矿的安全评价大多数是现状评价，即对煤矿现有的生产条件和管理水平进行评价，检查其是否达到安全生产所必需的安全条件。煤矿安全评价全部是由具有资质的中介评价机构来执行。但是由于我国煤矿安全评价工作才刚刚起步，没有大量的实验结果和广泛的事故统计资料，因此，现在的煤矿安全评价都是根据经验和直观判断能力，对煤矿生产系统的工艺、设备、设施、环境、人员和管理等方面的状况进行定性分析，得到的评价结果也是一些定性的指标，随意性较大。煤矿安全评价所采用的评价方法也较单一，主要采用安全检查表方法进行评价。煤矿安全评价检查的标准依据是《中华人民共和国安全生产法》《煤矿安全规程》《煤矿操作规程》和一些技术上的标准等。首先对煤矿现有的资料进行检查；其次，对煤矿提供的资料进行实地核查。二者综合给出评价结论，即所评价煤矿是否具备安全生产所必要的生产条件。只有安全评价结论为合格的煤矿才能领到安全生产许可证。

该方法要求数据准确、充分，分析完整，判断和假设合理，并能准确地描述系统中的不确定性。对于煤炭行业，由于系统复杂，其中的不确定因素多，且各种因素状态不明确，对系统完整的分解比较困难，使用这种方法时受到相当程度的限制。

随着安全生产法制建设的不断深入，煤矿安全评价工作将逐步得到普及和完善。开展煤矿安全评价，可以扭转煤矿安全生产的被动局面，使煤矿安全管理工作科学化、制度化、规范化，是实现煤矿安全生产的必由之路。

三、安全评价在非煤矿山中的应用

我国在1996年10月17日颁布的原劳动部令第3号《建设项目（工程）劳动安全卫生监察规定》中首次规定6类建设项目必须进行安全卫生预评价；《中华人民共和国安全生产法》第二十五条规定，矿山建设项目和用于生产、储存危险品的建设项目，应当分别按照国家有关规定进行安全条件论证和安全评价；《安全生产许可证条例》第六条规定，企业取得安全生产许可证，应当具备的安全生产条件之一是依法进行安全评价；《非煤矿山企业安全生产许可证实施办法》第五条规定，非煤矿矿山企业取得安全生产许可证，应当具备的安全生产条件之一是依法进行安全评价；国家安全生产监督管理局先后颁布了《安全评价通则》《非煤矿山安全评价导则》《安全评级机构管理规定》等文件，以规范安全评价行为；在修订的技术标准中，如《尾矿库安全技术规程》，也将安全评价作为重要内容和强制性条款。从近几年国家颁布的法律法规及标准可明显看出，安全评价被赋予有力的法律法规依据支撑，安全评价作为非煤矿山建设项目（工程）和生产准入的前置条件之一，是政府实施安全监管和决策的科学依据。

根据多年的实践和总结，非煤矿山安全评价的方法主要有以下几种。

1. 安全检查表法（SCL）

该方法是将一系列项目列出检查表进行分析，以确定系统的状态，定性地对系统进行综合评价。在安全验收评价和安全现状综合评价中较常用，是非煤矿山在安全管理和监督检查中常用的方法。

2. 工程类比法（PET）

工程类比法利用已知二个类似的不同对象之间的互相联系规律，用其中一个对象的发展规模来预测另一个对象的发展，经调查研究、资料收集、现场测试、分析比较，运用类推原理来预测评价对象的劳动安全状况及可能存在的问题，在安全评价的4种类型中常被应用。

3. 专家评议法

专家评议法是一种吸收各专业的技术专家参加，根据系统的过去、现在和发展趋势3种时态进行积极的创造性思维活动，对系统的未来进行综合分析评价的方法，在安全评价的4种类型中常被应用。

4. 事故树分析法（FTA）

事故树分析法对系统的危险性进行识别，具有定性分析和定量分析功能，是安全分析评价和事故预测的一种先进科学方法，在安全评价的4种类型中常被应用。

5. 作业条件危险性评价法（LEC）

该方法常用于非煤矿山人员经常出入的采场、爆破和炸药库等评价系统。

6. 工程岩体稳定性分析法

工程岩体稳定性分析法采用安全评价软件作为手段和工具，用定性描述和定量评价相结合的方法，判断系统的危险程度。适用于非煤矿山安全评价的各个阶段，包括非煤矿山的边坡、排土场、尾矿库、采空区等系统的安全评价。

7. 机械工厂安全性评价法

机械工厂安全性评价法是我国引进和学习外国安全系统工程和安全管理方法后在企业应用的安全评价方法，对设备集中的企业开展安全性评价，不仅可以提高安全管理水平和安全程度，而且还可以有效地控制伤亡事故和职业病。非煤矿山的选矿厂、炸药厂和机修加工车间的情况与机械工厂类似，存在设备多、作业分散的特点，可以采用机械工厂安全性评价方法进行安全评价。

8. 故障类型及影响分析方法（FEMA）

该方法是安全系统工程用于识别危险的分析方法之一，在设计阶段对系统的各个组成部分进行归纳、定性地分析，找出可能产生的故障及其类型，判明故障严重程度，为采取相应的安全对策措施和安全评价提供依据。该方法适用于对机械设备较多或工艺过程较复杂的系统进行安全评价。

除以上几种主要的安全评价方法以外，日本劳动省化工厂安全定量评价法（JL-CSQA）、美国道化学公司火灾爆炸危险指数评价法（DOW’S-F&EI）、危险化学品评价参数（HCAF）等安全评价方法，同样适用于非煤矿山中爆破系统、炸药库系统和高含硫矿床的安全评价。

第二章　煤矿安全评价的前期准备

第一节　安全评价的对象、目的和范围

一、安全评价的对象

在进行煤矿安全评价工作之前，首先要做的工作是确定安全评价的对象，如某矿井的隶属关系。另外，就是要确定项目的类型，以确定本次评价是安全预评价、验收评价还是现状综合评价。

二、安全评价的目的

1. 安全预评价的目的

安全预评价以“安全第一，预防为主，综合治理”为方针，以提高被评价建设项目的本质安全程度和安全管理水平，削减与控制建设和生产中的危险、有害因素，降低矿井建设与生产的安全风险，预防事故发生，保障人员的健康和生命安全为目的，使被评价矿井成为安全有保障、高产、高效的现代化矿井。其目的主要表现如下：

(1) 提高被评价矿井建设项目的本质安全程度。安全预评价作为《安全专篇》编写和安全设施设计的主要依据，它分析出生产中潜在的危险、有害因素存在的主要条件及其对生产过程的危害程度，并提出防止危险、有害因素可能引发灾害的措施和方案；在以后的设计和建设中实施这些措施和方案，实现被评价建设项目的本质安全化。

(2) 采用安全系统工程方法，对建设工程潜在的危险、有害因素进行定性定量分析，预测其发生的可能性及危害程度，为矿井的建设、生产管理实现系统化、标准化和科学化提供依据。

(3) 为安全生产监察部门实施监督、监察、管理提供依据。预评价的结果和对策、措施作为该矿井建设项目《安全专篇》及《矿井初步设计》的编制依据。

2. 安全验收评价的目的

安全验收评价的目的是贯彻“安全第一，预防为主，综合治理”方针，为建设项目、矿区建设、安全验收提供科学依据，对未达到安全目标的系统或单元提出安全补偿及补救措施，以利于提高建设项目、矿区内的安全设施、设备、装置的本质安全程度，整体达到安全标准的要求。即通过查验建设项目、矿区规划在系统上配套安全设施的状况来验证系统安全，为安全验收提供依据。

根据有关法律、法规、规章、标准、规范，分析评价被评价矿井在项目建成后的生产活动中存在的危险、有害因素，提出合理可行的安全对策、措施及建议，为矿井进行安全生产

和安全生产监督管理部门的安全管理提供依据。

3. 安全现状综合评价的目的

安全现状综合评价是通过对煤矿设施、设备、装置实际情况和管理状况的调查分析，定性、定量分析其生产过程中存在的危险、有害因素，确定其危险度，对其安全管理状况给予客观的评价，对存在的问题提出合理可行的安全对策、措施及建议。

三、安全评价的范围

1. 安全预评价的范围

矿井安全预评价的范围主要包括该矿井建设及煤炭生产过程中瓦斯、煤尘、火灾、水灾、顶板等主要自然灾害的辨识、分析、评价及矿井采掘、通风、供电、提升、运输等主要生产系统与辅助生产系统的安全评价。

2. 安全验收评价的范围

矿井安全验收评价的范围一般包括：矿井安全管理、开采系统、通风系统、瓦斯防治系统、综合防尘系统、防灭火系统、防治水系统、供电系统、提升运输系统、爆破器材存储使用及运输系统、压风系统、通信系统、矿灯及自救器、降温系统等和矿井安全设施“三同时”以及安全生产合法性。

3. 安全现状综合评价的范围

矿井安全现状综合评价的范围一般包括以下几个方面：

（1）评价煤矿安全管理模式对确保安全生产的适应性，明确安全生产责任制、安全管理机构及安全管理人员、安全生产制度等安全管理相关内容是否满足安全生产法律法规和技术标准的要求及其落实执行情况，说明现行企业安全管理模式是否满足安全生产的要求。

（2）评价煤矿安全生产保障体系的系统性、充分性和有效性，明确其是否满足煤矿实现安全生产的要求。

（3）评价各生产系统和辅助系统及其工艺、场所、设施、设备是否满足安全生产法律法规和技术标准的要求。

（4）识别煤矿生产中的危险、有害因素，确定其危险度。

（5）评价生产系统和辅助系统，明确是否形成了煤矿安全生产系统，对可能的危险、有害因素，提出合理可行的安全对策、措施及建议。

对于一矿多井的企业，应先分别对各个自然井按上述要求进行安全现状综合评价，然后再根据所属自然井的安全评价结果对全矿井进行安全现状综合评价。

四、被评价单位的基本情况

明确评价对象和范围后，应进行煤矿建设项目或煤矿现场调查，初步了解煤矿建设项目或煤矿状况。

1. 煤矿建设项目安全预评价需要建设单位提供的资料

（1）建设项目概况

1）建设项目基本情况，包括隶属关系、职工人数、所在地区及其交通情况等。

2）建设项目的合法证明材料，包括：建设项目立项申请和审批资料、矿产资源开采许可证等。

（2）建设项目设计依据

1）建设项目设计依据的批准文件。

2）建设项目设计依据的地质勘探报告书。

3）建设项目设计依据的其他有关矿山安全基础资料。

（3）建设项目设计文件

1）建设项目可行性研究报告。

2）与建设项目相关的其他设计文件。

（4）生产系统及辅助系统说明

1）设计生产能力、开拓方式、开采水平等。

2）生产系统和辅助系统生产及安全情况的说明。

（5）危险、有害因素分析所需资料

1）地质构造资料。

2）工程地质及对开采不利的岩石力学条件。

3）水文地质及水文资料。

4）内因火灾倾向性资料。

5）冲击地压资料。

6）热害资料。

7）有毒有害物质组分、放射性物质含量、辐射类型及强度等。

8）地震资料。

9）气象条件。

10）附属生产单位或附属设施危险、有害因素资料。

11）矿体四邻情况和废弃巷道情况。

12）矿体开采的特殊危险、有害因素的说明。

（6）安全专项投资情况。主要包括：项目改造投资、安全设备投资、人员安全培训与教育投资、安全风险投资等。

（7）安全评价所需的其他资料和数据。其他资料和数据包括：井田开发状况、矿区总体规划、附属生产厂或公司的配置情况等。

2. 煤矿安全验收评价和安全现状综合评价需要建设项目或煤矿提供的资料

井工煤矿建设项目安全验收评价和井工煤矿安全现状综合评价需要建设单位（或煤矿）提供资料参考目录如下：

（1）煤矿概况

1）企业基本情况，包括隶属关系、职工人数、所在地区及其交通情况等。

2）企业生产、经营活动合法证明材料，包括：企业法人证明、矿山企业生产营业执照、矿产资源开采许可证等。

（2）矿井设计依据

1）矿井设计依据的批准文件。

2）矿井设计依据的地质勘探报告书。

3）矿井设计依据的其他有关矿山安全的基础资料。

（3）矿井设计文件

1）矿井详细设计文件。

2）开采水平、采区、采掘工作面设计文件。

3）生产系统和辅助系统设计文件。

4）下列反映矿井实际情况和不同时期开采情况的图纸

①矿井地质和水文地质图。

②井上、井下对照图。

③巷道布置图。

④采掘工程平面图。

⑤通风系统图。

⑥井下运输系统图。

⑦安全监测装备布置图。

⑧排水、防尘、防火注浆、压风、充填、抽放瓦斯等管路系统图。

⑨井下通信系统图。

⑩井上、井下配电系统图。

⑪井下电气设备布置图。

⑫井下避灾路线图。

（4）生产系统及辅助系统说明

1）矿井实际生产能力、开拓方式、开采水平等。

2）开采水平、采区、采掘工作面生产及安全情况的说明。

3）生产系统和辅助系统生产及安全情况的说明。

（5）危险、有害因素分析所需资料

1）地质构造资料。

2）工程地质及对开采不利的岩石力学条件。

3）水文地质及水文资料。

4）内因火灾倾向性资料。

5）冲击地压资料。

6）矿井热害资料。

7）有毒有害物质组分、放射性物质含量、辐射类型及强度等。

8）地震资料。

9）气象条件。

10）生产过程有害因素资料（主要生产环节或者生产工艺的危害因素分析）。

11）附属生产单位或附属设施危险、有害因素资料。

12）矿体四邻情况和废弃巷道情况。

13）矿体开采的特殊危险、有害因素的说明。

（6）安全技术与安全管理措施资料

1）矿体开采可能冒落区地面范围资料。

2）矿井、水平、采区的安全出口布置、开采顺序、采矿方法、采空区处理方法和预防冒顶、片帮的措施。

3）保障矿井通风系统安全可靠的措施。

4）预防冲击地压（岩爆）的安全措施。

5）防治瓦斯、煤尘爆炸的安全措施。

6）防治煤与瓦斯突出的安全措施。

7）防治自燃发火的安全措施。

8）防治矿井火灾的安全措施。

9）防治地面洪水的安全措施。

10）防治井下突水、涌水的安全措施。

11）提升、运输及机械设备防护装置及安全运行保障措施。

12）供电系统安全保障措施。

13）爆破安全措施。

14）爆破器材加工、储存安全措施。

15）矿井气候调节措施。

16）防噪声、振动安全措施。

17）矿山安全监测设备、仪器仪表资料。

18）井口保健站、井下急救站。

19）安全标志及其使用情况资料。

20）安全生产责任制。

21）安全生产管理规章制度。

22）安全操作规程。

23）其他安全管理和安全技术措施。

（7）安全机构设置及人员配置

1）安全管理、通风防尘、灾害监测机构及人员配置。

2）工业卫生、救护和医疗急救组织及人员配置。

3）安全教育、培训情况。

4）工种及其设计定员。

（8）安全专项投资及其使用情况。主要包括：项目改造投资、安全设备投资、人员安全培训与教育投资、安全风险投资等。

（9）安全检验、检测和测定的数据资料

1）特种设备检验合格证。

2）特殊工种培训、考核记录及其上岗证。

3）主要通风机检验、检测及运行情况的记录和数据。

4）矿井通风测定数据。

5）矿井瓦斯测定数据。

6）矿井涌水量记录。

7）矿井自燃发火区记录及其自燃情况的数据。

8）各类事故情况的记录。

9）职工健康监护的数据。

10）其他安全检验、检测和测定的数据资料。

(10) 安全评价所需的其他资料和数据。其他资料和数据包括：井田开发状况、矿区总体规划、附属生产厂或公司的配置情况等。

第二节　安全评价依据及标准

一、安全预评价常用法律依据及标准

1. 法律、法规与指导性文件

(1)《中华人民共和国劳动法》。

(2)《中华人民共和国煤炭法》。

(3)《中华人民共和国安全生产法》。

(4)《中华人民共和国矿山安全法》。

(5)《中华人民共和国职业病防治法》。

(6)《中华人民共和国环境保护法》。

(7)《矿山安全条例》。

(8)《煤矿安全监察条例》。

(9)《安全生产许可证条例》。

(10)《中华人民共和国矿山安全法实施条例》。

(11)《民用爆炸物品安全管理条例》。

(12)《中华人民共和国尘肺病防治条例》。

(13)《关于加强煤矿安全生产工作规范企业劳动定员管理的若干指导意见》。

(14)《建设项目（工程）劳动安全卫生监察规定》。

(15)《煤矿矿山救护工作暂行规定》。

(16)《关于国有煤矿防治重大瓦斯煤尘事故的规定》。

(17)《国务院关于预防煤矿生产安全事故的特别规定》。

(18) 国家安全生产监督管理局、国家煤矿安全监察局令第 6 号《煤矿建设项目安全设施监察规定》。

(19)《关于加强建设项目劳动安全卫生预评价工作的通知》。

(20)《关于加强建设项目安全设施“三同时”工作的通知》。

(21)《关于加强煤矿水害防治工作的指导意见》。

(22)《关于所有煤矿必须立即安装和完善井下通讯、压风、防尘供水系统的紧急通知》(安监总煤行［2007］167 号)。

(23)《关于加强煤矿企业供用电安全管理工作的紧急通知》(安监总煤矿［2006］251 号)。

(24) 其他当地政府制定的相关法律、法规。

2. 规程及标准

(1)《煤矿安全规程》。
(2)《煤炭工业矿井设计规范》。
(3)《防洪标准》。
(4)《建筑抗震设计规范》。
(5)《建筑设计防火规范》。
(6)《矿井水文地质规程》及《矿井地质规程》。
(7)《矿山电力设计规范》。
(8)《供配电系统设计规范》。
(9)《通用用电设备配电设计规范》。
(10)《继电保护和安全自动装置技术规程》。
(11)《66 kV 及以下架空电力线路设计规范》。
(12)《煤矿井下低压供电三大保护实施细则》。
(13)《爆炸和火灾危险环境电力装置设计规范》。
(14)《煤矿安全装备基本要求(试行)》。
(15)《缓倾斜煤层采煤工作面顶板分类》。
(16)《生产过程危险和有害因素分类和代码》。
(17)《建筑物、水体、铁路及主要井巷煤柱留设与压煤开采规程》。
(18)《煤矿建设工程安全设施设计审查与竣工验收暂行办法》。
(19)《矿井通风安全装备标准》。
(20)《工业企业设计卫生标准》。
(21)《爆破安全规程》。
(22)《生产性粉尘作业危害程度分级》。
(23)《重大事故隐患管理规定》。
(24)《爆炸危险场所安全规定》。
(25)《工业企业噪声控制设计规范》。
(26)《安全评价通则》。
(27)《安全预评价导则》。
(28)《煤矿安全评价导则》。
(29)《煤、泥炭地质勘查规范》。
(30)《矿井水文地质工程地质勘探规范》。
(31)《煤矿井下粉尘综合防治技术规范》。
(32)《煤矿井下供配电设计规范》。
(33)《煤矿井下低压供电系统及装备通用安全技术要求》。
(34)《矿井瓦斯涌出量预测方法》。
(35)《煤矿采掘工作面高压喷雾降尘技术规范》。
(36)《煤矿井工开采通风技术条件》。
(37)《煤矿安全监控系统及检测仪器使用管理规范》。

(38)《煤矿井下作业人员管理系统使用与管理规范》。

3. 技术资料、基础资料

被评价项目在运作之前、期间相关政府、管理部门制定的文件和审批意见等。

二、安全验收评价常用法律依据及标准

1. 法律、法规与指导性文件

(1)《中华人民共和国劳动法》。
(2)《中华人民共和国安全生产法》。
(3)《中华人民共和国矿山安全法》。
(4)《中华人民共和国矿山安全法实施条例》。
(5)《中华人民共和国煤炭法》。
(6)《中华人民共和国环境保护法》。
(7)《煤矿安全监察条例》。
(8)《安全生产许可证条例》。
(9)《煤矿企业安全生产许可证实施办法》。
(10)《关于加强和规范安全评价工作监管的若干意见》。
(11)《安全评价机构管理规定》。
(12)《关于做好煤矿企业安全生产许可证管理的通知》。
(13)《关于加强建设项目安全设施“三同时”工作的通知》。
(14)《关于加强煤矿瓦斯先抽后采工作的指导意见》。
(15)《关于加强国有重点煤矿安全基础管理的指导意见》。
(16)《关于所有煤矿必须立即安装和完善井下通讯、压风防尘供水系统的紧急通知》。

2. 规程及规范

(1)《煤矿安全规程》。
(2)《煤炭工业矿井设计规范》。
(3)《煤矿井工开采通风技术条件》。
(4)《矿井密闭防灭火技术规范》。
(5)《矿井防灭火规范(试行)》。
(6)《煤矿安全监控系统通用技术要求》(AQ6201—2006)。
(7)《煤矿安全监控系统及检测仪器使用管理规范》(AQ1029—2007)。
(8)《煤矿井下粉尘综合防治技术规范》。
(9)《煤矿矿山救护工作暂行规定》。
(10)《煤矿瓦斯等级鉴定暂行办法》(安监总煤装[2011] 162号)。
(11)《煤矿瓦斯抽放规范》。
(12)《煤矿瓦斯抽采基本指标》。
(13)《煤矿防治水规定》。
(14)《煤矿井下低压供电系统及装备通用安全技术要求》。
(15)《防洪标准》。

(16)《建筑抗震设计规范》。
(17)《建筑设计防火规范》。
(18)《矿山电力设计规范》。
(19)《供配电系统设计规范》。
(20)《通用用电设备配电设计规范》。
(21)《继电保护和安全自动装置技术规程》。
(22)《爆炸和火灾危险环境电力装置设计规范》。
(23)《煤矿安全装备基本要求(试行)》。
(24)《生产过程危险和有害因素分类和代码》。
(25)《煤矿建设工程安全设施设计审查与竣工验收暂行办法》。
(26)《工业企业设计卫生标准》。
(27)《爆破安全规程》。
(28)《生产性粉尘作业危害程度分级》。
(29)《重大事故隐患管理规定》。
(30)《爆炸危险场所安全规定》。
(31)《安全评价通则》。
(32)《安全验收评价导则》。
(33)《煤矿安全评价导则》。
(34)《工业企业噪声控制设计规范》。
(35)《煤、泥炭地质勘查规范》。
(36)《矿井水文地质工程勘查规范》。

3. 技术资料、基础资料

本项目在运作之前、期间相关政府、管理部门制定的文件和审批意见等。

三、安全现状综合评价常用法律依据及标准

1. 法律、法规、规章与有关文件

(1)《中华人民共和国劳动法》。
(2)《中华人民共和国安全生产法》。
(3)《中华人民共和国矿山安全法》。
(4)《中华人民共和国矿山安全法实施条例》。
(5)《中华人民共和国煤炭法》。
(6)《安全生产许可证条例》。
(7)《安全评价通则》。
(8)《煤矿安全评价导则》。
(9)《煤矿企业安全生产许可证实施办法》。
(10)《关于加强和规范安全评价工作监管的若干意见》。
(11)《安全评价机构管理规定》。
(12)《煤矿安全规程》。

(13)《煤矿井工开采通风技术条件》。
(14)《矿井密闭防灭火技术规范》。
(15)《矿井防灭火规范（试行)》。
(16)《煤矿安全监控系统通用技术要求》。
(17)《煤矿安全监控系统及检测仪器使用管理规范》。
(18)《煤矿井下粉尘综合防治技术规范》。
(19)《矿山救护规程》。
(20)《煤矿防治水规定》。
(21)《建筑物、水体、铁路及主要井巷煤柱留设与压煤开采规程》。
(22)《煤矿井下低压供电系统及装备通用安全技术要求》。
(23)《关于做好煤矿企业安全生产许可证管理的通知》。
(24)《关于加强国有重点煤矿安全基础管理的指导意见》。
(25)《关于所有煤矿必须立即安装和完善井下通讯、压风防尘供水系统的紧急通知》。

2. 技术资料、基础资料

被评价本项目在运作之前、期间相关政府、管理部门制定的文件和审批意见等。

第三节　类比工程评价分析

通过对类似事物进行对比、分析、研究，从而得出其有机联系，做到从已知事物推测未知事物的发展趋势，既是类比工程的理论依据，也是类比工程的基本做法。

对于采矿作业，在众多工程评价方法中，类比工程因其实用性和可借鉴性较高而得到广泛应用。

为了使预评价具有针对性和指导性，在进行预评价之前应找出被评价对象的类比工程，根据煤矿的特点，主要从地质条件、采掘作业方式、运输方式、通风、供电、防尘各个生产及辅助系统、管理体制等方面进行类比工程的选择，即选择地质条件、采掘作业方式相同、通风、提升运输、排水、供电等生产及辅助系统、管理体制相近的煤矿作为被评价对象的类比工程。现以某矿的类比工程为例，就安全与评价工作进行分析。

一、类比工程的选择

1. 选择类比工程的主要依据

类比工程分析的前提是评价项目与类比项目条件的相似性，相似条件越多，越相近，类比的可信度越高。根据煤矿的特点，相似条件主要有以下方面：

(1) 地理位置相近或相邻，交通运输条件相似。

(2) 气候条件相似，地形、地貌基本相似。

(3) 开采条件（地层、煤层、煤质、安全开采条件等)、水文地质条件、工程地质条件基本相似。

(4) 矿井存在的危险、有害因素具有相似性或可比性。

(5) 矿井生产规模大体相同。

（6）开采工艺和生产装备相同或相似。

（7）企业性质一致。

（8）企业管理体制，尤其是安全管理体系相近，可相互借鉴。

2. 类比工程的选择

根据所要评价的矿井的实际情况，选择某煤矿作为类比矿井。类比煤矿基本情况如下：

该煤矿位于内蒙古某市西北约 7 km 处，距包头市约 87 km，行政区划隶属某市某镇，井田南北长平均为 11 km，东西宽平均为 9 km，面积约 92 km^2。矿井主要可采煤层的可采储量为 639.141 Mt，储量备用系数取 1.35，矿井年产量按 10.0 Mt/年计算，其服务年限为 47.3 年。

该井田为高原低山丘陵地貌，海拔标高为 1 325～1 465 m，相对高差不大，总体地势呈西北高，东南低。由于地形长期遭受风化剥蚀和雨水冲蚀，沟谷极为发育。井田处于华北地带鄂尔多斯带向斜东胜隆起区的东北部，沉积基底为三叠系，基本构造形态为一向南西倾斜的单斜构造，地层产状平缓，倾角一般小于 3°，褶曲不发育，仅沿走向有宽缓的波状起伏。没有发现断距大于 20 m 的断层，无岩浆岩侵入，也无岩溶陷落柱存在。但浅部小型断层还是存在的，落差一般小于 10 m。井田属于较简单地质构造类型，即Ⅱa 型。

煤系地层揭露地层厚度为 97.43～213.73 m，一般含煤 20 层，煤层累计总平均厚度 18.64 m，含煤系数 11.38%。可采煤层（包括局部可采煤层）14 层，可采煤层累计总平均厚度 16.34 m，含煤系数 9.92%。从含煤性看，由北向南、由浅至深逐渐变好。其中 2-2 上、2-2 中、3-1、4-1 上、4-1、4-2 中、5-1、6-1 上、6-2 中 9 个煤层分布面积广，开采面积大，赋存较稳定，连续性好，厚度变化有规律，经济价值高，构造简单，含夹矸少，是本井田的主要开采对象。其余煤层属不可采煤层。井田各煤层中丝质组分含量较高，为低～中灰，低硫～特低硫，低磷～特低磷，易选～极易选，发热量较高的长焰煤和不黏煤。主要可采煤层自上而下分述如下：

2-2 上煤：位于延安组第三岩段上部，自然厚度 0～13.01 m，煤层结构简单～中等，可采区内煤厚变化较大，有突然增厚和变薄现象。井田内可采面积约 39.1 km^2，占井田面积的比例为 42.5%，平均采厚 2.72 m。其中大于 2 m 的区域主要分布于井田西北和西南部，地质储量 139.395 Mt，约占全井田储量的 8.4%。煤层顶板以粉砂岩、砂质泥岩为主，中细粒砂岩次之；底板一般为泥岩、粉砂岩。

2-2 中煤：位于延安组第三岩段中部，自然厚度 0～9.22 m，煤层结构简单，可采区内煤厚变化较大，有突然增厚和变薄现象。井田内可采面积约 46.4 km^2，占井田面积的比例为 50.4%，平均采厚 2.01 m。其中大于 2 m 的区域主要分布于井田西南部，地质储量 122.898 Mt，约占全井田储量的 7.4%。煤层顶板以砂质泥岩为主，粉砂岩、细粒砂岩次之；底板以砂质泥岩、粉砂岩为主。

3-1 煤：位于延安组第二岩段顶部，自然厚度 0～9.92 m，煤层结构简单～中等。井田内可采面积约 40.9 km^2，占井田面积的比例为 44.5%，平均采厚 1.95 m。其中大于 2 m 的区域较小，主要分布于井田北部区域，地质储量 104.741 Mt，约占全井田储量的 6.3%。煤层顶板以砂质泥岩、粉砂岩为主，细粒砂岩次之，局部可见中粗粒砂岩；底板以粉砂岩、砂质泥岩为主。

4-1 上煤：位于延安组第二岩段中部，自然厚度 0～5.05 m，煤层结构简单。井田内可采面积约 63.1 km^2，占井田面积的比例为 68.6%，平均采厚 1.7 5 m。大于 2 m 的区域发育不好，主要分布于井田东部的部分区域。地质储量 142.694 Mt，约占全井田储量的 8.5%。煤层顶板以粉砂岩为主，中粒砂岩次之；底板以粉砂岩、砂质泥岩为主。

4-1 煤：位于延安组第二岩段中部 4-1 上煤层之下，自然厚度 0～8.40 m，煤层结构简单。井田内可采面积约 63.6 km^2，占井田面积的比例为 69.2%，平均采厚 2.47 m。煤层厚度由北向南有增厚趋势，大于 2 m 的区域主要分布于井田南部，在井田东南角，煤层厚度在 3 m 以上。地质储量 204.686 Mt，约占全井田储量的 12.3%。煤层顶板以粉砂岩、砂质泥岩为主；底板以砂质泥岩、粉砂岩为主，中细粒砂岩次之。

4-2 中煤：位于延安组第二岩段下部，自然厚度 0～4.98 m，煤层结构简单。井田内可采面积约 76.0 km^2，占井田面积的比例为 82.7%，平均采厚 1.74 m。大于 2 m 的区域主要分布于井田中部和北部局部区域。地质储量 173.352 Mt，约占全井田储量的 10.4%。煤层顶板以粉砂岩、中细粒砂岩为主，砂质泥岩次之；底板以粉砂岩、砂质泥岩为主，细粒砂岩次之。

5-1 煤：位于延安组第一岩段上部，自然厚度 0～8.36 m，煤层结构简单。井田内可采面积约 88.4 km^2，占井田面积的比例为 96.1%，平均采厚 3.6 m。由北向南、由西向东有增厚趋势，井田东部煤层厚度在 5 m 以上。地质储量 407.093 Mt，约占全井田储量的 24.5%。为井田内最主要可采煤层。煤层顶板以砂质泥岩、粉砂岩为主，局部为中细粒砂岩；底板以砂质泥岩为主，粉砂岩次之。

6-1 上煤：位于延安组第一岩段中部，自然厚度 0～6.02 m，煤层结构简单。井田内可采面积约 62.4 km^2，占井田面积的比例为 67.8%，平均采厚 1.48 m。由北向南有增厚趋势，中部为无煤带，南部平均厚度为 1.8 m 左右。地质储量 119.249 Mt，约占全井田储量的 7.2%。煤层顶板以粉砂岩、泥岩为主，中细粒砂岩次之；底板以砂质泥岩、粉砂岩为主。

6-2 中煤：位于延安组第一岩段下部，自然厚度 0～12.37 m，煤层结构简单～中等。井田内可采面积约 76.1 km^2，占井田面积的比例为 82.7%，平均采厚 2.44 m。井田四周厚，中部薄。地质储量 245.437 Mt，约占全井田储量的 14.8%。煤层顶板以砂质泥岩、细粒砂岩为主，粉砂岩次之；底板以粉砂岩、砂质泥岩为主，局部为中粗粒砂岩。

区内直接充水含水层的富水性弱，单位涌水量小，补给条件差。矿井充水水源以贫乏的大气降水及微弱的地下水为主，水量不充分。井田水文地质类型属Ⅰ～Ⅱ类一型，即以裂隙-孔隙充水为主的水文地质条件简单的矿床。该矿瓦斯绝对涌出量为 0.82 m^3/min，相对瓦斯涌出量为 0.22 m^3/t，属低瓦斯矿井。该矿的煤尘爆炸性检验报告，火焰长度＞400 mm，抑制煤尘爆炸岩粉用量为 60%，煤尘具有爆炸性。开采煤层的顶板以砂质泥岩、粉砂岩为主，局部为中细粒砂岩；底板以砂质泥岩为主，粉砂岩次之。

该矿开拓方式为：斜井-平硐综合开拓，布置有 4 个井筒，分别为新主斜井、主斜井、辅运平硐和回厂生产的 SGZ1000/3×700 型刮板输送机运煤；郑州煤机厂 ZY8600-24/50D 型支撑掩护式液压支架支护。矿井通风方式为中央并列式，通风方法为机械抽出式，主斜井、辅运平硐及韩家山主斜井进风，风井回风。主斜井担负提升任务，装备 1 台带式输送机，全长 830 m；井下 5-1 运输大巷装有 1 台皮带机，输送长度为 6 832 m。副斜井担负矿井的辅助运输任务，运料采用 WC-5 型防爆胶轮车，运人采用 WrC20/2J、WqC4J 型防爆汽车。

3. 评价矿井与类比矿井的比较

该煤矿与本次评价的矿井同属东胜煤田，两井田相距较近，地表地形地貌、矿井水文地质条件相似，主要设备选用较接近；开拓开采方式、水平划分、主要运输方式和采煤方法相近，因此对危险、有害因素的分析具有借鉴和参考价值。但是本次评价的矿井辅助提升为斜井绞车提升，而类比矿则不同，因此，类比过程中同时将另一煤矿作为类比二矿井，类比二矿井采用斜井＋暗斜井的开拓方式，斜井提升采用绞车提升系统，具有类比的意义。

二、类比工程的数据资料来源及其分析

1. 数据资料的来源

因类比矿井所处的矿区煤层赋存条件较好，地质条件简单，矿井机械化程度较高，各类事故发生率均较低，如能通过类比分析更全面地发现危险、有害因素，在预评价中采用其总公司近年来的事故统计数据，来分析被评价矿井在生产过程中可能遇到的危险、有害因素。

2. 数据资料的分析

（1）依照煤安字［1995］第 50 号文《煤炭工业企业职工伤亡事故报告和统计规定》，对类比矿井所属总公司 2003 年至 2006 年 10 月份以来的事故进行了统计，统计分析见表2—1。

表 2—1　　类比矿井所属总公司煤矿生产事故统计分析

事故类别	事故总次数	伤亡事故					非伤亡事故			
		事故次数	伤亡人数	其中			事故次数	其中		
				死亡	重伤	轻伤		严重	一般	轻微
顶板	0	0	0	0	0	0	0	0	0	0
瓦斯	0	0	0	0	0	0	0	0	0	0
机电运输	13	1	1	1	0	0	12	0	12	0
放炮	0	0	0	0	0	0	0	0	0	0
水害	0	0	0	0	0	0	0	0	0	0
火灾	2	0	0	0	0	0	2	0	2	0
其他	3	0	0	0	0	0	3	0	3	0
合计	18	1	1	1	0	0	17	0	17	0

根据上述统计，该矿 2003 年至 2006 年 10 月，共发生伤亡和非伤亡事故 18 人次，其中，机电运输事故 13 人次，占事故总数的 72.22%；火灾事故 2 人次，占事故总数的 11.11%；其他事故 3 人次，占事故总数的 16.67%。根据统计资料分析，结合矿井生产实际，得出以下结论：

1）发生概率较大的事故主要为机电运输事故和矿井火灾（煤炭自燃）事故，因此要重点加强对机电设备、运输设备的管理与维护，建立安全行车、行人制度；建立健全自燃火灾与胶带输送机火灾的监测监控手段，防止自燃发火的发生。

2）多数事故的主要原因均与违章操作有关系。

（2）类比二矿井发生的斜井提升事故

1）1994年，暗斜井绞车司机误踩安全紧急制动开关，造成1死1伤。

2）1998年，绞车提升矿车时，发生断绳跑车事故，造成2死1伤。

3）1997年，矿井发生过两次断绳跑车事故，造成职工受伤。

三、类比工程主要危险、有害因素的存在场所

通过类比矿井的事故统计资料，可以看出矿井事故发生率总体较低，事故种类相对集中，主要是机电运输事故和矿井火灾，这与该矿区煤层赋存条件、地质构造情况及矿井机械化水平有关。

1. 矿井火灾

因该地区煤层变质程度相对较低，原煤挥发分含量较高，属于容易自燃煤层，加上各煤层之间的间距较小，采空引起的塌陷容易造成漏风，因此自燃发火始终是该地区重点防范的主要危险因素。作为现代化大型矿井，大量使用了胶带输送机进行连续运输，以胶带输送机火灾为重点的矿井外因火灾也成为安全管理的重点。

根据统计资料，矿井火灾存在的主要场所有：

（1）回采工作面采空区。

（2）已经封闭但漏风严重的采空区。

（3）巷道冒顶且顶煤外露处。

（4）相邻工作面之间的煤柱。

（5）工作面、主要运输巷的胶带输送机。

（6）存放油料的地点。

2. 机电运输事故

相对于矿井火灾事故，机电运输系统则多发生较小的事故，虽然一次性伤害人数不多，但发生频率高，累计伤害和损失并不低；并且随着矿井机械化程度的提高，机电运输设备和机械作业的比重加大，操作人员增多，接触机械的机会增多，也会导致机电运输事故发生的概率加大。机电运输事故的发生场所主要为：

（1）斜井绞车提升系统（断绳跑车伤人）。

（2）地面变电所、中央变电所（火灾、触电）。

（3）采区变电所、泵房变电所、运输石门带式输送机变电所、水泵房、泵站、瓦斯抽放站（火灾、触电）。

（4）安装有机电设备的巷道和硐室。

（5）倾斜巷道、水平巷道转弯处。

（6）输送机巷。

四、应用类比工程的适用性研究

1. 类比工程的适用性问题

类比工程的适用性不仅取决于类比项目的相似性程度，而且取决于类比数据资料的翔实程度。

根据安全评价理论，危险因素是能对人造成伤亡或对物造成突发性损害的因素，有害因素是能影响人的身体健康，导致疾病，或对物造成慢性损害的因素。事故是指造成人员死亡、伤害、职业病、财产损失或其他损失的意外事件。事故是由危险因素导致的，但危险因素并不一定均导致事故，所以危险因素与事故在概念上和危害上是有严格区别的。

采用类比工程，从类比矿井已发生的事故中可以分析危害因素，但未发生事故并不意味着不存在危险因素。对于被评价矿井，通过类比工程分析可以确定矿井火灾是重大危险有害因素，但不能排除矿井煤尘、瓦斯、顶板、矿井水灾、提升、运输、电气伤害、爆破危害及其他危险因素。有些危害在某些条件下会上升为重大危险源，如地温等。

2. 差异性及其影响

评价矿井与类比矿井的差异性是客观存在的。其差异对被评价矿井的作业安全产生不同程度的影响。通过对两者危险、有害因素的分析，对未来作业的安全程度分为以下 3 级：

（1）有利级。评价项目危险、有害因素低于或少于类比项目。根据《新建项目可行性研究报告》，被评价矿井因井田地质条件简单，煤层赋存较好，在设计中尽可能采用先进、适用技术，将使矿井具有较强的抗灾能力，在各系统的设计意向中，安全生产的理念均得到了体现。从而对矿井火灾事故、顶板事故的控制能力增加，因而属于有利级。在评价项目中，因为采用了先进的采掘机械装备，工作面推进速度加快，有利于防止自燃发火，同时《可研报告》中确定了注氮防灭火措施，进一步降低了事故发生的可能性。

（2）影响轻微级。评价项目危险、有害因素与类比项目大体相似，有利因素和不利因素均不明显。评价矿井和类比矿井没有发生事故的危险、有害因素可视为影响轻微。根据类比矿井和被评价矿井的实际情况，分析认为影响轻微的因素有：矿井水灾、煤尘危害、有毒有害物质危害、噪声危害等。对上述危险、有害因素要进行具体的、符合实际情况的分析，确定其危险度。

（3）影响较显著级。评价项目危险、有害因素与类比项目相比，发生的事故次数较多，或安全技术指标含有较高的危险度，为影响较显著级。被评价矿井可采煤层较类比矿井现在开采煤层埋藏要深，存在瓦斯局部聚集的可能性，矿井内煤层之间的间距不大，煤层开采后产生的冒落带或裂隙带可能影响到上部煤层或采空区，导致上部煤层或采空区瓦斯涌入回采工作面，造成矿井瓦斯防治的难度加大。

3. 结论

（1）本次类比工程的类比对象属性相似，地质条件相似性很强，可比性较强，类比结果可信程度较高。

（2）通过分析类似矿井的主要危险、有害因素，进一步说明被评价矿井主要危险、有害因素较为符合矿井实际。

（3）类比矿井在生产中探索和采取了多种措施加强对危险、有害因素的控制，所取得的经验，值得被评价矿井在建设和生产过程中学习和借鉴。

（4）类比工程需要大量的数据资料支持。受客观条件限制，本次类比过程中仅有两类比近几年的统计资料信息量少，在预测分析危险、有害因素过程中可能有所疏漏。

（5）由于具体事故的发生往往具有偶然性，为排除类比工程受偶然因素的影响，在矿井预评价中综合采用了多种分析评价方法，类比工程方法只是其中一种重要且有实际应用价值的预测与评价方法。

第三章　煤矿危险、有害因素辨识及评价单元划分

第一节　主要危险、有害因素辨识与分析

由于煤矿企业危险、有害因素复杂，在进行危险、有害因素识别时，一般以危险物质为主线，并结合工艺流程及具体的作业条件、作业方式、使用的设备设施及周围环境、水文地质等情况进行综合考虑。在进行危险、有害因素辨识与分析时，可参考《企业职工伤亡事故分类》(GB 6441—1986) 的事故类别，并根据项目实际全面分析，突出重点，确定该评价项目可能存在的主要危险、有害因素。一般来说，煤矿主要危险、有害因素有：开拓开采系统危害、顶板事故危害、瓦斯危害、煤尘爆炸危害、火灾危害、水灾危害、电气伤害危害、机械伤害危害、爆破作业危害、运输提升危害、中毒窒息危害、有害因素伤害以及其他伤害。以下列选常见的煤矿危险、有害因素与分析供参考。

一、瓦斯危害

瓦斯是煤形成过程中伴生的气体，由于其具有易燃、易爆性，瓦斯灾害是煤矿生产过程中的一大安全隐患，如果预防不当，管理措施不到位，将会造成事故。煤体、采掘工作面、采空区、盲巷和回风巷道等容易形成瓦斯积聚的地方，都可能引发瓦斯灾害。

1. 瓦斯灾害事故的类型及危害

(1) 瓦斯爆炸。瓦斯体积分数为 5%～16%，氧气体积分数大于 12%，当有火源时就可能会发生爆炸。瓦斯爆炸会产生高温火焰（温度可达 2 000℃）、爆炸冲击波，并造成矿井空气成分改变。高温火焰会造成人员皮肤、呼吸器官和消化器官黏膜烧伤，并造成电气设备毁坏，形成二次火源，引起火灾。爆炸冲击波可造成人员创伤、死亡，造成设备毁坏、支架破坏、顶板冒落、通风系统破坏。瓦斯爆炸使氧气浓度降低，造成人员窒息；产生的有毒有害气体会使人中毒死亡，并会形成新的爆炸性气体，存在二次爆炸的可能。

(2) 瓦斯燃烧。当瓦斯体积分数大于 16%、瓦斯空气混合气体中氧气的体积分数大于 12%、火源温度大于 650℃，能量大于 0.28 mJ，就会发生瓦斯燃烧。

瓦斯燃烧可能会烧伤人员，烧坏井下电气设备和电缆，引燃井巷中其他可燃物，产生新的火源；可能引起井下空气成分的变化，生成大量二氧化碳和水蒸气；并可能引起火灾、瓦斯爆炸等连锁反应，形成重大灾难性事故。

(3) 煤与瓦斯突出。煤与瓦斯突出是指赋存于煤体中的大量瓦斯，由于采动影响，瓦斯与煤体瞬间突然涌出采掘工作面。它是地应力、瓦斯和煤的物理力学性质三者综合作用的结果。

煤与瓦斯突出会造成大量煤体和瓦斯的涌出，造成巷道堵塞、人员和设备淹埋、通风系

统破坏，瓦斯大量涌出还会引起爆炸或造成人员窒息死亡。

（4）瓦斯窒息。由于瓦斯的大量存在，使空气中的氧气浓度大大降低，当氧气浓度低于一定浓度时，人就会感觉呼吸困难、窒息，直至死亡。

2. 瓦斯事故的主要原因

导致瓦斯事故的主要原因有：配风不足；工作面超产；局部通风机供风不足；瓦斯异常涌出；上隅角防止瓦斯积聚的措施不当；电器失爆；漏电保护、接地保护、过流保护失效；静电火花，机械摩擦火花，冲击产生火花；放炮未填炮泥或炮泥长度不够；未使用煤矿安全炸药或毫秒雷管；高瓦斯煤层未抽放或抽放效果不好；抽放管路泄漏；突出煤层未采取“四位一体”防突措施或措施不当；对有自燃发火倾向煤层未采取措施或措施不当；采空区漏风严重，引起采空区自燃发火；瓦斯监控系统故障或传感器故障；盲巷未封闭或没有栅栏、禁入标志等。

3. 易发生瓦斯事故的场所

在煤矿生产过程中，可能发生瓦斯事故的场所主要有：采煤工作面、掘进工作面、回风巷道、采煤工作面上隅角、采空区、盲巷、石门等。

二、煤尘爆炸危害

煤尘是煤矿生产过程中，由于机械或爆破作用使煤炭破碎而产生的固体颗粒。挥发分质量分数大于10%的煤尘具有爆炸性。煤尘爆炸是煤矿生产过程中的一大灾害，如果预防不当，管理措施不到位，将会造成事故。

1. 煤尘灾害类型及危害

（1）爆炸性煤尘。煤尘爆炸会产生高温火焰、爆炸冲击波（最高达 2MPa），并生成大量的一氧化碳和其他有毒有害气体。高温火焰造成人员皮肤、呼吸器官和消化器官黏膜烧伤，并造成电气设备毁坏，形成二次火源，引起火灾。爆炸冲击波可造成人员创伤、死亡，造成设备毁坏、支架破坏、顶板冒落、通风系统破坏。煤尘爆炸使氧气浓度降低，造成人员窒息；分解出的一氧化碳和其他有毒有害气体使人中毒死亡；爆炸可使沉积煤尘扬起参与爆炸，从而引起二次、三次煤尘爆炸，甚至连续爆炸，可能造成全矿井毁坏。

（2）呼吸性粉尘（煤尘及岩尘）。煤矿生产过程中（如掘进、采煤、放炮、运输和破碎等）会产生大量的煤尘或岩尘。粉尘危害性大小与粉尘的分散度、游离二氧化硅含量、粉尘物质组成及粉尘浓度有关，一般随着游离二氧化硅和有害物质含量的增加而增大。10 μm 以下的呼吸性粉尘对人的危害最大。呼吸性粉尘可以进入人的肺泡，使肺组织发生病理学改变，丧失正常通气和换气功能，人长期吸入粉尘后，会严重损害身体健康。由煤尘引起的叫尘肺病，由岩尘引起的叫矽肺病。

2. 导致煤尘危害的主要原因

产生煤尘危害的主要原因有：无降尘措施或措施未发挥作用；风速过大；沉积煤尘清理不及时；采掘机械无喷雾降尘装置；电器失爆；漏电保护、接地保护、过流保护失效；瓦斯爆炸；干式打钻；未使用煤矿安全炸药或毫秒雷管；回风巷无雾化降尘措施；人员未带防尘面罩；转载点无喷雾洒水装置或装置没起作用等。

3. 易发生煤尘灾害的场所

在煤矿生产过程中，可能发生煤尘灾害的场所主要有：采煤工作面、掘进工作面、回风巷道、有沉积煤尘的巷道、石门等。

三、顶板事故危害

在井下采煤生产活动中，顶板事故是最常见的煤矿安全事故之一，由其造成的伤亡事故约占煤矿伤亡的40%。井下采掘生产破坏了原岩的初始平衡状态，导致岩体内局部应力集中，当重新分布的应力超过岩体或其构造的强度时，将会导致岩体失稳，采场和围岩巷道会在地应力作用下发生变形或破坏。如果预防不当，管理措施不到位，将会造成事故。采空区、采煤工作面和掘进巷道受岩石压力的影响，都可能引发顶底板灾害。

1. 冒顶片帮

冒顶片帮事故产生的原因包括内外两方面因素，内在因素主要指煤岩体本身赋存情况，包括煤岩体顶、底板特性及强度，煤壁破碎程度、地质构造影响程度，埋藏深度（矿山压力）以及其他与煤岩体性质有关的因素，具体包括：①如果煤（岩）体强度大，其支撑能力就大，不易发生冒顶；如果煤岩体松软，在强大的顶板压力作用下，煤体就易破碎，易发生整体垮落，造成顶板事故；②煤（岩）体壁破碎程度越大，其内部受力越不均匀，越易造成煤壁片帮，导致冒顶事故；③构造带及层理对煤岩体影响很大，如果构造带及层理发育，煤岩体的整体性就会受到破坏，其支撑能力变小，就易发生冒顶事故；④埋藏越深，其压力越大，重力是产生压力的根源之一，而顶板压力是造成顶板事故的内在动力，其支撑力与开采深度成正比；⑤开采煤层厚度较厚时，工作面采高增大，采空区冒顶带增高，煤壁片帮增加，从而容易导致顶板下沉量与支架载荷随之而增加。

外在因素主要指人类的采掘活动所采用的开采方法、支护方式、支护方法与支护强度以及空间位置等其他影响煤岩体的因素。具体包括：①开采方法的合理性：采用壁式或柱式开采应考虑对顶底板的适应性，否则对采掘空间的顶板管理带来难度，造成压力集中，发生冒顶片帮事故；②采掘工作面的支护方法与方式的合理性：如果不合理，矿压参数不准确，支护参数不合理，可能造成采掘工作面围岩严重变形、冒顶而发生事故；③采掘工作面顶板管理方法的合理性：如果不合理，支护强度低，对顶板性质、地质构造不清楚，这是产生冒顶事故的主要原因；④采掘工作面支护不及时，安装回撤期间空顶作业以及巷道交叉处，没有采取特殊支护，造成空顶时间长、面积大，或爆破作业诱发而导致事故的发生；⑤采掘工作面设计不合理，处在断层构造带、层位选择不当而处于压力集中区；隔离煤柱设计不合理、造成压力大，围岩变形严重，维护困难，诱发冒顶片帮事故的发生；⑥两条巷道贯通前不执行停另一个掘进工作面的措施，造成空顶，临时支护使用不及时造成顶板事故的发生；⑦现场管理与职工安全意识较差，违章指挥、违章操作，支护材料、设备、机具不合格也是产生冒顶、片帮事故的原因。

2. 底鼓

巷道及硐室受到动压影响，压力超过围岩及其支护所能承受的范围，遇淋水或地下水容易形成弱面、节理、松软或膨胀，管理不当，使巷道和硐室的支护折损、断面变形，可能造成事故。特别是大多数巷道及硐室底板缺乏支护，成为承受围岩压力或传递压力最薄弱的地方，容易产生底鼓。底鼓后的巷道和硐室会对轨道及运输设备造成影响，破坏机电设备的安装布置，影响设备的正常使用，给安全生产带来不利影响。

3. 冲击地压

冲击地压是矿山压力显现的一种特殊形式，是矿山井巷和采场周围煤岩体由于变形能的释放而产生的以突然、急剧、猛烈的破坏为特征的动力现象，是煤矿安全生产的重大灾害之一。而矿震是由大面积采动影响、顶板崩塌诱发的地震。

冲击地压会造成井下设施严重破坏，顶板下沉，巷道顶帮收缩使工作空间减小，影响人员工作、阻碍设备通行、降低通风能力、诱发瓦斯积聚与爆炸；易形成冲击波，使井下空气受到突然压缩，给矿井造成巨大破坏；同时造成人员的伤亡和设备的损坏，造成矿井财产的损失。

引起冲击地压的原因有：采煤方法不合理；巷道布置在应力集中区；顶板岩层破碎，底板岩层遇水膨胀；穿越地质构造区域；煤柱被破坏；采区煤柱设计不合理或未保护完好；井巷没有支护、支护不及时或支护设计不合理；支架强度不够；煤与瓦斯突出煤层未采取相应措施；采煤工作面或巷道施工工艺不合理；采煤工作面或巷道施工时违章作业；爆破参数设计不合理；爆破工序不合理；爆破施工时违章作业；地下水作用、岩石风化等其他地压活动的影响或破坏。

四、火灾危害

矿井火灾按热源不同分为内因火灾和外因火灾。

1. 内因火灾

内因火灾也叫自燃火灾，是指一些易燃物质（主要指煤炭）在一定条件和环境下（破碎堆积并有空气供给）自身发生物理化学变化（指吸氧、氧化、发热）聚集热量而导致着火形成的火灾。

内因火灾的主要特点有：

(1) 一般都有预兆。

(2) 由于内因火灾多发生在人员难以进入的采空区或煤柱内，要想真正找到内因火灾的发火点并不容易。

(3) 持续燃烧的时间较长，有的内因火灾范围较大，难于扑灭，可以持续燃烧数月、数年、数十年甚至上百年。

(4) 内因火灾频率较高。开采一些容易自燃或自燃煤层时会经常发火，尽管内因火灾不具有突然性、猛烈性，但由于发生次数较多，且较隐蔽，因此，更具有危害性。

内因火灾大多数发生在采空区停采线、遗留的煤柱、破裂的煤壁、煤巷的高冒处、假顶下及巷道中有浮煤堆积的地方。

2. 外因火灾

外因火灾也叫外源火灾，是指由于明火、爆破、电气、摩擦等外来热源造成的火灾。

外因火灾的主要特点有：

(1) 发生突然、来势凶猛。据统计，国内外有记载的煤矿重大恶性火灾事故（指每次死亡几十人至上百人以上）90%都属于外因火灾。因此外因火灾如发现不及时，处理不当，往往会酿成重大事故。

（2）外因火灾往往在燃烧物的表面进行，因此容易发现，早期的外因火灾较易扑灭。要求井下作业人员发现外因火灾时，必须及时采取有效措施进行灭火，不要等到火势较大后，再进行灭火，那样困难就大得多。

外因火灾多数发生在井口房、井筒、机电硐室、爆炸材料库、安装机电设备的巷道或采掘工作面等地点。

五、水灾危害

1. 造成水害的原因

在煤矿生产过程中，可能存在地表塌陷或地质构造形成的裂隙、通道进入矿井的地表水危害，采空区和废弃巷道中的积水危害，以及原岩溶洞、裂隙等构造中的原岩水体的危害。产生水害的主要原因有：采掘过程中没有探水或探水工艺不合理；采掘过程中遇到含水地质构造；爆破、钻孔时揭露水体；地压活动揭露水体；排水设施、设备设计或施工不合理；采掘工程中违章作业；没有及时发现突水征兆；发现突水征兆时没有及时采取有效的探水、防水措施；采掘过程中没有采取合理的疏水、导水措施，采空区、废弃巷道积水未排；巷道、工作面和地面水体内外连通；降雨量突然加大时，造成井下涌水量突然增大。

2. 危害或破坏形式

矿井、地表水或突然降雨都可能造成矿井水灾事故，这些事故包括：

（1）采掘工作面突水。

（2）采掘工作面或采空区透水。由于地质构造或采掘使采空区与储水体连通，大量的水体直接进入采空区，从而使采空区、巷道甚至矿井被淹没。

（3）地表水或突然大量降雨进入井下。通过裂隙、溶洞、废弃巷道、透水层、地表露头与采矿区、巷道、采掘工作面连通，使大量的水体直接或通过采空区进入作业场所。

六、煤矿生产过程中存在的危险、有害因素识别与分析

1. 爆破作业

爆破作业是煤矿生产过程中的重要环节，其作用是利用炸药在爆炸瞬间释放出的能量对周围介质做功，以破碎岩体或煤体，从而达到掘进和采煤的目的。

在煤矿生产过程中使用大量的炸药，炸药从地面炸药库往井下运输的途中，装药和爆破过程中，未爆炸或未爆炸完全的炸药在装卸岩石或煤的过程中，都有发生爆炸的可能。爆炸产生的震动、冲击波和飞石对人员、设备设施、构筑物等有较大的伤害。由于煤矿采煤过程中的瓦斯和煤尘具有爆炸性，爆破时的火焰可能引起瓦斯或煤尘爆炸，煤矿爆破作业在爆破器材和工艺上与非煤矿山有很大不同，发爆器本安型，引爆雷管为毫秒延迟雷管，装药时用炮泥封堵炮口，并有水炮泥歼灭火焰，降低爆破气体温度，配有瓦斯浓度鉴定器，实行“一炮三检”。常见的爆破危害除有震动、冲击波、飞石、拒爆、早爆、迟爆外，还有爆炸火焰外泄引起的瓦斯、煤尘爆炸等。

（1）爆破作业中意外事故有：拒爆、早爆、自爆、迟爆、引起瓦斯或煤尘爆炸事故。

（2）爆破产生的有害效应有：地震效应、飞石、冲击波、有毒气体、引起瓦斯或煤尘爆

炸事故。

（3）爆破事故产生的主要原因。一般情况下，引起爆破事故的发生，主要有以下4个方面原因：①爆破器材自身的原因：炸药、雷管、放炮器、放炮母线存在质量问题；②打眼放炮操作的原因：炮眼内的钻屑清理不干净；引药制作不合格；装药不接密或用力过大压实；封泥长度不合格，不使用水炮泥；放炮连线（脚线、母线）不牢固；放炮前后不检查瓦斯，不洒水降尘，放炮撤人距离不符合规定，警戒不严；放炮后检查不细，遗漏残药、瞎炮等；③爆破材料储存保管的原因：超量超期存放，炸药、雷管受潮变质；雷管不按规定导通检查等；④井上下运输的原因：违反《煤矿安全规程》有关规定，警戒不严、超载超速、丢失被盗等。

（4）在煤矿生产过程中，可能发生爆破事故的作业场所主要有：炸药库；运送炸药的巷道；爆破作业的采煤工作面或掘进工作面；爆破后的采煤工作面或掘进工作面；爆破器材加工场所。

2. 采煤作业

采煤作业是煤矿生产的中心环节。发生事故的主要表现有：

（1）打钻作业中钻杆伤人、钻机砸伤人及干式打钻产生尘肺病危害。

（2）爆破作业中冲击波、飞石、拒爆、早爆、迟爆、爆炸火焰外泄引起的瓦斯、煤尘爆炸等。

（3）装载作业中刮板输送机碰伤、挂伤、煤块砸伤等。

（4）采煤作业中：采煤机牵引链固定不牢或产品未达到规定要求；作业人员违章操作；开关失灵，不能及时切断电源，致使运行失控；操作人员注意力不集中或视觉障碍，不能及时停车造成挤伤、压伤等。

（5）支护作业中顶板垮落、片帮、支架垮落或倾倒砸伤等。

3. 掘进作业

掘进作业是煤矿生产的主要环节。发生事故的主要表现有：

（1）打钻作业中钻杆伤人、钻机砸伤人及干式打钻产生尘肺病危害。

（2）爆破作业中冲击波、飞石、拒爆、早爆、迟爆、爆炸火焰外泄引起的瓦斯、煤尘爆炸等。

（3）装载作业中装载伤人，如碰伤、岩石砸伤人等。

（4）掘进机作业中飞石伤人、挤伤、压伤等。

（5）支护作业中顶板、片帮垮落砸伤，支架垮落、喷浆伤人等。

4. 高处作业

高处作业时，由于防护不当（或没有防护）、操作不当，可能发生人员或物件坠落事故，造成人员伤亡或财产损失。可能产生坠落事故的场所主要有：竖井、天井、溜井、采场及各类操作平台。

5. 提升、运输

提升、运输是煤矿生产过程中的一个重要组成部分。煤矿主要有立井提升、斜井提升和水平运输（机车运输、带式输送机运输）。提升、运输发生事故的主要表现有：

（1）立井提升。断绳、过卷、蹲罐毁物伤人；突然卡罐或急剧停机，挤罐或信号工、卷扬工操作失误造成人员坠落。

（2）斜井提升。跑车、掉道毁物伤人；斜井落石伤人。其中跑车事故是斜井提升运输危害最大的事故，其产生的主要原因是提升、运输运行状态不良。

提升、运输运行状态不良主要包括：

1）钢丝绳断裂。钢丝绳承载时强度不够或负荷超限时可能产生钢丝绳断裂。

2）摘挂钩失误。未挂钩下放或过早摘钩，造成跑车事故。

3）制动装置失灵。制动装置主要是工作闸或制动闸，如果失效就会造成制动装置失灵。

4）绞车工操作失误。司机精神不集中，未带电“放飞车”。

5）挂车违章。超挂车辆、车辆超装或车辆脱离连接。

提升、运输运行状态不良的原因主要包括

①设计缺陷。指防跑车装置设计不符合实际，起不到作用。

②安装缺陷。指安装不当，起不到应有的作用。

③工作状态不良。指工作状态异常或出现故障，起不到作用。

④“一坡三挡”不健全。

⑤没有严格执行斜井行人不提升、提升不行人的规定。

（3）水平运输。主要包括：

1）机车运输。常见的事故有机车撞车，机车撞、压行人，机车掉道等。其中机车撞、压行人是危害最大的事故。产生机车撞压伤人事故的主要原因有：

①行人方面。行人行走地点不当，如行人在轨道间、轨道上、巷道窄侧行走，就可能被机车撞伤；行人安全意识差或精神不集中，行人不及时躲避、与机车抢道或扒跳车，都可能造成事故；周围环境的影响，如无人行道、无躲避硐室、设备材料堆积、巷道受压变形、照度不够、噪声大等。

②机车运行方面。操作原因，如超速运行、违章操作、判断失误、操作失控等；制动装置失效等。

③其他因素。如无信号或信号不起作用、操作员无证驾驶或精神不集中、行车视线不良等。

2）带式运输。主要表现为绞人伤害及胶带火灾。

带式输送机产生伤害的主要原因有：

①人的因素。输送机运转过程中清理物料、加油或处理故障；疲劳失误；衣袖未扎；违章跨越、违章乘坐；操作人员精神不集中。

②物的因素。防护装置失效，设计不满足要求，信号装置失效或未开启等。

6. 电气设备或设施伤害

《煤矿安全规程》要求电气设备必须为防爆或本安型，电缆具有阻燃抗静电性能。电气设备由于现场使用或维修不当，使防爆性能下降或失爆，会引起火灾或爆炸；另外，配电线路、开关、熔断器、插销座、照明器具、电动机等均有可能引起电气设备伤害。

（1）煤矿电气火灾产生的原因

1）未采用阻燃电缆、未采用防爆或本安型电气设备、电气设备失爆。

2）有电火花和电弧产生。包括电气线路故障时产生的事故电火花，雷电放电产生的电弧、静电火花等。

(2) 电击危害

1) 分布。配电室、配电线路以及在生产过程中使用的各种电气拖动设备、移动电气设备、手持电动工具、照明线路及照明器具或与带电体连通的金属导体等，都存在直接电击或间接电击的可能。

2) 伤害方式和途径

①伤害方式。电击伤害是由电流的能量造成的。当电流流过人体时，人体受到局部电能作用，使人体内细胞的正常工作遭到不同程度的破坏，产生生物学效应、热效应、化学效应和机械效应，会引起压迫感、打击感、痉挛、疼痛、呼吸困难、血压异常、昏迷、心律不齐等，严重时还会引起窒息、心室颤动而导致死亡。

②伤害途径。电击常见的伤害途径有：人体触及带电体，人体触及正常状态下不带电而当设备或线路故障（如漏电）时意外带电的金属导体（如设备外壳），人体进入地面带电区域时两脚之间承受的跨步电压。

3) 产生电击的原因。产生电击的原因有：电气线路或电气设备在设计、安装上存在缺陷，或在运行中缺乏必要的检修维护，使设备或线路存在漏电、过热、短路、接头松脱、断线碰壳、绝缘老化、绝缘击穿、绝缘损坏、接地线断线等隐患；没有采取必要的安全技术措施（如保护接零、漏电保护、安全电压、等电位联结等）或安全措施失效；电气设备运行管理不当，安全管理制度不完善；电工或机电设备操作人员的操作失误或违章作业等。

(3) 触电伤害

1) 分布。触电伤害主要发生在配电室、配电线路等。

2) 伤害方式。由电流的热效应、化学效应、机械效应对人体造成局部伤害，形成电弧烧伤、电流灼伤、电烙印、电气机械性伤害、电光眼等。

3) 伤害途径

①直接烧伤。当带电体与人体之间产生电弧时，电流流过人体形成烧伤。直接电弧烧伤是与电击同时发生的。

②间接烧伤。当电弧发生在人体附近时，对人体产生烧伤，包括熔化了的炽热金属溅出造成的烫伤。

③电流灼伤。人体与带电体接触，电流通过人体由电能转换为热能造成的伤害。

4) 触电产生的原因。产生触电的原因主要有：带负荷（特别是感应负荷）拉开裸露的刀开关；误操作引起短路；近距离靠近高压带电体作业；线路短路、开启式熔断器熔断时，炽热的金属微粒飞溅；人体过于接近带电体等。

(4) 静电危害事故。井下能产生静电的设备和场所很多，采煤机、掘进机在切割、破碎煤和岩石的过程中，可能在煤壁、岩壁上产生静电；胶带输送机的胶带与煤、滚筒、托辊（尤其是塑料托辊）快速摩擦产生静电；各类排水、压气管路的端头采用的塑料管路，由于内壁与高速流动的流体相摩擦，使外壁上产生大量的静电电荷，在对地绝缘较好的管壁上产生的静电电压，在300 V以上，塑料等非导体材料管道，更易产生静电。静电放电火花会成为可燃性物质的点火源，造成爆炸和火灾事故；人体因受到静电电击的刺激，可能引发二次事故，如坠落、跌伤等。

（5）地面供电线路和变电所存在的危害因素

1）谐波及其危害。矿井电力系统中主要的谐波源是具有非线性特性的用电设备。谐波的危害主要有：

使电网电压和电流波形发生畸变，致使电能品质变坏；使电气设备的铁损增加，造成电气设备过热，降低正常出力；使电介质加速老化，绝缘寿命缩短；影响控制、保护和检测装置的工作精度和可靠性；谐波被放大，使一些具有容性的电气设备（如电容器）和电气材料（如电缆）发生过热而损坏；对弱电系统造成严重干扰，甚至可能在某一高次谐波的作用下，引起网路谐振，造成设备损坏。

2）雷电灾害事故。雷电放电具有电流大、电压高的特点，其能量释放出来可能形成极大的破坏力。其破坏作用主要有以下几个方面：

①直击雷放电、二次放电、雷电流的热量会引起火灾和爆炸。

②雷电的直接击中、金属导体的二次放电、跨步电压的作用及火灾与爆炸的间接作用，均会造成人员的伤亡。

③强大的雷电流、高电压可导致电气设备击穿或烧毁。发电机、变压器、电力线路等遭受雷击，可导致大规模停电事故。雷击可直接毁坏建筑物、构筑物。

3）架空线路故障。架空线路敞露在户外，由于受气候和环境条件的影响，如雷击、大雾、大风、雨雪、沙尘暴、高温、冰雪、洪水、塌陷等都会从不同的方面对架空线路造成威胁，致使架空线路发生线路断线、线路杆塔倒杆、线路共振、线路遭受雷击等事故。

7. 机械伤害

机械伤害主要指机械设备运动（静止）部件、工具、加工件直接与人体接触引起的夹击、碰撞、剪切、卷入、绞、碾、割、刺等形式的伤害。机械伤害是煤矿生产过程中最常见的伤害之一，易造成机械伤害的机械、设备包括运输机械、采掘机械、装载机械、钻探机械；破碎设备、通风设备、排水设备、支护设备及其他转动及传动设备。

8. 中毒、窒息

（1）中毒、窒息原因分析。根据煤矿生产特点，引起中毒窒息的原因主要为煤体瓦斯、爆破后产生的炮烟和其他有毒气体。其他有毒气体如：硫化物、CO_2 及有机烃类气体，开采过程中遇到的溶洞、采空区、巷道中存在的有毒气体，爆炸或火灾产生的有毒烟气等。

爆破后形成的炮烟是造成人员中毒的主要原因之一。造成炮烟中毒的主要原因是通风不畅和违章作业。

造成人员中毒、窒息的原因包括：

1）违章作业。如爆破后通风时间不足就进入工作面作业，人员没有按要求撤离到不会发生炮烟中毒的巷道等。

2）通风设计不合理。风量不足，通风时间过短，风流短路，独头巷道掘进时没有局部通风等。

3）警戒标志不合理或没有标志。人员意外进入通风不畅、长期不通风的盲巷、采空区、硐室等。

4）瓦斯异常涌出。突然遇到大量瓦斯或含有大量窒息性气体、有毒气体地质构造，大量窒息性气体、有毒气体涌到采掘工作面或其他作业场所，人员没有防护措施。

5）意外情况。人员意外进入炮烟污染区并长时间停留，意外停风等。

(2) 中毒、窒息场所。可能发生中毒、窒息的场所主要包括：爆破作业面，炮烟流经的巷道，炮烟积聚的采空区，炮烟进入的硐室，盲巷、盲井，通风不良的巷道，采空区等。

9. 噪声与振动危害

在煤矿生产过程中，噪声与振动主要来源于气动凿岩工具的空气动力噪声，设备在运转中的振动、摩擦、碰撞产生的机械噪声和电动机等电气设备所产生的电磁辐射噪声。

产生噪声和振动的设备和场所主要有：空压机和空压机泵房；通风机和通风机房；水泵和水泵房；绞车和绞车房；爆破作业场所；破碎设备和破碎作业场所；凿岩设备和凿岩工作面；运输设备和设备通过的巷道；装岩机和装岩作业场所；机修车间等。

10. 放射性危害

一般煤矿开采，顶底板岩石中都含有微量的放射性物质，如氡，通过呼吸损害人的肺部和上呼吸道，会加速某些慢性疾病的发展，严重危害职工身体健康。因此，在大面积开采过程中，应注意坑道有无放射性异常的问题。

11. 起重伤害

在煤矿地面机修车间存在大量的起重设备，发生起重伤害的概率比较大。其危害因素主要表现为牵引链断裂或滑动件滑脱、碰撞、突然停车等。由此引发的事故有毁坏设备、人员伤亡等。

起重伤害的一般原因有以下几个方面：超载；牵引链或产品未达到规定要求；无证操作起重设备或作业人员违章操作；开关失灵，不能及时切断电源，致使运行失控；操作人员注意力不集中或视觉障碍，不能及时停车；被吊物件体积过大；突然停电；起重设备故障。

12. 其他伤害

在生产过程中，有可能还存在高温、腐蚀、雷击、地震、滑坡、采光照明不良等危险、有害因素。

第二节　煤矿危险源辨识基础知识

一、危险源辨识概述

1. 危险源辨识

危险源辨识就是将某地区或企业中存在的危险源（尤其是重大危险源）辨识出来的过程。对于政府或企业来讲，要辨识出所有的危险并进行详细的分析是不可能的。危险源辨识应结合本地区或企业的具体情况，在总结本地区或企业历史上曾经发生重大事故的基础上，辨识出存在的重大危险源及可能发生的重大事故。

在危险源辨识过程中，应重点收集以下几个方面的资料与信息：

(1) 在本地区或企业内，危险源的类别与数量。

(2) 危险源的存在方式、状态、位置和处理的工艺条件。

(3) 危险源的危险特性。

在危险源辨识的过程中，应依据国家相关法律、法规、标准和规范重点辨识重大危险源。对于辨识出的重大危险源，还应进行评价、备案、管理、分级监控以及相应的规划、建立应急救援体系等相关工作。对于数量低于临界量的非重大危险源，各地区或企业应根据本地区或企业的实际情况，确定是否需要辨识，如果需要，也可以参照重大危险源预防控制体系进行系统化管理，并在应急预案中重点关注。

2. 重大危险源辨识的程序和内容

（1）分析系统的调查。在进行危险源调查之前，首先确定所要分析的系统，例如，是对整个企业还是某个分厂或某个生产工艺过程。

（2）危险源的调查。调查的内容有：

1）生产工艺设备及材料情况。包括工艺布置、设备名称、容积、温度、压力、工艺设备的固有缺陷，所使用的材料种类、性质、危害等。

2）作业环境情况。包括安全通道情况，生产设备的结构、布局、作业空间布置等。

3）操作情况。包括操作过程中的危险，工人接触危险的频率等。

4）事故情况。包括过去事故及危害状况，事故处理应急方法，故障处理措施。

5）安全防护。包括危险场所有无安全防护措施，有无安全标志，煤气、物料使用有无安全措施。

（3）危险区域的界定。即划定重大危险源点的范围。在确定危险源区域时，可按以下方法界定：

1）按危险源是固定还是移动界定。如运输车辆，分厂内的搬运设备为移动式，其危险区域随设备的移动空间而定。而锅炉、压力容器、储油罐等则是固定源，其区域范围也是可以固定的。

2）按危险源是点源还是线源界定，一般线源引起的危险范围较点源的大。

3）按危险作业场所来划分危险源的区域。如有发生爆炸、火灾危险的场所，有被车辆伤害的场所，有触电危险的场所，有高处坠落危险的场所，有腐蚀、放射、辐射、中毒和窒息危险的场所等。

4）按危险设备所处位置作为危险源的区域。如锅炉房、油库、氧气站、变配电站等。

5）按能量形式界定危险源。如化学危险源、电气危险源、机械危险源、辐射危险源和其他危险源等。

（4）存在条件及触发因素的分析。一定数量的危险物或一定强度的能量，由于存在条件不同，所显示的危险性也不同，被触发转化为事故的可能性大小也不同。存在条件分析包括：储存条件（如堆放方式、通风等），物理状态参数（如温度、压力等），设备状况（如设备完好程度、设备缺陷等），管理条件等。

触发因素可分为人为因素和自然因素。人为因素包括个人因素（如操作失误、不正确操作、粗心大意等）和管理因素（如不正确管理、不正确的训练、指挥失误、错误安排等）。自然因素，如气候条件参数（气温、气压、湿度）变化、雷电、雨雪、地震等。

（5）潜在危险性分析。危险源转化为事故，其表现是能量和危险物质的释放，因此危险源的潜在危险性可用能量的强度和危险物质的量来衡量。具体分析可根据使用的危险物质量来描述危险源的危险性。

（6）危险等级的划分。危险源分级一般按危险源在触发因素作用下转化为事故的可能性大小与发生事故的后果的严重程度划分。危险源分级实际上是对危险源的评价。

等级划分的原则是突出重点，便于控制管理。

3. 矿山企业重大危险源的辨识依据

一方面，我国的矿山生产企业对井下危险源的系统研究工作还处于起步的阶段，尚未建立正式的矿山危险源辨识标准，这是因为国内外对危险源的研究重点是易燃、易爆、有毒重大危险源（强调化学性）辨识评价，而矿山生产行业领域很少涉及这些危险性物质（除爆破炸药以外）；另一方面，我国矿山开采行业生产效益过去一直不佳，生产安全投入资金紧缺。目前，只有一部分效益比较好的、规模比较大的煤炭集团公司与国内一些科研机构开始对井下危险源进行初步的研究。

根据重大危险源概念及其界定思路，可以将矿山企业重大危险源定义为可能导致矿山重大事故的设施或场所。矿山企业重大危险源在其内涵及外延上和其他工业领域的重大危险源有着很大的不同。矿山企业重大危险源主要有下面 4 种特点：

（1）矿山企业重大事故波及范围一般局限于矿井内部。

（2）在矿山企业重大事故中，导致人员和财产重大损失的根源，既有井下采掘系统内危险物质与能量，例如，瓦斯、自燃的煤、爆炸性的煤尘，也有系统外的失控的能量和物质等，例如，大面积冒顶事故中具有很大势能的岩石、透水事故中有很大压力的地下水或地表水、瓦斯突出事故中在地应力与瓦斯压力作用下突出的煤、瓦斯及岩石等。

（3）矿山企业重大危险源是动态变化的。随着工作面的推进，采区的接替，水平的延深，不仅井下工作地点发生了变化，而且地质条件、通风状况、工作环境等都可能发生改变，进而可能使危险源的风险等级发生改变。

（4）矿山企业重大危险源的危险物质和能量在很多情况下是逐渐积聚或叠加的。比如在通风不良的情况下，瓦斯浓度可以由 0 积聚到爆炸下限 5%，甚至到燃烧浓度 16%以上。再如老空区、废旧巷道的积水，回采工作面的矿山压力的逐步增大等。

由于矿山企业重大事故有以上的特性，所以，矿山企业重大危险源很难用某种危险物质或能量的一个临界量来完全判定。例如，评价一个矿山企业是否是瓦斯爆炸事故的重大危险源，不能仅根据矿山企业井下瓦斯的某一临界量指标判定。因为只要是瓦斯矿井，就有可能发生瓦斯爆炸，一旦发生瓦斯爆炸事故，后果都是灾难性的。因此，可以说，只要是瓦斯矿井，不管是高瓦斯矿井还是低瓦斯矿井，都可以判定为瓦斯爆炸事故重大危险源，其差别会反映在风险等级的不同上。再如对矿山企业火灾事故，不能仅以井下某一种可燃物的量来确定火灾事故的后果。对矿山企业水灾事故，不能仅以可进入井下的水的量来确定水灾事故的后果等。

根据矿山企业重大危险源的定义与特性，可以看出，矿山企业重大危险源与工业领域的重大危险源有着较大的不同，矿山企业重大危险源的辨识必须依据其定义着重考虑矿山企业存在的重大事故危险类别，而将存在的危险物质及其数量作为参考因素。从这一角度出发，矿山企业重大危险源的辨识，主要是辨识矿山企业可能发生的各类重大事故。矿山企业瓦斯爆炸事故、火灾事故、顶板事故、突水事故、煤尘爆炸事故等都会产生灾难性的后果。因此，只要一个矿山企业存在瓦斯爆炸事故危险性，就可以确定为瓦斯爆炸重大危险源；存在火灾事故危险性，就可以确定为火灾重大危险源，其他依次类推，也就是说，只要存在发生某种重大事故的危险性或可能性，即可定为该种事故的重大危险源。

二、矿山企业重大危险源辨识

矿山企业重大危险源辨识的过程一般来讲包括以下几个步骤：①企业基础资料调查与收集；②重大危险源辨识；③矿山重大危险源危害性、危险性分析；④典型事故筛选与分析。

1. 企业基础资料调查与收集

基础资料的调查与收集是危险源辨识的基础。危险分析小组人员可以通过发放调查表、现场调查、查阅相关资料等方式方法，尽可能多地收集辖区或企业内相关危险源的有关情况，为深入细致地进行危险源辨识和分析提供基础数据，按照煤矿（井工开采）和金属非金属地下矿山的分类，填写相关的企业基础资料及危险源基本特征表，见表 3—1 和表 3—2。

需要调查收集的企业基础资料一般包含以下几个方面：

（1）企业基本情况：企业性质、经营范围、经营能力等。

（2）企业工艺及平面布置情况：企业的工艺流程图及平面布置图等。

（3）企业内部岗位人员情况：岗位位置、分布及岗位人数等。

（4）主要危险化学品情况：主要危险化学品的种类、存量及周转量。

（5）设备设施基本情况：名称、类型、尺寸、物料种类、操作参考等。

（6）事故情况：企业以往发生的事故、未遂事故报告及统计资料等。

（7）应急救援情况：应急救援预案、应急救援机构、人员及设备设施等。

表 3—1　　煤矿（井工开采）基本特征表

矿井名称					
详细地址					
邮政编码		主要负责人		联系电话	
上级法人单位					
建矿日期		设计能力	万 t/年	实际产量	万 t/年
煤的牌号				矿井可采储量	万 t
从业人数		固定资产	万元	年利润	万元
开拓方式	1. 立井　2. 斜井　3. 平峒				
通风方式	1. 中央并列　2. 中央分列　3. 两翼对角　4. 分区对角　5. 其他				
反风方式	1. 反风道反风　2. 主要通风机反转反风　3. 备用主要通风机的无反风道反风				
提升方式	1. 罐笼　2. 箕斗井　3. 串车　4. 带式输送机　5. 其他				
供电方式	1. 双回路　2. 双电源　3. 其他				
主采煤层倾角			主采煤层厚度		m
矿井开采深度	m		生产采区个数		
回采工作面个数			掘进工作面个数		
工作面回采方式	1. 前进式　2. 后退式		采高		m
主要落煤方式	1. 机采　2. 炮采　3. 水采　4. 风镐落煤　5. 其他				
主要支护形式	1. 液压支架　2. 单体液压支柱　3. 摩擦式金属支柱				
顶板处理方法	1. 全部垮落法　2. 充填法　3. 煤柱支撑法　4. 缓慢下沉法				
矿井瓦斯等级	1. 突出矿井　2. 高瓦斯矿井　3. 低瓦斯矿井				
煤层的自燃倾向性	1. 容易自燃　2. 自燃　3. 不易自燃				
煤层的煤尘爆炸性	1. 基本无爆炸性　2. 弱爆炸性　3. 爆炸性较强　4. 爆炸性很强				
煤层顶底板含水层情况	1. 无　2. 孔隙含水层　3. 裂隙含水层　4. 岩溶含水层				
水文地质条件复杂程度	1. 简单　2. 一般　3. 复杂				

续表

<table>
<tr><td colspan="4">矿井开采是否受地表水体或洪水的威胁</td><td colspan="2">1. 是 2. 否</td></tr>
<tr><td>煤层冲击地压危害程度</td><td colspan="5">1. 无冲击地压 2. 一般（弱）冲击地压 3. 严重（强）冲击地压</td></tr>
<tr><td colspan="4">煤层赋存状况（根据煤层厚度和倾角变化、裂隙发育情况、断层、冲刷带、陷落柱、岩浆岩侵入破坏等判断）</td><td colspan="2">1. 煤层赋存状况好 2. 一般 3. 煤层赋存状况差</td></tr>
<tr><td>开拓巷道的围岩稳定性</td><td colspan="5">1. 围岩为比较稳定的坚硬砂岩或石灰岩等 2. 围岩为中等稳定的砂岩、砂页岩或较坚硬页岩等 3. 围岩为不稳定的煤、泥质页岩、炭质页岩等</td></tr>
<tr><td>矿井相对瓦斯涌出量</td><td>m³/t</td><td colspan="2">矿井绝对瓦斯涌出量</td><td colspan="2">m³/min</td></tr>
<tr><td>煤层自燃发火期</td><td></td><td colspan="2">全矿近三个月瓦斯超限次数</td><td colspan="2"></td></tr>
<tr><td>近三年内瓦斯突出次数</td><td></td><td colspan="2">近三年内煤层自燃地点</td><td colspan="2">处</td></tr>
<tr><td>近三年内主扇故障检修次数</td><td></td><td colspan="2">近三年内供电系统故障检修次数</td><td colspan="2"></td></tr>
<tr><td>采面粉尘浓度</td><td colspan="5">总粉尘： mg/m³ 呼吸性粉尘： mg/m³</td></tr>
<tr><td>矿井总进风量</td><td>m³/min</td><td colspan="2">矿井有效风量率</td><td colspan="2"></td></tr>
<tr><td>矿井最大涌水量</td><td>m³/h</td><td colspan="2">矿井最大综合排水量</td><td colspan="2">m³/h</td></tr>
<tr><td>地面消防水池容量</td><td>m³</td><td colspan="2">井下消防水管长度</td><td colspan="2">m</td></tr>
<tr><td>地面爆破材料储存情况</td><td colspan="5">库房数： 炸药（t）： t 雷管： 万发</td></tr>
<tr><td>井下爆破材料储存情况</td><td colspan="5">硐室数： 炸药（t）： t 雷管： 万发</td></tr>
<tr><td>有无瓦斯异常涌出区域</td><td>1. 有 2. 无</td><td colspan="2">有无未熄灭的火区</td><td colspan="2">1. 有 2. 无</td></tr>
<tr><td>全矿通风系统复杂程度</td><td colspan="5">1. 简单可靠，易于管理控制，井下风流稳定 2. 复杂程度一般 3. 通风系统复杂，管理困难，或有些巷道风流不稳</td></tr>
<tr><td colspan="4">总进风道和总回风道之间的联络巷道数量</td><td colspan="2"></td></tr>
<tr><td colspan="4">总进风道和总回风道之间的联络巷道的挡风墙坚固程度</td><td colspan="2">1. 非常坚固 2. 一般 3. 差</td></tr>
<tr><td colspan="4">有无在水淹区积水面以下的采掘工作</td><td colspan="2">1. 有 2. 无</td></tr>
<tr><td colspan="4">是否是在建筑物下、水体下或铁路下开采</td><td colspan="2">1. 是 2. 否</td></tr>
<tr><td colspan="4">矿井安全是否受其他小矿乱采乱掘的影响</td><td colspan="2">1. 是 2. 否</td></tr>
<tr><td>近5年内伤亡事故</td><td colspan="5">起数： 轻伤人数： 重伤人数： 死亡人数：</td></tr>
<tr><td rowspan="3">建矿以来曾发生重大事故（指造成3人以上死亡或全矿或部分区域停产）</td><td>瓦斯（煤尘）爆炸</td><td></td><td>火灾</td><td colspan="2"></td></tr>
<tr><td>水灾</td><td></td><td>瓦斯突出</td><td colspan="2"></td></tr>
<tr><td colspan="5">其他（注明事故类型）：</td></tr>
<tr><td>主风机型号，台数</td><td colspan="5"></td></tr>
<tr><td>局扇型号，台数</td><td colspan="5"></td></tr>
<tr><td>主排水泵型号，台数</td><td colspan="5"></td></tr>
<tr><td>探放水设备型号，台数</td><td colspan="5"></td></tr>
<tr><td>绞车提升设备型号，台数</td><td colspan="5"></td></tr>
<tr><td>带式输送机型号，台数</td><td colspan="5"></td></tr>
<tr><td>瓦斯抽放系统型号，数量</td><td colspan="5"></td></tr>
<tr><td>安全监测系统型号，数量</td><td colspan="2"></td><td>传感器使用数量</td><td colspan="2"></td></tr>
</table>

续表

闭锁断电装置型号，数量					
瓦检仪型号，数量					
自救器型号，数量					
井下固定敷设高压电缆型号，数量					
瓦检员人数		放炮员人数		绞车司机人数	
电工人数		安技管理人员数		安全员人数	
全矿技术人员数	高级：　　中级：　　初级：				
下井同时作业人数		下井人员中农民工、协议工、外包工所占比例			
影响矿井安全生产的主要问题说明：（不少于三条内容）					
备注：					

表 3—2　　金属非金属地下矿山基本特征表

矿井名称						
详细地址						
邮政编码		主要负责人		联系电话		
上级法人单位						
建矿日期		设计能力	万 t/年	实际能力	万 t/年	
开采矿种		可采储量	万 t			
固定资产	万元	年利润	万元			
经济类型	1. 国有　2. 集体　3. 私营　4. 其他	从业人数				
开拓方式	1. 立井　2. 斜井　3. 平硐　4. 混合　5. 斜坡道					
通风方式	1. 中央并列　2. 分区式　3. 对角式　4. 其他					
提升方式	1. 罐笼　2. 箕斗井　3. 串车　4. 皮带　5. 其他					
供电方式	1. 两回路　2. 双电源　3. 其他					
同时生产的中段数		准备生产的中段数				
同时生产的采场数		井下同时作业人数				
矿井总进风量	m^3/min	矿井有效风量率				
矿井最大涌水量	m^3/h	矿井最大综合排水量	m^3/h			

续表

是否是以下类型的矿井（可多选）	1. 瓦斯矿井　2. 煤系硫铁矿井　3. 其他与煤共生的矿藏开采　4. 放射性的矿山　5. 有自燃发火危险的矿井　6. 高硫矿井　7. 矿尘有爆炸性	
井下固定敷设的高压电缆型号	竖井或倾角在45°及其以上的井巷	
	水平巷道或倾角在45°以下的井巷内	
地面爆炸材料储存情况	库房数：　炸药：　t　雷管：　万发	
井下爆炸材料储存情况	硐室数：　炸药：　t　雷管：　万发	
矿井有无下列水文地质资料	1. 矿区及其附近地表水流系统和汇水面积、疏水能力、水利工程等情况；	1. 有　2. 无
	2. 历年最高洪水位，洪水量地面水体、各含水层及井下水的动态；	1. 有　2. 无
	3. 矿区内小矿井、老井、老采空区；	1. 有　2. 无
	4. 矿区内的钻孔和封孔质量；	1. 有　2. 无
	5. 现有生产井中的积水区、含水层、岩溶带、地质构造等详细情况；	1. 有　2. 无
	6. 矿井水与地下水、地表水和大气降雨的水力联系。	1. 有　2. 无
是否是水文地质条件复杂的矿井	1. 是　2. 否	
矿体顶底板含水层情况	1. 无　2. 孔隙含水层　3. 裂隙含水层　4. 岩溶含水层	
矿体顶底板有无承压含水层	1. 有承压含水层　2. 无承压含水层	
矿井开采是否受地表水体或洪水的威胁	1. 是　2. 否	
冲击地压（岩爆）危害	1. 无冲击地压　2. 弱冲击地压　3. 强冲击地压	
矿区内影响生产与安全的断层数目		
巷道围岩的稳定性	1. 围岩为比较稳定的坚硬砂岩或石灰岩等 2. 围岩为中等稳定的砂岩、砂页岩或较坚硬页岩等 3. 围岩为不稳定的煤、泥质页岩、炭质页岩等	
井下柴油设备数量		井下油压设备数量
井下各种油类的存放地点及最大存放量	油类名称和存放地点	数量（kg）
带式输送机数量（部）：　有哪些防火措施（选择打√）：1. 滚筒驱动带式输送机使用阻燃输送带　2. 液力偶合器使用不燃性传动介质　3. 输送机的机头前后两端2.0 m范围内使用不燃性材料支护　4. 配备灭火器材　5. 设驱动滚筒防滑保护、堆煤保护、防跑偏装置　6. 设温度保护、烟雾保护　7. 其他措施（写出措施名称）。		
地面消防水池容量	m^3	井下消防水管长度　　m
井下有何种有害气体大量涌出		
矿井有无未熄灭的火区	1. 有　2. 无	
矿区内有无威胁矿井安全生产的塌陷区或有塌陷危险的区域		1. 有　2. 无
是否是在建筑物下、水体下或铁路下开采		1. 是　2. 否
矿井安全是否受其他小矿乱采乱掘的影响		1. 是　2. 否
近5年内伤亡事故	起数：　轻伤人数：　重伤人数：　死亡人数：	

续表

<table>
<tr><td rowspan="3">建矿以来曾发生重大事故（指造成 3 人以上死亡或全矿或部分区域停产）</td><td colspan="2">水灾</td><td colspan="2"></td><td colspan="2">火灾</td><td colspan="2"></td></tr>
<tr><td colspan="2">大面积冒顶</td><td colspan="2"></td><td colspan="2">坠罐或跑车</td><td colspan="2"></td></tr>
<tr><td colspan="8">其他（注明事故类型）：</td></tr>
<tr><td>主扇型号</td><td colspan="4"></td><td colspan="2">数量</td><td colspan="2"></td></tr>
<tr><td>局扇型号</td><td colspan="4"></td><td colspan="2">数量</td><td colspan="2"></td></tr>
<tr><td>主排水泵型号</td><td colspan="4"></td><td colspan="2">数量</td><td colspan="2"></td></tr>
<tr><td>探放水设备型号</td><td colspan="4"></td><td colspan="2">数量</td><td colspan="2"></td></tr>
<tr><td>绞车提升设备型号</td><td colspan="4"></td><td colspan="2">数量</td><td colspan="2"></td></tr>
<tr><td>技术人员数</td><td colspan="8">高级：　　　中级：　　　初级：</td></tr>
<tr><td>电工人数</td><td></td><td colspan="2">绞车司机人数</td><td colspan="2"></td><td colspan="2">放炮员人数</td><td></td></tr>
<tr><td>采矿方法</td><td colspan="8"></td></tr>
<tr><td colspan="9">影响矿井安全生产的主要问题说明：（不少于三条内容）</td></tr>
<tr><td colspan="9">备注：</td></tr>
</table>

2. 重大危险源辨识

矿山井下作业是有别于其他生产系统的。与地面作业相比，它的最显著特点是具有许多不安全的自然因素：瓦斯、煤尘、围岩、煤层自燃、水害等灾害对生产系统以及作业人员构成威胁，这就要求生产技术和管理部门在生产过程中事先预测发生事故的可能性，确定生产系统的危险状态，摸清和掌握事故发生规律，预报可能发生的危险性，以便采取相应的预防措施。

依照《煤矿企业安全生产许可证实施方法》和《煤矿安全规程》的有关规定，把矿井生产过程中的危险、有害因素辨识划分为 5 个评价单元，即瓦斯灾害评价单元、火灾评价单元、水灾评价单元、煤尘灾害评价单元和地压灾害评价单元。

根据矿山企业存在的重大事故危险类别，将存在的危险物质及其数量作为参考因素，确定矿山企业的重大危险源。根据国家标准《危险化学品重大危险源辨识》（GB 18218—2009）和《中华人民共和国安全生产法》的规定，以及实际工作的需要，按照《关于开展重大危险源监督管理工作的指导意见》（安监管协调字［2004］56 号）对重大危险源申报登记的类别及范围要求，井工开采的矿井符合下列条件之一的皆为重大危险源：

（1）高瓦斯矿井。

（2）煤与瓦斯突出矿井。

（3）有煤尘爆炸危险的矿井。

（4）水文地质条件复杂的矿井。

（5）煤层自燃发火期≤6 个月的矿井。

（6）煤层冲击倾向为中等及以上的矿井。

金属非金属地下矿山符合下列条件之一的也为重大危险源：

（1）瓦斯矿井。

（2）水文地质条件复杂的矿井。

（3）有自燃发火危险的矿井。

（4）有冲击地压危险的矿井。

矿山企业瓦斯爆炸事故、火灾事故、顶板事故、突水事故、煤尘爆炸事故、煤与瓦斯突出事故等都会产生灾难性的后果。因此，矿山重大危险源主要有以下几种：矿井瓦斯爆炸事故重大危险源，矿井火灾事故重大危险源，矿井顶板事故重大危险源，矿井突水事故重大危险源，矿井煤尘爆炸事故重大危险源，矿井煤与瓦斯突出事故重大危险源。

通过对企业基础资料的调查与收集，在编制应急预案时，就可以对企业内存在的重大危险源进行辨识，确定矿山企业的重大事故危险源。

3. 矿山重大危险源危害性、危险性分析

重大危险源危害性、危险性分析，包含于矿山安全评价的危害因素辨识与分析之中，此处不再赘述。

4. 典型事故筛选与分析

通过矿山企业重大危险源危险性分析可以看出，重大危险源可能发生的事故有多种类型。在此基础上需要进一步筛选和分析，选出典型的事故场景进行脆弱性分析及风险评估。

筛选满足安全生产事故应急预案编制目标的事故类型，应有以下代表性：

（1）事故后果严重。

（2）事故发生的可能性较大。

为选择用于应急预案编制的事故类型，可采取以下步骤：

（1）排除不需要应急救援队伍行动的局部事故。

（2）每组事故选择事故后果最严重和发生可能性最高的最恶劣情况作为代表性事故。

三、风险评价

在危险源辨识的基础上，分析这些危险源一旦发生重大事故后，其周边哪些地方或哪些人员容易受到破坏或伤害。根据分析结果，评价重大事故发生的可能性，以及可能造成的破坏（或伤害）程度，在此基础上确定发生重大事故的风险大小。在分析可能性时，要做到准确分析重大事故发生的可能性是不太现实的，一般不必过多地将精力集中到对事故或灾害发生的可能性进行精确分析的定量分析上，可以用相对性的词汇（如低、中、高）来描述发生重大事故的可能性，但关键是要在充分利用现有数据和技术的基础上进行合理的评价。在分析破坏（或伤害）程度时，主要从对人、财产和环境造成的破坏（或伤害）方面考虑，通常可以选择对最坏的情况进行分析。

1. 重大危险源风险评价分级程序

重大危险源的评价分级程序如图 3—1 所示。如果一种危险物质具有多种事故形态，按照后果最严重的事故形态考虑，即遵循“最大危险原则”。各类重大危险源具体事故情景选择、后果计算及死亡概率计算过程本书不做详细介绍。

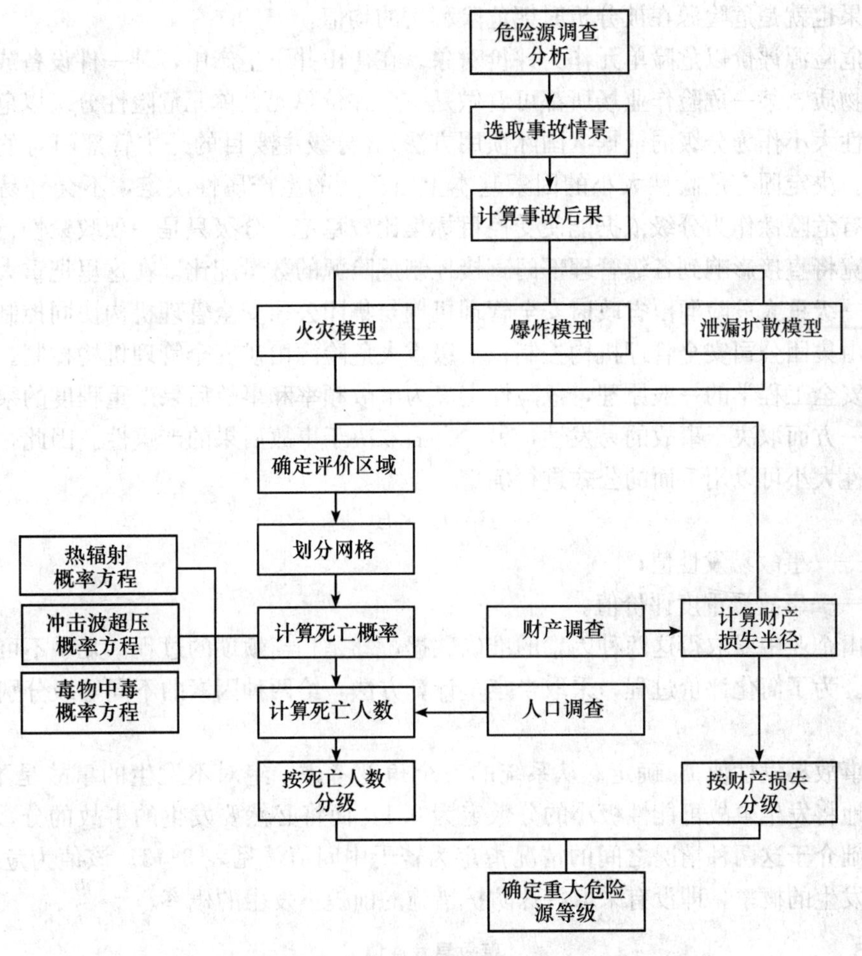

图 3—1　重大危险源风险评价分级程序

2. 矿山企业重大危险源评价方法

重大危险源辨识和确认后，就应对其进行危险程度的判定，也就是危险评价，确切地说主要是其现实危险性评价，因为从辨识出的危险源确认重大危险源，其实质是根据危险源的固有危险性大小进行的，是按照其下限（即可能导致重大生产事故）划分的，以便采取预防措施，避免恶性事故的发生，为制定科学的危险源管理方案和措施提供依据。

危险程度是一个不确定的概念。对于许多复杂的生产系统，由于其自身的结构及特性，危险性发生的频率本身就具有模糊性。再者，环境中影响破坏程度的因素很难全部被认清。

因而，从事故发生的频率和后果这两个方面来判断危险源的危险程度属于模糊随机事件，难以归纳成简明严谨的数学模型。从而，在多数情况下，往往都是采用定性评价方法来判定危险源的危险程度。

影响危险源危险程度的因素有很多。系统的动态发展，使得各个因素的状态也在不停地变化着，其状态值可能有多种表现。人们观测到的状态值，仅为其随机变量样本总体中的一个具体样本的表现。因而可把危险源的危险程度看做是影响因素组成的多元随机变量，对它的评价结果也就是危险源在被分析时期危险程度的均值。

重大危险源评价以危险单元作为评价对象。在矿山井下生产中，某一件设备或设施、某一类危险物质、某一危险作业场所都可看做是一个评价单元。单元危险性分级以危险源单元固有危险性大小作为分级的依据（国际惯用方法）。分级主要目的是主管部门对危险源进行分级控制。决定固有危险性大小的因素基本上由单元的生产属性决定，不会轻易改变。因此，用固有危险性作为分级依据能使受控目标集比较稳定。分级只是一项政策性行为，分级标准严和宽将直接影响到各级管理部门直接控制危险源的数量配比。在这里把重大危险源分为三级：一级重大危险源由省政府安全管理机构与集团公司安全管理机构协同控制；二级重大危险源由集团公司安全管理机构控制；三级重大危险源由矿安全管理机构控制。

根据安全工程学的一般原理，危险性定义为事故频率和事故后果严重程度的乘积，即危险性评价一方面取决于事故的易发性，另一方面取决于事故后果的严重性。因此，重大危险源的危险性大小可以用下面的公式进行确定：

$$B=B_1\times B_2 \tag{3—1}$$

式中 B_1——事故易发性值；

B_2——事故严重度评价值。

在矿山企业中要取得这两种因素的准确数据，却是相当烦琐的过程，几乎不可能取得精确的数值。为了简化评价过程，采取半定量计算方法，给两种因素的不同等级分别确定不同的分值。

（1）事故易发性值 B_1 确定。从系统的安全角度考虑，绝对不发生的事故是不可能的，所以人为地将发生事故可能性极小的分数定为 0.1，而将必然要发生的事故的分数定为 10，以此为基础介于这两种情况之间的情况指定为若干中间值，见表 3—3。该值为危险源在自然条件下发生的概率，即没有采取特殊防护措施的前提下发生的概率。

表 3—3　　事故易发性值

等级	分数值 B_1	等级说明
Ⅰ级	10	事故在人们可以确定的时间范围内肯定发生
Ⅱ级	6	事故发生的可能性很大；可能发生多次；不能确定一定发生
Ⅲ级	3	可能发生事故，但是只是偶尔发生；不能确定是否发生
Ⅳ级	1	存在发生事故的可能性，但是很小
Ⅴ级	0.5	很不可能，可以设想
Ⅵ级	0.2	极不可能
Ⅶ级	<0.1	实际不可能

（2）事故严重度评价值 B_2。事故造成的人员伤害和财产损失范围变化很大，所以规定分数值为 1～100，把造成严重灾难性或特大财产损失的分数定为 100，如工作面瓦斯爆炸，造成几十人死亡的事故；把可能造成 1 人死亡或 100 万元直接经济损失的事故的分数值定为 40；把需要治疗的轻微伤害或较小财产损失的分数定为 1，见表 3—4。

表 3—4　　事故严重度评价值

等级	分数值 B_{12}	发生事故可能造成的后果
Ⅰ级	100	大灾难：10 人及 10 人以上死亡；造成特大财产损失；系统报废
Ⅱ级	60～100	灾难：3 人及 3 人以上死亡或造成重大财产损失或严重职业病或主系统严重受损
Ⅲ级	40～60	重大事故：1 人及 1 人以上死亡或造成很大财产损失
Ⅳ级	15～40	较大事故：重伤，较大财产损失
Ⅴ级	1～15	普通事故：无重伤人员，但会造成一定经济损失
Ⅵ级	1	小事件：需要治疗的轻微伤害或较小财产损失

事故的严重程度不仅取决于危险单元本身的特性，还受人员暴露于危险环境频率的影响。人员暴露于危险环境中的时间越长，受到伤害的可能性越大，相应的危险性也越大。在这里把这两个因素合在一起考虑，共同划分危险严重度级别。

根据式（3—1），参考表 3—3 和表 3—4，可估算出重大危险源的固有危险值 B。

利用该方法确定重大危险源的危险性大小，并按照估算值大小给重大危险源分级。由于该方法带有一定的主观性，不同的安全管理人员会有不同的见解与看法，为了使危险源的危险性分级具有较高的可信度，可采用 Delphi 法，通过多次信息反馈，使评价意见逐渐收敛，最后得到协调的评价结果，具体计算方法此处不再详细介绍。

第三节　安全评价单元划分

一、评价单元的概念

在危险、有害因素识别与分析的基础上，根据评价目标和评价方法的需要，将系统分成有限的、范围确定的单元，这些单元就称为评价单元。

一个作为评价对象的建设项目、装置（系统），一般是由相对独立而又相互联系的若干部分（子系统、单元）组成的，各部分的功能、含有的物质、存在的危险因素和有害因素、危险性和危害性以及安全指标不尽相同。以整个系统作为评价对象实施评价时，一般按一定原则将评价对象分成若干有限的、范围确定的单元，然后分别进行评价，最后综合为对整个系统的评价。划分评价单元的目的，是方便评价工作的进行，提高评价工作的准确性和全面性。将系统划分为不同类型的评价单元进行评价，不仅可以简化评价工作、减少评价工作量、避免遗漏，而且由于能够得出各评价单元危险性（危害性）的比较概念，避免了以最危险单元的危险性（危害性）来表征整个系统的危险性（危害性），夸大整个系统的危险性（危害性）的可能，从而提高了评价的准确性，降低了采取对策措施所需的安全投入。

二、划分评价单元的基本原则和注意问题

评价单元的划分是为评价目标和评价方法服务的，要便于评价工作的进行，有利于提高评价工作的准确性。划分评价单元时，一般将生产工艺、生产装置、物料的特点、危险和有害因素的类别及分布等有机结合进行划分，还可以按评价的需要将一个评价单元再划分为若干个子评价单元或更细的单元。

由于至今尚无一个明确通用的规则来规范评价单元的划分，因此会出现不同的评价人员对同一个评价对象划分出不同的评价单元的现象。由于评价目标不同，而且各种评价方法均有自身的特点，所以只要能达到评价的目的，评价单元的划分并不要求绝对一致。

1. 划分评价单元的基本原则

（1）各评价单元的生产过程相对独立。

（2）各评价单元在空间上相对独立。

（3）各评价单元的范围相对固定。

（4）各评价单元之间具有明显的界限。

这几项评价单元划分原则并不是孤立的，而是有内在联系的，考虑各方面的因素进行划分。

2. 划分评价单元应注意的问题

（1）在进行危险、有害因素识别、安全评价工作之前，应设计一套合适的工作表格，按照一定的方法来划分企业的作业活动，保证危险、有害因素识别工作的全面性。

（2）在划分作业活动单元时，一般不会单一采用某一种方法，往往是多种方法同时采用。但是应注意，在同一划分层次上，一般不使用第二种划分方法。因为如果这样做，很难保证危险、有害因素识别的全面性。

三、划分评价单元的方法

1. 以危险、有害因素的类别为主划分评价单元

（1）对于工艺方案、总体布置及自然条件和社会环境对系统的影响等综合性的危险、有害因素的分析和评价，宜将整个系统作为一个评价单元。

（2）将具有共性危险因素、有害因素的场所和装置划为一个单元。

1）按危险因素的类别划分成若干单元，再按工艺、物料、作业特点（即其潜在危险因素的不同）划分成子单元分别进行评价。例如，炼油厂可将火灾爆炸作为一个评价单元，按馏分、催化重整、催化裂化、加氢裂化等工艺装置和储槽区划分成子评价单元，再按工艺条件、物料的种类（性质）和数量细分为若干评价单元。

将存在起重伤害、车辆伤害、高处坠落等危险因素的各码头装卸作业区作为一个评价单元；有毒危险品、散粮、矿砂等装卸作业区的毒物和粉尘危害部分则列入毒物和粉尘有害作业评价单元；燃油装卸作业区作为一个火灾爆炸评价单元，其车辆伤害部分则在通用码头装卸作业区评价单元中进行评价。

2）进行安全评价时，宜按有害因素（有害作业）的类别划分评价单元。例如将噪声、辐射、粉尘、毒物、高温、低温、体力劳动强度危害的场所各划归为一个评价单元。

2. 以装置和物质特征划分评价单元

应用火灾爆炸指数法、单元危险性快速排序法等评价方法进行火灾爆炸危险性评价时，除按照下列具体原则外，还应依据评价方法的有关规定划分评价单元。

（1）按工艺装置功能划分，主要可分为以下几个区域：原料储存区域；反应区域；产品蒸馏区域；吸收或洗涤区域；中间产品储存区域；产品储存区域；运输装卸区域；催化剂处理区域；副产品处理区域；废液处理区域；通入装置区的主要配管桥区；其他（过滤、干燥、固体处理、气体压缩等）区域。

（2）按布置的相对独立性划分，主要有以下两点划分原则：

1）以安全距离、防火墙、防火堤、隔离带等与其他装置隔开的区域或装置部分作为一个单元。

2）储存区域内通常以一个或多个防火堤（防火墙、防火建筑物）内的储存空间作为一个单元。

（3）按工艺条件划分评价单元。按操作温度、压力范围的不同，划分为不同的单元；按开车、加料、卸料、正常运转、添加触剂、检修等不同作业条件划分为不同的单元。

（4）按储存、处理的危险物品的潜在化学能、毒性和危险物品的数量划分评价单元，主要有以下两点划分原则：

1）一个储存区域内（如危险品库）储存不同危险物品，为了能够正确识别其相对危险性，可划分为不同单元。

2）为避免夸大评价单元的危险性，评价单元中的可燃、易燃、易爆等危险物品的最低限量为 2 270 kg 或 2.73 m^3，小规模实验工厂上述物质的最低限量为 454 kg 或 0.545 m^3（该限制为道化学公司火灾、爆炸危险指数评价法第七版的要求，其他评价方法，如 ICI 蒙德火灾、爆炸危险指数计算法没有此限制）。

（5）按事故后果的严重性划分评价单元。根据以往的事故资料，将发生事故时能导致停产、波及范围大、能造成巨大损失和伤害的关键设备作为一个单元；将危险性大且资金密度大的区域作为一个单元。

（6）将危险性特别大的区域、装置作为一个单元。

3. 依据评价方法的有关具体规定划分

如 ICI 公司蒙德火灾、爆炸、毒性指标法需结合物质系数以及操作过程、环境或装置采取措施前后的火灾、爆炸、毒性和整体危险性指数等划分评价单元；故障假设分析方法则按问题分门别类，例如按照电气安全、消防、人员安全等问题分类划分评价单元；再如模糊综合评价法需要从不同角度（或不同层面）划分评价单元，再根据每个单元中多个制约因素对事物做出综合评价，建立各评价集。

四、煤矿安全评价单元划分的方法

煤矿安全评价单元是在煤矿危险、有害因素辨识分析的基础上，根据评价目的，将评价对象划分为若干有限、相对独立的评价单元进行分别评价，采用定性和定量的评价方法，结合现场获取的信息，有针对性地进行分项评价。在此基础上，对整个系统做出综合评价，从而达到煤矿安全评价的目的。

1. 划分原则

煤矿安全评价单元一般综合考虑生产系统、开采水平、工艺功能、生产场所及危险、有害因素的类型与分布特点等因素进行划分。在评价单元划分后也可以根据具体情况，再将评价单元分解为若干子评价单元或更小的单元。

（1）选择可能造成重大事故的危险、有害因素作为独立的评价单元，进行定性或定量安全评价，提出针对性措施和建议。

（2）按照矿井生产系统、工艺功能及危险、有害因素的类别与分布特点等因素划分评价单元，进行分析并提出对策和建议。

2. 按灾害类型划分评价单元

根据前面对煤矿主要危险、有害因素的识别与分析，按照灾害类型可划分以下评价单元：顶板危害、瓦斯危害、粉尘危害、爆破作业危害、水灾危害、地热危害等。

3. 按生产系统划分评价单元

煤矿主要生产系统有开拓开采系统、通风系统、提升运输系统、供电系统等，因此，按照生产系统可划分以下评价单元：开拓开采系统、通风系统、运输提升系统、供电系统、排水系统。

（1）开拓开采系统。开拓开采系统可能发生的事故有涌水涌沙事故、冒顶片帮、突水事故、矿压显现剧烈等。可能发生事故的地点有采掘工作面、巷道等。一旦发生事故，会造成重大人员伤亡、财产损失及安全生产系统严重破坏，是煤矿生产过程中的主要安全隐患之一。

（2）通风系统。通风系统故障会引起矿井瓦斯事故、煤尘爆炸事故、中毒窒息事故、粉尘危害及火灾等。一旦发生事故，会造成重大人员伤亡、财产损失及安全生产系统严重破坏，是煤矿生产过程中的主要安全隐患之一。

（3）提升运输系统。提升运输系统可能发生的事故有钢丝绳断裂、摘挂钩失误、制动装置失灵、机车撞车、挤压行人等。可能发生事故的地点有井筒、运输大巷、回风大巷、工作面顺槽等。一旦发生事故，会造成重大人员伤亡、财产损失及安全生产系统严重破坏，是煤矿生产过程中的一大安全隐患。

（4）供电系统。煤矿供电事故主要表现为井下大面积停电事故、井下电气火花事故、漏电事故、静电危害事故及雷电灾害事故等。井下大面积停电事故会造成提升设备停止工作、容器坠毁、井筒设施遭到破坏；通风机停风，井下缺少新鲜空气；水泵造成水锤，破坏排水设施；其他事故会引起火灾、瓦斯爆炸、人身触电及人员伤亡等。一旦发生供电系统事故，会造成重大人员伤亡、财产损失及安全生产系统严重破坏，是煤矿生产过程中的主要安全隐患之一。

（5）排水系统。矿井排水系统是矿井必不可少的主要生产系统之一，其作用是将矿山井下涌出的矿井水及时、安全可靠、经济合理地排至地面，确保矿山井下作业人员的生命安全和矿井正常的安全生产。如果矿井排水系统不能正常发挥作用或者不安全可靠，轻则会影响矿井正常生产，给矿山带来一定的经济损失，重则会发生淹井（或者淹水平）事故，造成矿山财产的巨大损失，甚至造成重大、特大人员伤亡。

五、煤矿安全评价单元划分实例

某煤矿在进行安全预评价时，根据安全评价单元划分的原则，共划分了11个评价单元，如下：

1. 矿井开拓开采系统评价单元。
2. 矿井通风系统评价单元。
3. 矿井火灾防治系统评价单元。
4. 矿井煤尘防治系统评价单元。
5. 矿井瓦斯防治系统评价单元。
6. 矿井防治水系统评价单元。
7. 矿井提升运输系统评价单元。
8. 矿井电气系统评价单元。
9. 爆炸材料、器材储存与运输评价单元。
10. 安全监控系统评价单元。
11. 压风、通讯及矿山救护评价单元。

根据不同单元各自的危险、有害因素类型和特征，选用适当的评价方法进行评价。

第四章　煤矿危险、有害因素定性、定量评价

第一节　煤矿定性、定量评价常用方法

一、安全检查表法

1. 概述

根据有关安全规范、标准、制度及其他系统分析方法分析的结果，系统地对一个生产系统或设备进行科学的分析，找出各种不安全因素，依据检查项目把找出的不安全因素以问题清单的形式制成表，以便于实施检查和安全管理，这种表称为安全检查表（Safety Check List，简称 SCL）。所谓安全检查表分析法就是制定安全检查表，并依据此表实施安全检查和诊断的系统安全分析方法。

安全检查表出现于 20 世纪 20 年代，是一种最基础、应用最广泛的风险评价方法。安全检查表分析法的核心是安全检查表的编制和实施。安全检查表必须包括系统或子系统的全部主要检查点，不能忽略那些主要的、潜在的危险因素，而且还应从检查点中发现与之有关的其他因素。总之，安全检查表应列明所有可能导致事故发生的不安全因素和岗位的全部职责，其内容主要包括分类、序号、检查内容、回答、处理意见、检查人和检查时间、检查地点、备注等。

通常检查结果用“是（√）”（表示符合要求）或“否（×）”（表示还存在问题，有待进一步改进）来回答检查要点的提问。另外，也可用其他简单的参数来进行回答。有改进措施栏的应填上整改措施意见。

2. 格式及分类

（1）安全检查表格式

1）序号（统一编号）。

2）项目名称，如子系统、车间、工段、设备等。

3）检查内容，在修辞上可用直接陈述句，也可用疑问句。

4）检查标准，如标准要求、指标参数的允许范围。

5）检查方法，如查记录、现场检查（包括使用必要的检测技术与手段）。

6）应得分或列出项目的相对重要程度，或注明必要项目。

7）检查结果，实得分或“是/否”的回答。

8）备注，可注明建议改进措施或情况反馈等事项。

9）检查人与检查时间。

（2）安全检查表分类。安全检查表是为检查某一系统的安全状况而事先制定的问题清

单。安全检查表的分类方法可以有许多种，可根据安全检查的需要、目的、被检查的对象分类，如可按基本类型分类，可按检查内容分类，也可按使用场合分类。如项目工程设计审查用的安全检查表；项目工程竣工验收用的安全检查表；企业综合安全管理状况检查表；企业主要危险设备、设施的安全检查表；不同专业类型的检查表等，面向车间、工段、岗位不同层次的安全检查表。

安全检查表按基本类型分为 3 种：

1）定性检查表。定性安全检查表是列出检查要点逐项检查，检查结果以“对”“否”表示，检查结果不能量化。

2）半定量检查表。半定量检查表是给每个检查要点赋以分值，检查结果以总分表示，有了量的概念，这样，不同的检查对象也可以相互比较，但缺点是检查要点的准确赋值比较困难，而且个别十分突出的危险不能充分地表现出来。

3）否决型检查表。否决型检查表给一些特别重要的检查要点做出标记，这些检查要点如不满足，检查结果视为不合格，即具有一票否决的作用，这样可以做到重点突出。

由于安全检查的目的、对象不同，检查的内容也有所区别，因而应根据需要制定不同的检查表。

安全检查表按其使用场合大致可分为以下几种：

1）审查设计用安全检查表。新建、改建和扩建的厂矿企业和工程项目，都必须与相应的安全卫生设施同时设计、同时施工和同时投产，即利用“三同时”原则全面、系统地审查工程的设计、施工和投产等各项的安全状况。检查表中除了已列入的检查项目外，还要列入设计应遵循的原则、标准和必要数据。用于设计的安全检查表主要应包括厂址选择、平面布置、工艺过程、装置的布置、建筑物与构筑物、安全装置与设备、操作的安全性、危险物品的储存以及消防设施等方面。

2）厂级安全检查表。供全厂安全检查时使用，也可供安技、防火部门进行日常巡回检查时使用。突出重点部位的危险因素源点及影响大的不安全状态和不安全行为等，其内容主要包括厂区内各种产品的工艺和装置的危险部位，主要安全装置与设施，危险物品的储存与使用，消防通道与设施，操作管理以及遵章守纪情况等。

3）车间的安全检查表。是用于车间进行定期检查和预防性检查的检查表，重点放在人身、设备、运输、加工等不安全行为和不安全状态方面。其内容包括工艺安全、设备布置、安全通道、通风照明、安全标志、尘毒和有害气体的浓度、消防措施及操作管理等。

4）工段及岗位的安全检查表。是用于工段和岗位进行自检、互检和安全教育的检查表，重点放在因违规操作而引起的多发性事故上。其内容应根据岗位的操作工艺和设备的防灾控制要点确定，要求检查内容具体、易行。

5）专业性安全检查表。主要用于专业性的安全检查或特种设备的安全检验，由专业机构或职能部门编制和使用。主要用于定期的专业检查或季节性检查，如对电气、压力容器、特殊装置与设备等的专业检查表。各专业性安全检查表，如防火防爆、防尘防毒、防冻防凝、防暑降温、压力容器、锅炉、工业气瓶、配电装置、起重设备、机动车辆、电气焊等。

3. 编制依据及方法

（1）编制依据。编制安全检查表的依据主要有以下几个方面：

1）有关规程、规定和标准。如编制采煤工艺过程和割煤机的安全检查表，应以《煤矿安全规程》、本单位的操作规程和作业规程中的相关规定作为依据，对检查涉及的工艺指标应规定出安全的临界值，超过该指标的规定值即应报告上级主管部门并进行处理，以使检查表的内容符合法规的要求。

2）本单位的经验。由本单位工程技术人员、生产管理人员、操作人员和安全技术人员共同总结生产操作的经验，分析导致事故的各种潜在的危险因素和外界环境条件。

3）国内外事故案例。认真收集以往发生的事故教训以及在生产、研制和使用中出现的问题，包括国内外同行业、同类事故的案例和资料。

4）系统安全分析的结果。根据其他系统安全分析方法（如事故树分析、事件树分析、故障类型及影响分析和预先危险性分析等）对系统进行分析的结果，将导致事故的各个基本事件作为防止灾害的控制点列入检查表。

（2）编制方法。根据检查对象，安全检查表编制人员可由熟悉系统安全分析的本行业专家（包括生产技术人员）、管理人员以及生产第一线有经验的工人组成。主要编制步骤如下：

1）确定检查对象与目的。

2）剖切系统。根据检查对象与目的，把系统剖切分成子系统、部件或元件。

3）分析可能的危险性。对各“剖切块”进行分析，找出被分析系统（部件或元件）存在的危险因素，评定其危险程度和可能造成的后果。

4）确定检查要点。根据危险性大小及重要度顺序，对应所定出的检查项目，以提问的形式列出要点并列成表格。

图4—1所示为安全检查表法编制方法框图。

（3）编制安全检查表的注意事项。安全检查表应用后，要通过实践检验不断修改，使之逐步完善。检查表要力求系统完整、不漏掉任何能引发事故的危险关键因素，因此编制安全检查表应注意如下问题：

1）安全检查表的编制是一个复杂、严谨的过程，应针对不同的检查对象和目的，组织技术人员、管理人员、操作人员等，在结合理论知识和实践经验的基础上，共同完成的一项工作。

2）安全检查表的编制要依据适当的安全技术标准和国务院及有关省、市颁布的法律规定，在充分了解系统的基础上进行。

3）检查项目要全面、具体、明确，检查表要条理清晰、重点突出、避免重复、简明扼要，尽可能地将隐患在发生之前就被发现、排除。

4）检查表的编制要有针对性，不同类别的检查表的适用范围和侧重点都不同，不宜通用，专业与日常、重点与次要、管理者和操作者等检查内容要有区分，做到各负其责。

5）检查表中的检查项目要随着工艺和设备的改进而不断更新。

4. 优缺点及适用范围

（1）优点

1）能够事先编制检查表，有充分的时间组织有经验的人员来编写，并且可以不断完善，不至于漏掉能导致危险的关键因素。

2）可以根据现有的规章制度、法律、法规和标准等执行检查，做出准确、客观的评价。

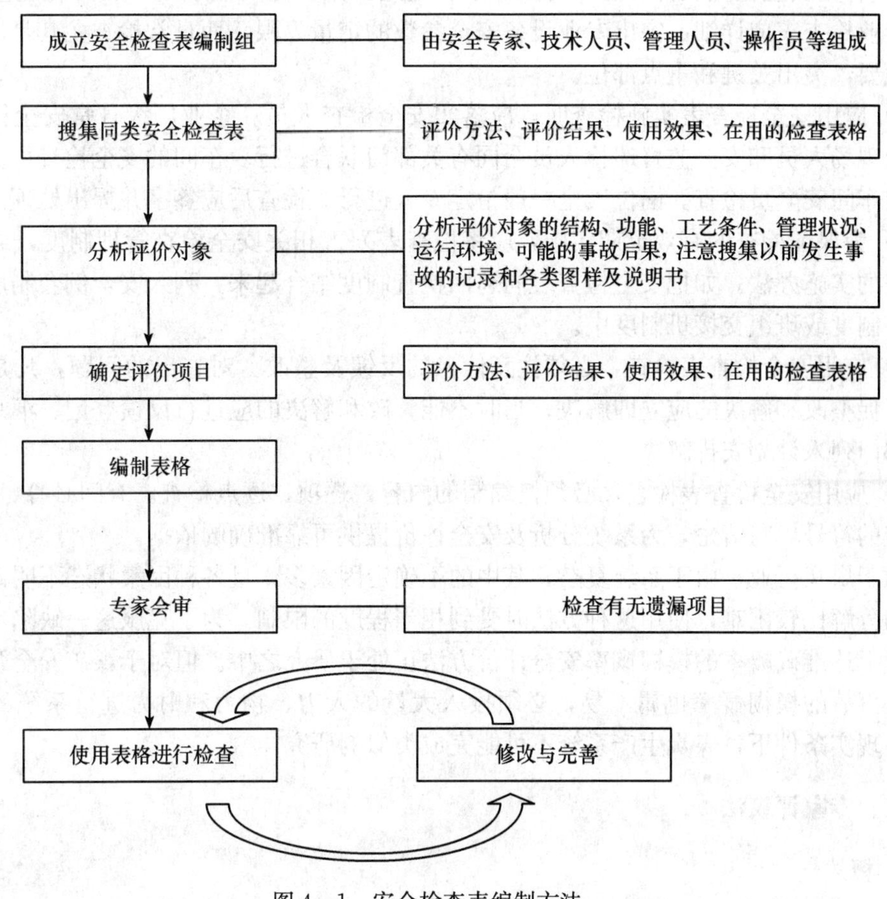

图 4—1　安全检查表编制方法

3）检查表采用提问方式和现场观察方式，有问有答，互动性强，给人的印象深刻，能起到安全教育的作用，表内还可注明改进的措施及要求，隔一段时间后重新检查改进情况。

4）安全检查表的编制过程本身就是一个系统安全分析的过程，检查人员可以通过编制的过程，更加深刻地认识系统，发现潜在的危险因素。

5）简明易懂，容易掌握。

（2）缺点

1）只能进行定性分析，不能进行定量评价。

2）针对不同的需求，需要事先编制大量的检查表，工作量大，且安全检查表的质量受编制人员的知识水平和经验影响较大。

3）识别的危害完全依赖于检查表的设计。

（3）适用范围。安全检查表可用于项目建设、运行过程的各个阶段。主要用于安全生产管理，对熟知的工艺设计，物料、设备、操作规程的分析；也用于某些新工艺的早期开发阶段，来识别和消除在类似系统中多年来易发生的危险；还可以对运行多年的现役（装置）的危险进行检查。

为了取得预期目的，应用安全检查表时，应注意的几个问题如下：

1）各类安全检查表都有适用对象、不宜通用。如专业检查表与日常定期检查表要有区别。专业检查表应详细、突出专业设备安全参数的定量界限，而日常检查尤其是岗位检查应简明扼要，突出关键和重点部位。

2）应用安全检查表实施检查时，应落实安全检查人员。企业厂级日常安全检查可由安技部门现场人员和安全监督巡检人员会同有关部门联合进行。车间的安全检查可由车间主任或指定车间安全员检查。岗位安全一般指定专人进行。检查后应签字并提出处理意见备查。

3）为保证检查的有效定期实施，应将检查表列入相关安全检查管理制度，或制定安全检查表的实施办法。如把安全检查表同巡回检查制度结合起来，列入安全例会制度、定期检查工作制度或班组交接班制度中。

4）应用安全检查表检查，必须注意信息的反馈及整改。对查出的问题，凡是检查者当时能督促整改和解决的应立即解决；当时不能整改和解决的应进行反馈登记、汇总分析，由有关部门列入计划安排解决。

5）应用安全检查表检查，必须按编制的内容，逐项、逐点检查。有问必答、有点必检，按规定的符号填写清楚，为系统分析及安全评价提供可靠准确的依据。

对于煤炭行业，由于系统复杂，其中的不确定因素多，且各种因素状态不明确，对系统完整的分解比较困难，使用这种方法时受到相当程度的限制。为了克服这一缺陷，模糊概率来取代上述准确概率的模糊概率安全评价方法正处于研究之中。但对于煤矿安全管理，要得到某一事故的模糊概率也属不易，必须投入大量的人力、物力和财力进行系统的研究和分析，在现实条件下，煤炭生产系统不可能完成类似的研究。

二、专家评议法

1. 概述

1960 年，工业发达国家面对人口、粮食、资源、能源、城市规划、交通运输、科技、情报信息、自动化、外层空间、教育、人才、安全、环境、医药、卫生、家庭、文化生活等重大问题，开始采用预测理论和预测方法探讨它们的未来发展趋势，许多预测模型应运而生。

美国人马可利达契斯在《预测方法和应用》一书中，发表了以专家调查法为代表的预测方法，其中包括专家评议法、特尔斐法、主观概率法和交叉影响法。我国也在很早的时候就开始使用专家评议法，对事物进行研究、探讨，根据以往的情况、现实状况及其发展趋势来预测未来的发展趋势。

专家评价法是在定性和定量分析的基础上，以打分等方式做出定量评价，其结果具有数理统计特性。专家评议法由于简单易行，比较客观，被人们广泛采用。该法在安全评价中十分有用。专家评议法是根据一定的规则，组织相关专家，对具体问题通过共同讨论，集思广益的分析、预测，根据事物的过去、现在及发展趋势，进行积极的创造性思维活动。

2. 分类

专家评议法可以分为以下两种：

（1）专家评议法。专家评议法是根据一定规则，组织相关专家进行积极的创造性思维，对具体问题通过共同讨论，集思广益进行解决的一种专家评价方法。

（2）专家质疑法。专家质疑法需要先后进行两次会议。第一次会议是专家对具体问题进行直接讨论，第二次会议则是专家对第一次会议提出的设想进行质疑。主要工作分为以下几方面：

1）研究讨论有碍设想实现的问题。

2）论证已提出的设想实现的可能性。

3）讨论设想的限制因素并提出排除限制因素的建议。

4）在质疑过程中，也可能会有新的建设性的可行性设想提出。

最后由分析小组对专家直接讨论及质疑的结果进行分析，编写一个评价意见一览表；并对质疑过程中提出的评价意见进行评价，形成实际可行的最终设想一览表。

3. 步骤

采用专家评议法进行安全评价、预测有以下4个步骤。

（1）明确分析评价、预测的具体问题。

（2）组成专家评议分析、预测小组。小组应由预测专家、专业领域的专家、推断思维能力强的演绎专家以及高级专业领域的分析专家等组成。

（3）举行专家会议，对所提出的具体问题进行分析、预测。组织专家会议时，应遵守以下几个原则：分析、预测的问题要具体明确，并且要限制范围；参加会议的专家要注意力集中，发言要言简意赅；要即席发言，不能照稿宣读；鼓励任何设想，鼓励对已提出的设想进行补充改进和综合；鼓励提出不同意见、观点，提倡自由讨论，充分激发专家的积极性和创造性。

（4）分析、归纳出专家会议的结果。

4. 优缺点及适用范围

（1）优点：能够在缺乏足够统计数据和原始资料的情况下，可以做出定量估计。简单易行，比较客观，所邀请的专家由于是在专业理论上造诣较深、实践上经验丰富的专家；而且由于有专业技术专家、安全专家、安全管理专家等参加，将专家的意见运用逻辑推理的方法进行综合、归纳，这样所得出的结论一般比较全面、正确。特别是专家质疑通过正反两方面的讨论，问题更深入、更全面透彻，所形成的结论性意见更科学、合理。

（2）缺点：专家评议法往往选择邀请的专家要求比较高，并不是所有项目均适合应用。其理论性和系统性尚有欠缺，有时难以保证评价结果的客观性和准确性。

（3）适用范围：专家评议法很适合于对类似装置进行安全评价，它可以充分发挥专家丰富的实践经验和理论知识。

三、预先危险性分析法

1. 概述

预先危险性分析（Preliminary Hazard Analysis，简称PHA）又称初步危险分析，是指在一个系统或子系统（包括设计、施工、生产）运转之前，对系统存在的危险类别、出现条件及可能造成的结果，进行的宏观概略分析。因此，该方法也是一份实现系统安全危害分析的初步或初始的计划，是在方案开发初期阶段或设计阶段之初完成的。

预先危险性分析可以解决以下5方面的问题：

（1）大体识别与系统有关的主要危险、有害因素。

（2）分析、判断危险、有害因素导致事故发生的原因。

（3）评价事故发生对人员及系统产生的影响，事故可能造成的人员伤害和系统破坏、物质损失情况。

（4）确定已识别危险、有害因素的危险性等级。

（5）提出消除或控制危险、有害因素的对策措施。

预先危险性分析是一种定性分析、评价系统内因素和危险程度的方法，通过对评价项目、装置等开发初期阶段的物料、装置、工艺过程以及能量失控时可能出现的危险性类别、条件及可能造成的后果，做出宏观的概略分析，以辨识系统中潜在的危险、有害因素，确定其危险性等级，从而提出改进措施，防止这些危险、有害因素失控，导致事故的发生。

预先危险性分析的重点应放在系统的主要危险源上，并提出控制这些危险源的措施。预先危险性分析的结果，可作为对新系统综合评价的依据，还可作为系统安全要求、操作规程和设计说明书中的内容，同时预先危险性分析也为以后要进行的其他危险分析打下了基础。

2. 分析内容和需要的资料

（1）分析内容。由于预先危险性分析从寿命周期的早期阶段开始，因此，分析中的信息仅是一般性的，不会太详细。这些初始信息应能指出潜在的危险及其影响，以提醒设计师们要通过设计加以纠正。预先危险性分析至少应包括以下内容：

1）审查相应的安全性历史资料。

2）列出主要能源的类型，并调查各种能源，确定其控制措施。

3）确定系统或设备必须遵循有关的人员安全、环境安全和有毒物质的安全要求及其他有关的规定。

4）提出纠正措施建议，在完成识别危险、评价危险的严重程度及可能性之后，还应提出如何控制危险的建议。

为了能全面地识别和评价潜在的危险，分析中还必须考虑如下项目：

①危险物品，例如，燃料、激光、炸药、有毒物、有危险的建筑材料、放射性物质等。

②系统部件间接口的安全性，例如，材料相容性、电磁干扰、意外触发、火灾或爆炸的发生和蔓延、硬件和软件控制（包括软件对系统或分系统安全的影响）等。

③确定控制可靠性的关键软件命令和响应，例如，错误命令、不适时的命令或响应、订购方指定需要设定的不希望发生事件的响应程序等。

④与安全有关的设备、保险装置和应急装置等，例如，连锁装置、硬件或软件故障安全设计、分系统保护、灭火系统、人员防护设备、通风装置、噪声或辐射屏蔽等。

⑤包括生产环境在内的环境约束条件，例如，坠落、冲击、振动、极限、温度、噪声、接触有毒物、静电放电、雷击、电磁环境影响、电离和非电离辐射等。

⑥操作、试验、维修和应急规程等。

（2）进行预先危险性分析需要的资料

1）各种设计方案的系统和分系统部件的设计图样和资料。

2）在系统预期的寿命期内，系统各组成部分的活动、功能和工作顺序的功能流程图及有关资料。

3）在预期的试验、制造、储存、修理、使用等活动中与安全要求有关的背景材料。

3. 分析的步骤

预先危险性分析主要分为以下几个步骤。

（1）调查、了解和收集过去的经验和同类生产中发生过的事故情况。这一步骤主要包括：

1）对所需分析系统的生产目的、物料、装置及设备、工艺过程、操作条件以及周围环境等，进行充分详细的了解。

2）同类行业过去生产中发生的事故（或灾害）情况，对系统的影响、损坏程度，类比判断所要分析的系统中可能出现的情况，查找能够造成系统故障、物质损失和人员伤害的危险性，分析事故（或灾害）的可能类型。

（2）确定危险源，并分类制成表格。确定能够造成受伤、损失、功能失效或物质损失的初始危险，可通过经验判断、技术判断或安全检查表等方法进行。

（3）识别危险转化技术条件。即研究危险因素转变为危险状态的触发条件和危险状态转变为事故（或灾害）的必要条件，并进一步寻求对策措施，检验对策措施的有效性。

（4）进行危险分级。危险分级的目的是确定危险程度，提出应重点控制的危险源。危险性等级可分为以下 4 个级别，见表 4—1。

表 4—1　　危险性等级划分表

级别	危险程度	可能导致的后果
Ⅰ级	安全的（可忽视的）	不会造成人员伤害和系统损坏
Ⅱ级	临界的	降低系统的性能或损坏设备，但不会造成人员伤害，可以通过采取措施消除和控制危险的发生
Ⅲ级	危险的	造成人员伤害和主要系统的损坏，必须立即采取防范措施
Ⅳ级	破坏性的（灾难性的）	造成人员死亡、重伤以及系统严重损坏，必须果断排除并进行重点防范

（5）制定危险预防措施。结合实际情况，找出消除或控制危险的可行方法；在危险不能控制的情况下，分析最好的预防损失方法，如隔离、个体防护、救护等。

（6）将分析结果汇总填入表格。表 4—2 是预先危险性分析的一般表格形式。

表 4—2　　预先危险性分析的一般表格形式

1	2	3	4	5	6	7	8	9
子系统或功能元素	运行形式	故障模式	概率估计	危险状况	影响	危险等级	控制方法	确认

第一列：所要分析的子系统或功能元素的正式名称，以便在识别危险性中编号。如果没有元素，在这一列中也可以给出规程名称。

第二列：在这里说明产生危险的运行形式，根据运行形式，相同的元素、子系统或规程有不同的危险。从暴露的危险可知，运行形式通常涉及整个系统。

第三列：故障模式，主要指有危险的元素或子系统的故障模式。每个元素或规程及每个危险的失效方式可能不止一种。请注意，故障本身不是危险，而仅是一个致因。

第四列：估计的可能性有几种表达形式，可以用定性方式表示，如“非常可能”或“不可能”。如采用这种表示方式，必须在事件中给出明确的定义。当然也可以仅定义为“高”或“低”，这样依次下定义，最后较准确地度量可能性。这种可能性定义还必须考虑时间、任务和系统的使用情况等因素。

第五列：注意这一列只能对危险做简要的描述。表格中每一行说明一种危险，每行所做的危险描述是不同的，前三列中可能有相同的。这里的危险是指引起人员伤亡、财产损失和功能失常的潜在因素，危险不是故障的原因。

第六列：危险对人或财产的影响。影响是多种多样的，对人和对财产的影响应该分别描述。

第七列：描述危险严重性。例如，从轻微的到灾难性的，或采用更细致些的危险性分类。

第八列：对控制方法提出建议。说明有效的危险控制措施，该措施应能降低危险的可能性或严重性。几种危险的控制方法可能都是相似或相同的。由于暴露时间是系统的基本性能，所以尽可能不采用减少暴露时间的控制方法。

第九列：附加说明那些可能与危险严重性、运行、系统方式有关的及一切对危险有影响的事项。

在完成上述表格时应尽量使用简要的短语和词，避免使用冗长的词条。另外，上述表格中的内容应根据实际评价的需要进行适当调整。

图 4—2 所示为预先危险性分析流程图。

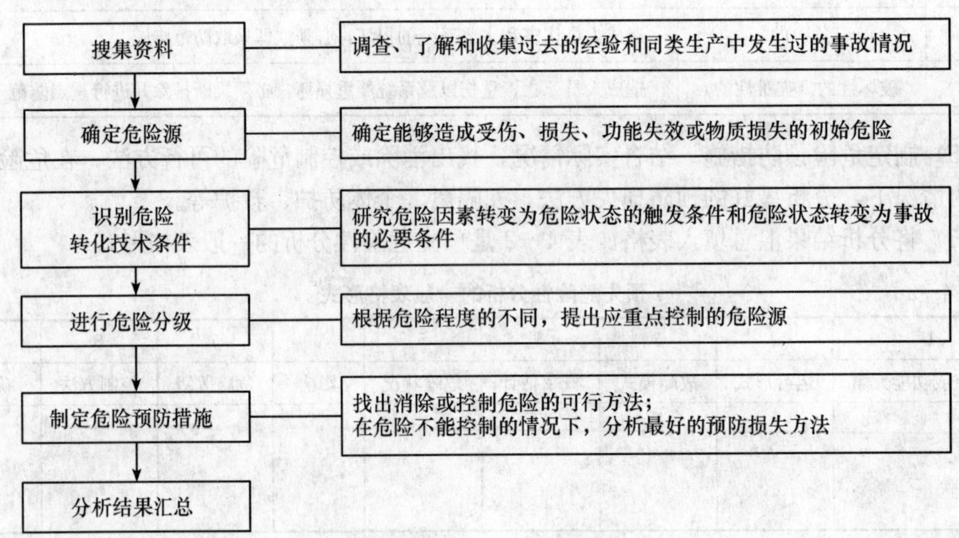

图 4—2 预先危险性分析流程图

4. 分析要点

（1）划分危险等级。在分析系统危险性时，为了衡量危险性的大小及其对系统的破坏程度，将各类危险性划分为轻、重、缓、急4个等级，以便处理。

（2）考虑工艺特点，列出其危险性和危险状态。

1）原料、中间产品和最终产品以及它们的反应活性。

2）操作环境。

3）装置设备。

4）设备布置。

5）操作活动（测试、维修等）。

6）各单元之间的联系。

7）防火及安全设备。

（3）评价小组在完成PHA过程中应考虑以下因素：

1）危险设备和物料，如燃料、高反应活性物质、有毒物质、爆炸、高压系统、其他储运系统。

2）设备和物料之间与安全有关的隔离装置，如物料的相互作用、火灾、爆炸的产生和发展、控制、停车系统。

3）影响设备和物料的环境因素，如地震、振动、洪水、极端环境温度、静电、放电、湿度。

4）操作、测试、维修及紧急处置规程，如人为失误的可能性、操作人员的作用、设备布置、可接近性，人员的安全保护。

5）辅助设施，如储槽、测试设备、培训、公用工程。

6）与安全有关的设备，如调节系统，备用、灭火及人员保护设备。

（4）使用PHA方法需要分析人员获得装置设计标准、设备说明、材料说明及其他资料。

PHA需要分析组收集装置或系统的有用资料，以及其他可靠的资料（如任何相同或相似的装置，或者即使工艺过程不同但使用相同的设备和物料）。危险分析组应尽可能从不同渠道汲取相关经验，包括相似设备的危险性分析、相似设备的操作经验等。由于PHA主要是在项目发展的初期（如概念设计阶段）识别危险，装置的资料是有限的。然而，为了让PHA达到预期的目的，分析人员必须至少获取可行性研究报告或者写出工艺过程的概念设计说明书，必须知道过程所包含的主要化学物品、反应、工艺参数以及主要设备的类型（如容器、反应器、换热器等）。此外，获取装置需要完成的基本操作和操作目标的说明，有助于确定设备的危险类型和操作环境。

5. 优缺点及适用范围

预先危险性分析是进一步进行危险分析的先导，是一种宏观的概略定性分析方法。在项目发展初期使用PHA有如下优点：

（1）分析工作在行动之前进行，可及早采取措施排除、降低或控制危害，避免由于考虑不周而造成损失。

（2）识别系统开发、初步设计、制造、安装、检修等可能出现的危险，用较少的费用或时间就能进行改正。

(3) 它能帮助项目开发组分析和（或）设计操作指南。

(4) 该方法简单易行、经济、有效。

(5) 分析结果可编制成安全检查表，以保证实施安全，并可作为安全教育的材料。

缺点：预先危险性分析只能对系统进行定性分析，而且评估的结果受评价人的主观影响比较大。

预先危险性分析适用于各类系统设计、施工、生产、维修前的概略分析和评价，也适用于固有系统中采取新的方法，接触新的物料、设备和设施的危险性评价，一般用于项目发展的初始阶段。

四、事件树分析法

1. 概述

事件树（Event Tree）是 GB 6442—1986 所规定的一种事故分析方法，是由 1965 年左右发展起来的决策树（Decision Tree）演化而来的。它建立在概率论和运筹学的基础上，是安全系统工程中重要的分析方法之一。

决策树分析是用元件的可靠性来表示系统可靠性的方法。它是一种归纳的方法。如果能够获得各元件的可靠性数值，则可以进行定量分析。利用决策树分析伤亡事故，则称此为事件树分析（Event Tree Analysis，ETA)。事件树分析最初用于可靠性分析，它也是用元件可靠性表示系统可靠性的系统分析方法之一。美国在 1974 年耗资 300 万美元对核电站进行风险评价，事件树分析法起到了重要作用，现在许多国家已经形成了标准化的分析方法，我国也已经将事件树分析作为对已发生事故进行技术分析的方法，并列入《企业职工伤亡事故调查分析规则》中。

事件树分析法是一种时序逻辑的事故分析方法。它是按照事故的发展顺序，分成阶段，一步一步地进行分析，每一步都从成功和失败两种可能的后果考虑，直到最终结果为止。所分析的情况用树枝状图表示，故称为事件树。

事件树分析法可以定性地了解整个事件的动态变化过程，又可以定量计算出各阶段的概率，最终得到事故各种状态的发生概率。

事件树分析的理论基础是系统工程决策论。决策论中的一种决策方法是用决策树进行决策的，而事件树分析则是从决策树引申而来的分析方法。

事件树分析是从初始事件开始，顺序分析事件向前发展中各个环节成功与失败的过程和结果。在事件发展过程中出现的事件可能有两种状态：成功或者失败。这样，每一事件的发展有两条可能的途径。而且事件出现或不出现是随机的，其概率是不相等的。如果事件发展过程中包括有 n 个相继发生的事件，则系统一般总计有 2^n 条可能发展途径，即最终结果有 2^n 个。

在相继出现的事件中，后一事件是在前一事件出现的情况下出现的。它与更前面的事件无关。后一事件选择某一种可能发展途径的概率是在前一事件做出某种选择的情况下的条件概率。

为了便于分析，根据逻辑知识，通常把事件处于正常状态记为成功，赋予其逻辑值为

1；把失效状态记为失败，赋予其逻辑值为 0。按照事件发展的过程，顺序分析各事件成功、失败的两种可能，将成功作为上分支，将失败作为下分支，不断延续分析，直到最后一个事件，最后形成一个水平放置的树形图。

以图 4—3 所示的简单的事件树为例，说明事件树各分支链后果事件的发生概率的计算方法。根据事件树中各事件发生的相互关系，其后果事件的发生概率计算如下：

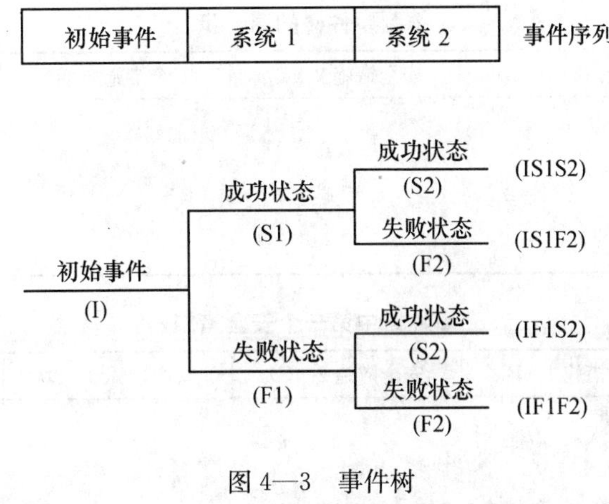

图 4—3　事件树

2. 事件树编制

事件树分析过程分为事件树编制和事件树分析两大部分，其中编制流程具体分为如下几个步骤：

（1）确定初始事件。事件树分析是一种系统地研究作为危险源的初始事件如何与后续事件形成时序逻辑关系而最终导致事故的方法。正确选择初始事件十分重要。初始事件是指在事故未发生时其发展过程中的危害事件或危险事件，如机器故障、设备损坏、能量外逸或失控、人的误动作等。可以用两种方法确定初始事件：

1）根据系统设计、系统危险性评价、系统运行经验或事故经验等确定。

2）根据系统重大故障或事故树分析，从其中间事件或初始事件中选择。

（2）判定安全功能。系统中包含许多安全功能，在初始事件发生时消除或减轻其影响，以维持系统的安全运行。常见的安全功能列举如下：

1）对初始事件自动采取控制措施的系统，如自动停车系统等。

2）提醒操作者初始事件发生了的报警系统。

3）根据报警或工作程序要求操作者采取的措施。

4）缓冲装置，如减振、压力泄放系统或排放系统等。

5）局限或屏蔽措施等。

（3）绘制事件树。从初始事件开始，按事件发展过程自左向右绘制事件树，用树枝代表事件发展途径。首先考察初始事件一旦发生时最先起作用的安全功能，把可以发挥功能的状态画在上面的分枝，不能发挥功能的状态画在下面的分枝。然后依次考察各种安全功能的两种可能状态，把发挥功能的状态（又称成功状态）画在上面的分枝，把不能发挥功能的状态（又称失败状态）画在下面的分枝，直到到达系统故障或事故为止。

建树原则：将系统内各个事件按完全对立的两种状态（如成功、失败）进行分支，然后把事件依次连接成树形，最后再和表示系统状态的输出连接起来。事件树图的绘制是根据系统简图由左至右进行的。在表示各个事件的节点上，一般表示成功事件的分支向上，表示失败事件的分支向下。每个分支上注明其发生概率，最后分别求出它们的积与和，作为系统的可靠系数，见表4—3至表4—6。

表4—3　　编制事件树的第一步

初始事件（A）	安全措施1（B）	安全措施2（C）	安全措施3（D）	事故序列描述
初始事件A ↑成功 ↓失败				

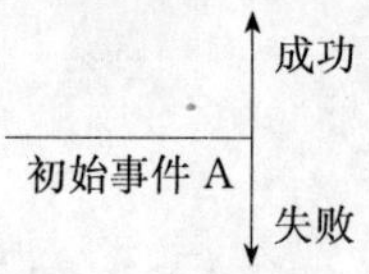

表4—4　　事件树中第一个安全措施

初始事件（A）	安全措施1（B）	安全措施2（C）	安全措施3（D）	事故序列描述
初始事件A	成功 失败			

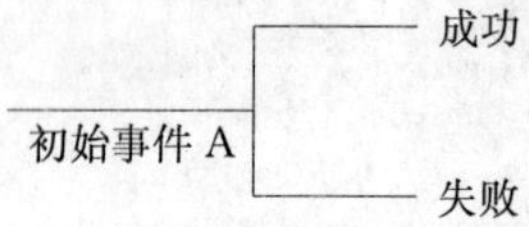

表4—5　　事件树中第二个安全措施

初始事件（A）	安全措施1（B）	安全措施2（C）	安全措施3（D）	事故序列描述
	初始事件A	成功 失败	成功 失败	

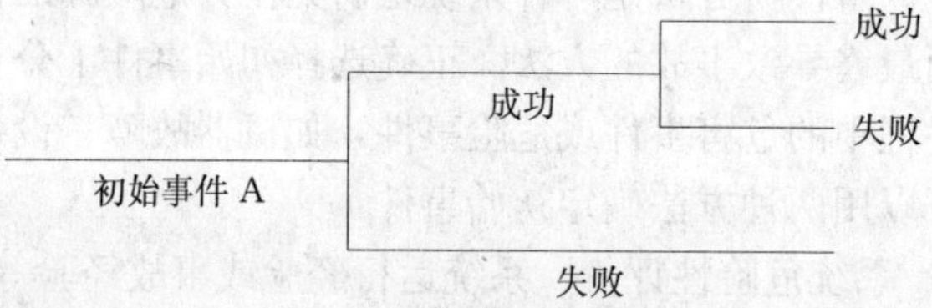

表4—6　　事件树中第三个安全措施及序列描述

初始事件（A）	安全措施1（B）	安全措施2（C）	安全措施3（D）	事故序列描述

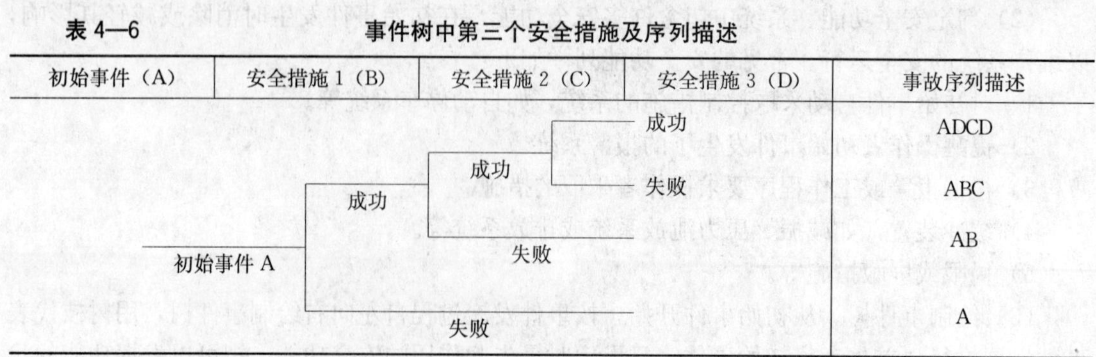

（4）简化事件树。在绘制事件树的过程中，可能会遇到一些与初始事件或与事故无关的安全功能，或者其功能关系相互矛盾、不协调的情况，需用工程知识和系统设计的知识予以辨别，然后从树枝中去掉，即构成简化的事件树。

在绘制事件树时，要在每个树枝上写出事件状态，树枝横线上面写明事件过程内容特征，横线下面注明成功或失败的状况说明。

（5）确定事故顺序的最小割集。

（6）编制分析结果。

3. 事件树分析

（1）定性分析。事件树定性分析在绘制事件树的过程中就已进行，绘制事件树必须根据事件的客观条件和事件的特征做出符合科学性的逻辑推理，用与事件有关的技术知识确认事件可能状态，所以在绘制事件树的过程中就已对每一发展过程和事件发展的途径做了可能性的分析。

事件树画好之后的工作，就是找出发生事故的途径和类型以及预防事故的对策。

1）找出事故连锁。事件树的各个分枝代表初始事件一旦发生其可能的发展途径。其中，最终导致事故的途径即为事故连锁。一般地，导致系统事故的途径有很多，即有许多事故连锁。事故连锁中包含的初始事件和安全功能故障的后续事件之间具有“逻辑与”的关系，显然，事故连锁越多，系统越危险；事故连锁中事件树越少，系统越危险。

2）找出预防事故的途径。事件树中最终达到安全的途径指导人们如何采取措施预防事故。在达到安全的途径中，发挥安全功能的事件构成事件树的成功连锁。如果能保证这些安全功能发挥作用，则可以防止事故。一般地，事件树中包含的成功连锁可能有多个，即可以通过若干途径来防止事故发生。显然，成功连锁越多，系统越安全；成功连锁中事件树越少，系统越安全。

由于事件树反映了事件之间的时间顺序，所以应该尽可能地从最先发挥功能的安全功能着手。

（2）定量分析。事件树定量分析是指根据每一事件的发生概率，计算各种途径的事故发生概率，比较各个途径概率值的大小，做出事故发生可能性序列，确定最易发生事故的途径。一般地，当各事件之间相互统计独立时，其定量分析比较简单。当事件之间相互统计不独立时（如共同原因故障、顺序运行等），则定量分析变得非常复杂。这里仅讨论前一种情况。

1）各发展途径的概率。各发展途径的概率等于自初始事件开始的各事件发生概率的乘积。

2）事故发生概率。在事件树定量分析中，事故发生概率等于导致事故的各发展途径的概率和。

定量分析要有事件概率数据作为计算的依据，而且事件过程的状态又是多种多样的，一般都因缺少概率数据而不能实现定量分析。

3）事故预防。事件树分析把事故的发生发展过程表述得清楚而有条理，为设计事故预防方案，制定事故预防措施提供了有力的依据。

从事件树上可以看出，最后的事故是一系列危害和危险的发展结果，如果中断这种发展过程就可以避免事故发生。因此，在事故发展过程的各个阶段，应采取各种可能措施，控制事件的可能性状态，减小危害状态出现的概率，增大安全状态出现的概率，把事件发展过程引向安全的发展途径。

采取在事件不同发展阶段阻截事件向危险状态转化的措施，最好在事件发展前期过程中实现，从而产生阻截多种事故发生的效果。但有时因为技术、经济等原因无法控制，这时就要在事件发展后期过程采取控制措施。显然，要在各个事件发展途径上都采取措施才行。

4. 优缺点及适用范围

事件树分析法是一种图解形式，层次清楚。它既可对故障树分析法进行补充，又可以将严重事故的动态发展过程全部揭示出来，特别是可以对大规模系统的危险性及后果进行定性、定量的辨识，并分析其严重程度，可以对影响严重的事件进行定量分析。

事件树分析法的优点有：各种事件发生的概率可以按照路径精确到节点；整个结果的范围可以在整个树中得到改善；事件树从原因到结果，顺序分析，概念上比较容易明白。

ETA 可以事前预测事故及不安全因素，估计事故的可能后果，寻求最经济的预防手段和方法。事后用 ETA 分析事故原因，十分方便明确。ETA 的分析资料既可作为直观的安全教育资料，也有助于推测类似事故的预防对策。当积累了大量事故资料时，可采用计算机模拟，使 ETA 对事故的预测更为有效。在安全管理上用 ETA 对重大问题进行决策，具有其他方法所不具备的优势。

事件树分析法的缺点有：事件树成长非常快，为了保持合理的大小，往往分析非常粗；缺少像 FTA 中的数学混合应用。

事件树分析适用于多环节事件或多重保护系统的风险分析和评价，既可用于定性分析，也可用于定量分析。事件树分析法在分析系统故障、设备失效、工艺异常、人员失误等方面应用比较广泛。

五、事故树分析法

1. 概述

事故树分析方法是由美国贝尔电话实验室的维森（H. A. watson）提出的，最先用于民兵式导弹发射控制系统的可靠性分析，故称为故障树分析或失效树分析。在安全管理方面即安全性分析与评价方面，主要分析事故的原因和评价事故风险，故称为事故树分析。1974 年美国原子能委员会运用事故树分析法对核电站事故进行了风险评价，发表了著名的《拉姆逊报告》。该报告详细地阐述了事故树分析的应用。我国自 1978 年开始开展事故树分析方法的研究，此后，在社会各界引起了极大的反响，受到了广泛的重视，从而迅速在许多国家和企业应用和推广。已有很多部门和企业正在进行普及和推广工作，并已取得一大批成果，促进了企业的安全生产。20 世纪 80 年代末，铁路运输系统开始把事故树分析方法应用到安全生产和劳动保护上来，也已取得了较好的效果。

事故树分析（Fault Tree Analysis，简称 FTA）又称为故障树分析，是安全系统工程的重要分析方法。它从一个可能的事故开始，一层一层地逐步寻找引起事故的触发事件、直接原因和间接原因，并分析这些事故原因之间的相互逻辑关系，用逻辑树图把这些原因以及它们的逻辑关系表示出来。事故树分析是一种演绎分析方法，即从结果分析原因的分析方法。事故树分析具有应用广泛、逻辑性强、简明和形象化的特点，体现了系统工程方法研究安全问题时的系统性、准确性和预测性。

事故树分析应用数理逻辑方法，可以对系统中的各种危险进行定性分析以及预测和评价，应用广泛。事故树还可以借助计算机进行分析、计算。

2. 事故树的符号及意义

事故树是由各种事件符号和逻辑门组成的。

（1）事件符号。事件符号如图 4—4 所示。

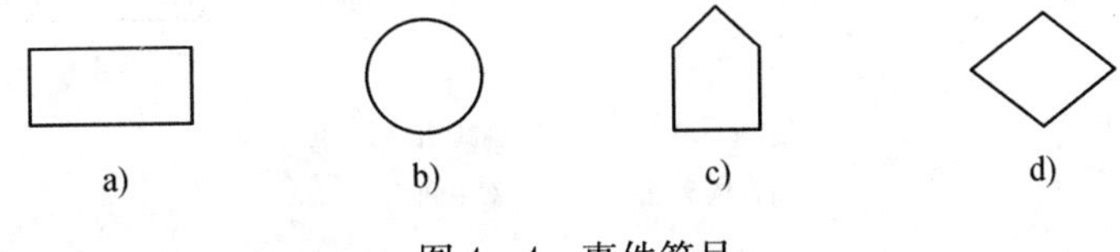

图 4—4　事件符号

1）矩形符号。矩形符号（见图 4—4a）表示顶上事件或中间事件，也就是还需要往下分析的事件。具体作树图过程是将事件的具体内容扼要地记入矩形方框内。必须注意，由于事故树分析是对具体系统做具体分析，所以顶上事件一定要清楚、明了，不能笼统、含糊。

2）圆形符号。圆形符号（见图 4—4b）用来表示基本原因事件，即最基本的、具体的、不再往下分析的事件。

3）屋形符号。屋形符号（见图 4—4c）用来表示正常事件，即系统处在正常状态。

4）菱形符号。菱形符号（见图 4—4d）有两种意义。其一，表示省略事件，目前没有必要详细分析或其原因尚不明确的事件；其二，表示二次事件，即不是本系统的事故原因事件，而是来自系统之外的原因事件。

（2）逻辑门符号。逻辑门的应用是事故树作图的关键，但逻辑门的种类有很多，除或门、与门、非门外，比较常见的还有条件与门（见图 4—5）、条件或门（见图 4—6）、限制门（见图 4—7）、排斥或门（见图 4—8）。

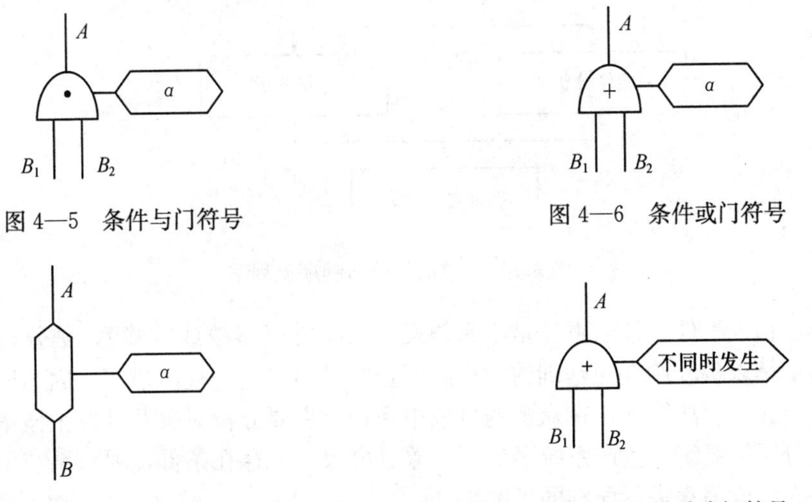

图 4—5　条件与门符号

图 4—6　条件或门符号

图 4—7　限制门符号

图 4—8　排斥或门符号

（3）转移符号。转移符号的作用是表示部分树的转入和转出，主要用于以下两种情况：事故树规模很大，一张图样不能绘出树的全部内容，需要在其他图样上继续完成；整个树中多处包含同样的部分树，为简化起见以转入、转出符号标明。

常用的转移符号有两种，即输入符号和输出符号（见图 4—9）。

图 4—9　输入、输出符号

a）输入符号　b）输出符号

3. 事故树分析程序

事故数分析程序流程如图 4—10 所示。

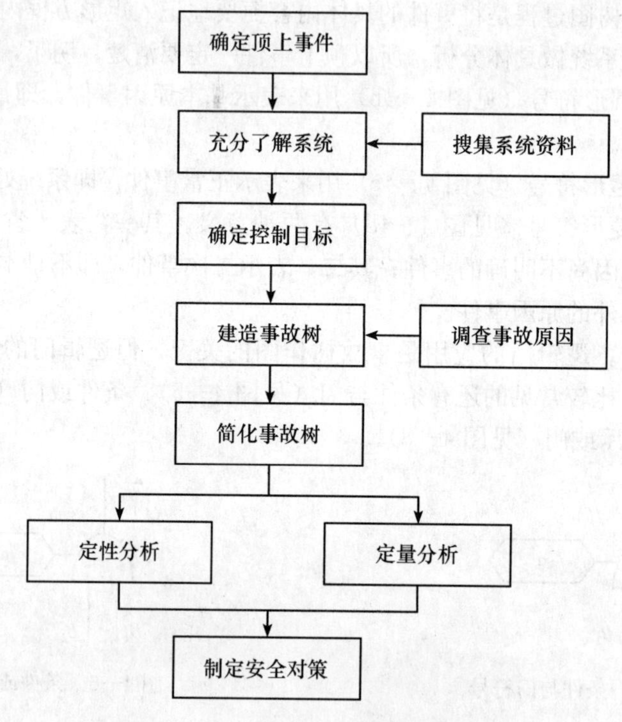

图 4—10　事故树分析程序流程图

（1）确定顶上事件。顶上事件是不希望发生的事件（事故或故障），是分析的对象。顶上事件的确定是以事故调查为基础的。事故调查的目的主要是查清事实，因为原因是基于事实而导出的。通过事故统计，在众多的事故中筛选出主要分析对象及其发生概率。

（2）充分了解系统。生产系统是分析对象（事故）的存在条件，要对系统中人、物、管理及环境四大组成因素进行详细的了解。

（3）确定控制目标。依据事故统计所得出的事故发生概率及事故的严重程度，确定控制事故发生的概率目标值。

（4）调查事故原因。从系统中的人、物、管理及环境缺陷中，寻求构成事故的原因。在构成事故的各种因素中，既要重视有因果关系的因素，也要重视有相关关系的因素。

(5) 建造事故树。在认真分析顶上事件、中间关联事件及基本事件关系的基础上，按照演绎（推理）分析的方法逐级追究原因，将各种事件用逻辑符号连接，构成完整的事故树。事故树的建树原则见表 4—7。

表 4—7　　建树原则

故障事件的表述	①把故障的描述写入事件框和事件圈内 ②对部件和部件的故障类型都要准确描述，表述的文字尽可能准确
故障事件分析	分析故障事件时，提出问题“某设备故障、破坏能够构成这一故障事件吗?”若答“是”，则将该故障归为“设备故障”类；反之，则归为“系统故障”类 如果属于“设备故障”类事件，就用“或门”，并寻找可能导致该事件发生的“主故障破坏”“副故障破坏”和“指令性故障破坏”。如果某故障事件是“系统故障”类事件，则只寻找此故障事件的原因即可
无奇迹	若正常工作的设备也能传递故障，使故障继续延伸，应认为设备功能是正常的。绝不能幻想某些设备的故障破坏会奇迹般的完全被阻断
完成门	①对其他门进行下一步分析之前，必须对该门的全部输入加以完善定义解释 ②对于简单的故障类型而言，应逐级完善其故障树
禁门	一个门不得直接与其他门相连，即门只能与故障事件直接相连，门与门不能直接连接

(6) 简化事故树。利用布尔代数法简化事故树，去掉明显的逻辑多余事件和明显的逻辑多余门，用相同转移符号表示相同子树，用相似转移符号表示相似子树。

(7) 定性分析。依据事故树列出逻辑表达式，求得构成事故的最小割集和防止事故发生的最小径集，确定出各基本事件的结构重要度排序。

(8) 定量分析。依据各基本事件的发生概率，求解顶上事件的发生概率。在求出顶上事件发生概率的基础上，求解各基本事件的概率重要度及临界重要度。

(9) 制定安全对策。依据上述分析结果及安全投入的可能，寻求降低事故概率的最佳方案，以达到预定概率目标。

4. 事故树定性分析

(1) 最小割集。导致顶上事件发生的基本事件的集合，也就是说，在事故树中，一组基本事件能够引起顶上事件发生，这组基本事件就称为割集。最小割集是导致顶上事件发生的最低限度的基本事件的集合。

最小割集的求解法有多种，常用的有布尔代数化简法和行列法。

1) 布尔代数化简法。布尔代数化简法也叫逻辑化简法，其方法是根据布尔代数运算及化简法则来进行的。实践表明，事故树经过化简得到若干交集的并集，每个交集实际上就是一个最小割集。布尔代数基本运算规律如下：

①结合律：$(A+B)+C=A+(B+C)$

$$(A\cdot B)\cdot C=A\cdot(B\cdot C)$$

②交换律：$A+B=B+A$

$$A\cdot B=B\cdot A$$

③分配律：$A\cdot(B+C)=A\cdot B+A\cdot C$

$$A+(B\cdot C)=(A+B)\cdot(A+C)$$

④互补律：$A+\overline{A}=1$

$$A\cdot\overline{A}=0$$

⑤对偶律：$\overline{\overline{A}}=A$

⑥重叠律：$A\cdot A=A$

$$A+A=A$$

⑦吸收律：$A+\overline{A}B=A+B=B+\overline{B}A$

$$A+AB=A$$

$$A\cdot(A+B)=A$$

⑧德·摩根定理：$\overline{A+B}=\overline{A}\overline{B}$

$$\overline{AB}=\overline{A}+\overline{B}$$

［例］用布尔代数化简法求图 4—11 所示的事故树的最小割集。

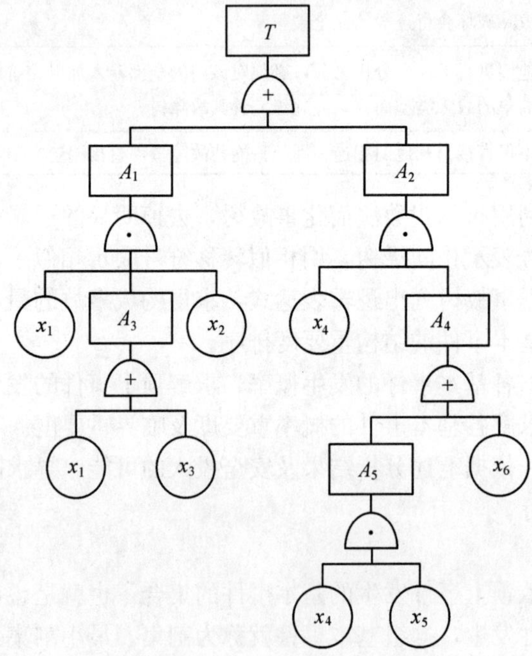

图 4—11　事故树示意图

$$\begin{aligned}T&=A_1+A_2\\&=x_1A_3x_2+x_4A_4\\&=x_1\ (x_1+x_3)\ x_2+x_4\ (A_5+x_6)\\&=x_1x_1x_2+x_1x_3x_2+x_4\ (x_4x_5+x_6)\\&=x_1x_2+x_1x_2x_3+x_4x_4x_5+x_4x_6\\&=x_1x_2+x_4x_5+x_4x_6\end{aligned}$$

可得事故树的最小割集为：$\{x_1,\ x_2\}$，$\{x_4,\ x_5\}$，$\{x_4,\ x_6\}$。

2）行列法。行列法也称为福塞尔法。其理论依据是：与门使割集的大小（即割集内包含的基本事件的数量）增加，而不增加割集的数量；或门使割集的数量增加，而不增加割集的大小（即不增加割集内的基本事件数目）。

求取最小割集时，首先从顶上事件开始，用下一层事件代替上一层事件，把与门连接的事件横向列出，把或门连接的事件纵向排开。这样逐层向下，直到各基本事件，列出若干行，最后再用布尔代数化简，其结果就为最小割集。

［例］以图 4—11 为例，用行列法求最小割集。

$$T \xrightarrow{\text{或门}} \begin{cases} A_1 \xrightarrow{\text{与门}} x_1A_3x_2 \xrightarrow{\text{或门}} \begin{cases} x_1x_2x_1 \\ x_1x_2x_3 \end{cases} \\ A_2 \xrightarrow{\text{与门}} x_4A_4 \xrightarrow{\text{或门}} \begin{cases} x_4A_5 \xrightarrow{\text{与门}} x_4x_4x_5 \\ x_4x_6 \end{cases} \end{cases}$$

$$T=x_1x_2+x_4x_5+x_4x_6$$

所以最小割集为：$\{x_1, x_2\}$，$\{x_4, x_5\}$，$\{x_4, x_6\}$。

（2）最小径集。若某些基本事件的集合不发生，则顶上事件也不发生，就把这组基本事件的集合称为径集。最小径集是指使顶上事件不发生的最低限度的基本事件的集合。

求最小径集是利用它与最小割集的对偶性，首先做出与事故树对偶的成功树。也就是把原来事故树的与门换成或门，或门换成与门，各类事件发生换成不发生，然后利用上面介绍的方法即行列法或布尔代数化简法，求出成功树的最小割集，就是原故障树的最小径集。在此不再赘述。

（3）结构重要度分析。结构重要度分析是从事故树结构上分析各基本事件的重要程度，即在不考虑各基本事件的发生概率，或者说假定各基本事件的发生概率都相等的情况下，分析各基本事件的发生对顶上事件发生所产生的影响程度，一般用 $I_\Phi(i)$ 表示。基本事件的结构重要度越大，它对顶上事件的影响程度就越大；反之亦然。

结构重要度分析可采用两种方法：一种是求结构重要系数，以系数大小排列各基本事件和重要顺序；另一种是利用最小割集或最小径集判断系数的大小，排出顺序。前者较精确，但系统中基本事件较多时显得特别麻烦、烦琐；后者较简单，但不够精确。不过，在目前事故树分析大都停留在定性分析阶段的情况下，还是可以满足需要的。故在此简要介绍利用最小割集或最小径集进行分析的方法。

1）最小割集或最小径集排列法。采用此法时，可遵循以下原则处理：

①仅在同一个最小割（径）集中出现的所有基本事件，而且在其他最小割（径）集中不再出现，则该割（径）集中，所有基本事件的结构重要度相等。如最小割集 $K_1=\{x_2, x_3\}$，$K_2=\{x_4, x_5, x_6\}$，则根据此条原则：

$$I_\phi(2)=I_\phi(3), I_\phi(4)=I_\phi(5)=I_\phi(6)$$

②当最小割集中包含的基本事件的个数相等时，在最小割集中重复出现的次数越多的基本事件，其结构重要度就越大；重复出现的次数越少的基本事件，其结构重要度就越小；出现的次数相等，则结构重要度相等。

［例］某事故树的 4 个最小割集分别为：

$K_1=\{x_1, x_2, x_3, x_8\}$，$K_2=\{x_1, x_3, x_4, x_8\}$，$K_3=\{x_1, x_4, x_6, x_8\}$，

$K_4=\{x_1, x_5, x_7, x_8\}$，则根据此原则：

各基本事件在最小割集中出现的次数见表 4—8。

表 4—8　　某事故树基本事件最小割集出现次数统计表

基本事件	x_1	x_2	x_3	x_4	x_5	x_6	x_7	x_8
基本事件出现总次数	4	1	2	2	1	1	1	4

所以 $I_\phi(1)=I_\phi(8)>I_\phi(3)=I_\phi(4)>I_\phi(2)=I_\phi(5)=I_\phi(6)=I_\phi(7)$

③当最小割集中基本事件的个数不等时，基本事件个数少的割集中的基本事件结构重要度比基本事件个数多的割集中的基本事件结构重要度大。

［例］某事故树的 3 个最小割集分别为：

$$K_1=\{x_1\}, K_2=\{x_2, x_3\}, K_3=\{x_4, x_5, x_6\}$$

则根据此原则：$I_\phi(1)>I_\phi(2)=I_\phi(3)>I_\phi(4)=I_\phi(5)=I_\phi(6)$

2）简易算法。给每一个最小割（径）集都赋值 1，而最小割（径）集中每个基本事件都得到相同的一份，然后每个基本事件积累其得分，按其得分多少，排出结构重要度的顺序。

［例］某事故树的 3 个最小割（径）集分别为：$K_1=\{x_1\}$，$K_2=\{x_2, x_3\}$，$K_3=\{x_4, x_5, x_6\}$ 求各个基本事件的结构重要度。

解：令 $x_1=1$，$x_2=x_3=\frac{1}{2}$，$x_4=x_5=x_6=\frac{1}{3}$，

则 $I_\phi(1)>I_\phi(2)=I_\phi(3)>I_\phi(4)=I_\phi(5)=I_\phi(6)$

3）利用最小割集确定基本事件结构重要度的几个近似计算公式。若最小割集确定后，则可依据下述几个公式求出某基本事件的结构重要度系数，然后依据其系数值的大小进行排列。

①近似计算式（一）

$$I_\phi(i)=\frac{1}{K}\sum_{j=1}^{K}\frac{1}{n_j} \tag{4—1}$$

式中　K——最小割集总数；

n_j——基本事件 i 位于 K_j 的基本事件树，$j\in K_j$。

②近似计算式（二）

$$I_\phi(i)=\sum_{x_i\in K_j}\frac{1}{2^{n_j-1}} \tag{4—2}$$

式中　$I_\phi(i)$——第 i 个基本事件的结构重要度；

$x_i\in K_j$——包含基本事件 x_i 的每一个最小割集；

n_j——基本事件 x_i 所在的最小割集 K_j 中的基本事件的个数。

③近似计算（三）

$$I_\phi(i)=1-\prod_{x_i\in K_j}\left(1-\frac{1}{2^{n_j-1}}\right) \tag{4—3}$$

式中　n_j——基本事件 x_i 所在的最小割集 K_j 中的基本事件的个数；

$\prod$ ——数学运算符号，表示逻辑乘。

5. 事故树定量分析

事故树定量分析包括顶上事件发生概率计算、概率重要度及临界重要度计算。

（1）事故树顶上事件发生概率计算

1）逐级向上推算法

①当各基本事件均是独立事件时，凡是与门连接的地方，可用几个独立事件逻辑积的概率计算公式计算：

$$Q(T) = \prod_{i=1}^{n} q_i \tag{4—4}$$

式中　$Q(T)$ ——顶上事件发生概率；

q_i——基本事件发生概率。

②当各基本事件均是独立事件时，凡是或门连接的地方，可用几个独立事件的逻辑和的概率计算公式计算：

$$Q(T) = \coprod_{i=1}^{n} q_i = 1 - \prod_{i=1}^{n}(1 - q_i) \tag{4—5}$$

式中　$\coprod$——数学运算符号，表示逻辑和；

$Q(T)$ ——顶上事件发生概率；

q_i——基本事件发生概率。

2）直接用事故树的结构函数式计算顶上事件发生概率。当各基本事件相互独立时，按照给定的事故树写出其结构函数表达式，根据表达式中各基本事件的逻辑关系，可直接计算出顶上事件的发生概率。

3）利用最小割集计算顶上事件的发生概率。在事故树的定性分析中，已叙述了最小割集的概念和计算方法，这里仅介绍应用最小割集求解顶上事件发生概率的方法。

假定事故树有 r 个最小割集 K_j，则对于各最小割集，可定义如下函数：

$$K_j(x) = \prod_{x_i \in K_j} x_i \tag{4—6}$$

式中　i——基本事件序数；

j——最小割集序数；

$x_i \in K_j$——第 i 个基本事件属于第 j 个最小割集。

其他符号意义同前。

由于最小割集与基本事件是用与门连接的，而顶上事件与最小割集是用或门连接的，所以结构函数为：

$$\varphi(x) = \coprod_{j=1}^{r} \dot{K}_j(x_i) \coprod_{j=1}^{r} \prod_{x_i \in K_j} x_i \tag{4—7}$$

式中　r——最小割集的个数。

其他符号意义同前。

这个结构函数 $\varphi(x)$ 实际表示了用或门连接着 r 个最小割集的事故树。

由于基本事件 x_i 发生的概率 q_i 是 $x_i=1$ 的概率，顶上事件发生的概率 $Q(T)$ 是 $\varphi(x)=1$

的概率，所以，如果在各最小割集中没有重复的基本事件，且各基本事件相互独立时，则顶上事件发生的概率函数可以表示为：

$$Q(T)=\coprod_{j=1}^{r}\prod_{x_i\in k_i}q_i \tag{4—8}$$

按此式就可计算出顶上事件的发生概率。

如果事故树的各最小割集中有重复事件，则上式不能成立。这时须将上式展开，按布尔代数等幂解消去概率因子中的重复因子，方可计算。

计算各最小割集彼此有重复事件的一般公式为：

$$Q(T)=\sum_{j=1}^{r}\prod_{x_i\in K_j}q_i-\sum_{1\leqslant j\ll r}\prod_{x_i\in K_j\cup K_s}q_i+\cdots+(-1)^{r-1}\prod_{x_i\in K_j}q_i \tag{4—9}$$

式中 j，s——最小割集的序数；

$\sum\limits_{j=1}^{r}$——求 K 项代数和；

$x_i\in K_j\cup K_s$——第 i 个基本事件 x_i，可属于第 j 个最小割集，或属于第 s 个最小割集；

$\sum\limits_{1\leqslant j<s\ll r}\prod\limits_{x_i\in K_j\cup K_s}$——属于任意两个不同最小割集的基本事件概率积的和。

4）利用最小径集计算顶上事件发生概率。用最小径集表示事故树等效图时，顶上事件与最小径集是用与门连接的，而各个最小径集与基本事件是用或门连接的，当事故树最小径集数为 P，各最小径集彼此无重复事件且相互独立时，则顶上事件发生的概率 $Q(T)$ 可表示为：

$$Q(T)=\sum_{j=1}^{r}\coprod_{xj\in K_j}q_i=\prod_{j=1}^{p}\left[1-\prod_{x_i\in p_j}(1-q_i)\right] \tag{4—10}$$

若各最小径集彼此有重复事件，则须将上式展开，用布尔代数等幂解消去概率积中的重复因子，方可进行计算，其计算的一般公式为：

$$Q(T)=1-\sum_{j=1}^{p}\prod_{x_i\in p_j}(1-q_i)+\sum_{1\leqslant j\ll r}\prod_{x_i\in p_j\cup p_s}(1-q_i)-\cdots+(-1)^{p}\prod_{\substack{j=1\\x_i\in p_j}}^{p}(1-q_i) \tag{4—11}$$

式中 j，s——最小径集的序数；

p——最小径集个数；

$\prod\limits_{x_i\in p_j}(1-q_i)$——表示第 j 个最小径集中所有基本事件都不发生的概率积；

$\sum\limits_{1\leqslant j<s\ll r}\prod\limits_{x_i\in p_j\cup p_s}$——表示任意两个不同最小径集的基本事件都不发生的概率积的代数和；

$x_i\in p_j\cup p_s$——表示第 i 个基本事件或属于第 j 个最小径集或属于第 s 个最小径集。

5）近似计算方法。在事故树分析中，若系统包括的逻辑门和基本事件达到数百个或更多，其分析和计算都较困难，此时，可使用近似的计算方法。这种方法既能保证适当的精度，又可省时、省力，因此近似计算法被广泛应用于计算顶上事件的发生概率。

近似计算算法有多种，现简要介绍 3 种：

①首项近似法。根据由最小割集计算顶上事件发生概率的式（4—9），可设：

$$F_1 = \sum_{j=1}^{r} \prod_{x_i \in K_j} q_i$$

$$F_2 = \sum_{1 \leqslant j < s \leqslant r} \prod_{x_i \in K_j \cup K_s} q_i$$

$$F_K = \prod_{x_i \in K_j} q_i$$

则式（4—9）可改写为：

$$Q(T) = F_1 - F_2 + \cdots + (-1)^{r-1} F_K \tag{4—12}$$

一般来说，由于 $F_1 \gg F_2$，$F_2 \gg F_3$，…，所以，求出第一项 F_1，就可近似地当做顶上事件的发生概率，即

$$Q(T) \approx F_1 = \sum_{j=1}^{r} \prod_{x_i \in K_j} q_i \tag{4—13}$$

用这种方法时，若还想精确些，则可继续求出 F_2，F_3，…，F_K，直到认为已经达到所需精度为止。

②求近似区间。根据由最小割集计算顶上事件发生概率的公式，也可得出如下不等式：

$$Q(T) < F_1$$

$$Q(T) > F_1 - F_2$$

$$Q(T) < F_1 - F_2 + F_3$$

由此可见，按 F_1，$F_1 - F_2$，$F_1 - F_2 + F_3$ 顺序地给出了顶上事件 $Q(T)$ 发生概率的上限和下限，因此，顶上事件发生的概率可近似为：

$$Q(T) \approx F_1 - \frac{1}{2} F_2 \tag{4—14}$$

当然，所求的项数越多，则越逼近顶上事件发生概率的精确值，也就逐次得到任意精度的近似区间，即：

$$F_1 > Q(T) > (F_1 - F_2)$$

$$(F_1 - F_2) < Q(T) < (F_1 - F_2 + F_3)$$

$$\cdots$$

这样，随着计算项数的增加，而得到两条逐渐逼近精确值，并最后交于精确值的曲线，如图 4—12 所示，其中横坐标表示计算项数，纵坐标表示概率。

需要说明的是，该近似法仅适用于利用最小割集计算顶上事件发生概率的情况。一般当基本事件发生概率值 $q_i < 0.01$ 时，采用 $Q(T) \approx F_1 - \frac{1}{2} F_2$ 可得到较为精确的近似值。

③独立近似法。这种近似算法是基于把事故树各最小割集间共同的基本事件视为无共同的基本事件，即认为各最小割集是相互独立的，这样就可以用代数积代替概率积，用代数和代替概率和。其计算公式为：

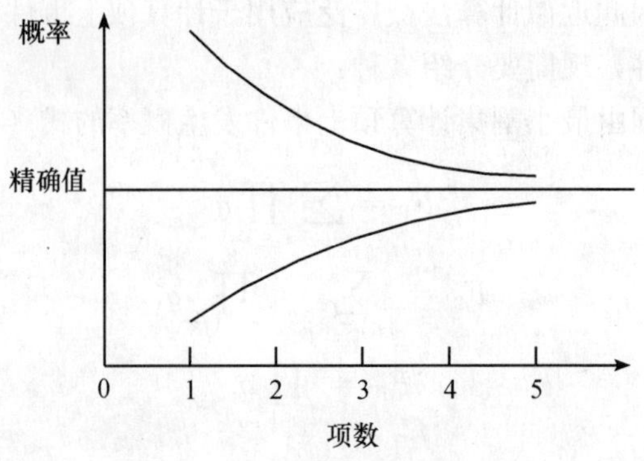

图 4—12　顶上事件发生概率的范围

$$Q(T) \approx \sum_{j=1}^{K} \prod_{x_i \in p_j} q_i \tag{4—15}$$

$$Q(T) \approx \sum_{j=1}^{p} \prod_{x_i \in p_j} q_i \tag{4—16}$$

通常按式（4—15）计算较简单，可以得到顶上事件发生概率的最大值，且能较好地接近精确值；而按式（4—16）计算，偏差较大些。因此，在系统中，当事故树各最小割集包含的共同事件少，各基本事件的概率值较小时，可以用独立近似法进行计算。

（2）概率重要度。基本事件发生概率变化引起顶上事件发生概率变化的程度称为概率重要度，用符号 I_g（i）表示。由于顶上事件发生概率 Q（T）函数是一个多重线性函数，只要对自变量 q_i 求一次偏导，就可得到该基本事件的概率重要度系数，即：

$$I_g(i) = \frac{\partial Q(T)}{\partial q_i} \tag{4—17}$$

概率重要度系数反映基本概率事件概率的增减对顶上事件发生概率影响的敏感度；通过概率系数可以知道众多基本事件中，减少哪个基本事件发生的概率就可以有效地降低顶上事件发生的概率。

（3）临界重要度。临界重要度系数是指某个基本事件发生概率的变化率引起顶上事件发生概率的变化率，它是从敏感度和概率双重角度衡量各基本事件的重要程度。因此，它比概率重要度更合理，更具有实际意义。其定义式为：

$$I_C(i) = \frac{\partial \ln Q(T)}{\partial \ln q_i} = \frac{\partial Q(T)}{Q(T)} / \frac{\partial q_i}{q_i} \tag{4—18}$$

它与概率重要度 I_g（i）的关系为：

$$I_C(i) = I_g(i)\frac{q_i}{Q(T)} \tag{4—19}$$

当所有基本事件的发生概率都等于$\frac{1}{2}$时，概率重要度系数等于结构重要度系数，即 I_g（i）$=I_C$（i）。

从事故树的结构上看，距离顶上事件越近的层次，其危险性越大。换一个角度来看，如果监测保护装置越靠近顶上事件，越能起到多层次的保护作用。

在逻辑门结构中，与门下面所连接的输入事件必须同时全部发生才能有输出，因此，它能起到控制作用。或门下面所连接的输入事件，只要其中有一个事件发生，就有输出，因此，或门相当于一个通道，不能起到控制作用。可见事故树中或门越多，危险性也就越大。

6. 优缺点适用范围

优点：通过逻辑推理的方法，对导致事故的各种原因、各原因之间的相互关系进行逐层分析，最终确定出导致事故的基本事件的组合。用特有的符号表示出各个事件之间的逻辑关系，从而为避免和减少事故的发生、改进和完善系统提供依据。便于查明系统内固有的或潜在的各种危险因素，及这些因素对导致事故发生的影响程度。通过直观、简洁的树图，便于管理人员、作业人员和培训人员全面了解和掌握各项防灾要点。便于进行逻辑运算，既能进行定性评价，又能进行定量分析，通过分析计算获得有效的参数，可以为系统的安全性和可靠性分析提供数据支持。

缺点：事故树分析方法步骤较多，计算起来比较复杂；国内数据资源储备较少，定量分析的进行还需要进一步完善。

适用条件：故障树是安全系统工程中的重要分析方法之一，它不仅能分析出事故的直接原因，而且能深入提示事故的潜在原因，因此在工程或设备的设计阶段、在事故查询或新的操作方法编制时，都可以使用 FTA 对它们的安全性做出评价。事故树分析适用于多环节事件或多重保护系统的危险性分析，以及系统的可靠性分析。同时，也可用于事故分析、安全评价以及设备故障诊断与检修表的制定。进行事故树分析的过程，是对系统进行深入认识的过程，可以加深对系统的理解和熟悉，找出薄弱环节，并加以解决，避免事故发生。

六、作业条件危险性评价法

1. 概述

作业条件危险性评价法（LEC 法）是一种简单易行地评价人员在具有潜在危险性的作业环境中的危险性的半定量评价方法。这是一种以打分的形式，来判定危险程度的方法。K. J. 格雷厄姆（K. J. Graham）和 G. F. 金尼（G. F. Kinney）认为影响危险性的主要因素一般有 3 个：

（1）发生事故或危险事件的可能性。

（2）暴露于这种危险环境的情况。

（3）事故一旦发生可能产生的后果。

用这 3 个因素指标值之积来评价系统风险性的大小，将所得的作业危险性数值与规定的作业危险性等级相比较，从而确定作业条件的危险程度。

2. 分析过程

要获得上述 3 个因素的准确数据十分不易，而且是一个相当烦琐的过程，因此，为了简化评价过程，采取了半定量计算法。将作业条件的危险程度的 3 个要素分别赋予不同的分值，用 3 个分值的乘积来评价作业条件危险性的大小。用公式表示，则为：

$$D=L\times E\times C \qquad (4—20)$$

式中　L——事故或危险事件发生的可能性，见表 4—9；

E——暴露于危险环境的频率，见表 4—10；

C——发生事故或危险事件的可能结果，见表 4—11；

D——作业条件的危险性，见表 4—12。

表 4—9　　事故发生的可能性（L）

分数值	事故发生的可能性
10	完全可以预料
6	相当可能
3	可能，但不经常
1	可能性小，完全意外
0.5	很不可能，可以设想
0.2	极不可能
0.1	实际不可能

表 4—10　　人员暴露于危险环境的频繁程度（E）

分数值	事故发生的可能性
10	连续暴露
6	每天工作时间内暴露
3	每周一次，或偶然暴露
2	每月一次暴露
1	每年几次暴露
0.5	非常罕见地暴露

表 4—11　　发生事故产生的后果（C）

分数值	事故发生的可能性
100	大灾难，许多人死亡
40	灾难，数人死亡
15	非常严重，一人死亡
7	严重，重伤
3	重大，致残
1	引人注目，需要救护

表 4—12　　根据风险值 D 进行风险等级划分

分数值	风险级别	危险程度
>320	1 级	极其危险，不能继续作业
160～320	2 级	高度危险，要立即整改
70～160	3 级	显著危险，需要整改
20～70	4 级	一般危险，需要注意
<20	5 级	稍有危险，可以接受

风险级别控制策划表，见表 4—13。

表 4—13　　风险级别控制策划表

风险级别		控制措施
代号	描述	
5 级	可忽视风险	不须采取措施且不必保留文件记录
4 级	可容许风险	可保持现有控制措施，即需要另外的控制措施，但应考虑投资效果更佳的解决方案或不增加额外成本的改进措施，需要检测来确保控制措施得以维持
3 级	中度风险	应努力采取措施降低风险，但应仔细测定并限定预防成本，并应在规定的时间期限内实施风险减少措施，如现有条件不具备，可考虑长远措施和当前简易控制措施。在中度风险与严重伤害后果相结合的场合，必须进行进一步评价，以更准确地确定伤害的可能性，确定是否需要改进控制措施，是否要制定目标和管理方案来降低风险
2 级	重大风险	直至风险降低后才能开展工作。为降低风险有时必须配备大量的资源。当风险涉及正在进行中的工作时，就应采取应急措施。应制定目标和管理方案来降低风险
1 级	不可容许风险	只有当风险已降低时，才能开始或继续工作。若以无限的资源投入也不能降低风险，就必须禁止工作

上述分级是根据经验来划分的，难免带有局限性，所以在实际应用中仅作参考，在处理具体的情况时可以根据自己的经验做适当的修正，使之更加符合实际情况。当评价系统内不同作业条件的危险性以确定采取整改措施的轻重缓急时，可以把算得的危险分数直接比较，哪部分危险分数高，就应该先整改哪部分。

根据上述表格和公式可画出危险性评价模拟图，如图 4—13 所示。图中 4 条竖线分别表示危险及其 3 个主要影响因素。在这些竖线上分别按比例标出了分值点及相应情况。使用时

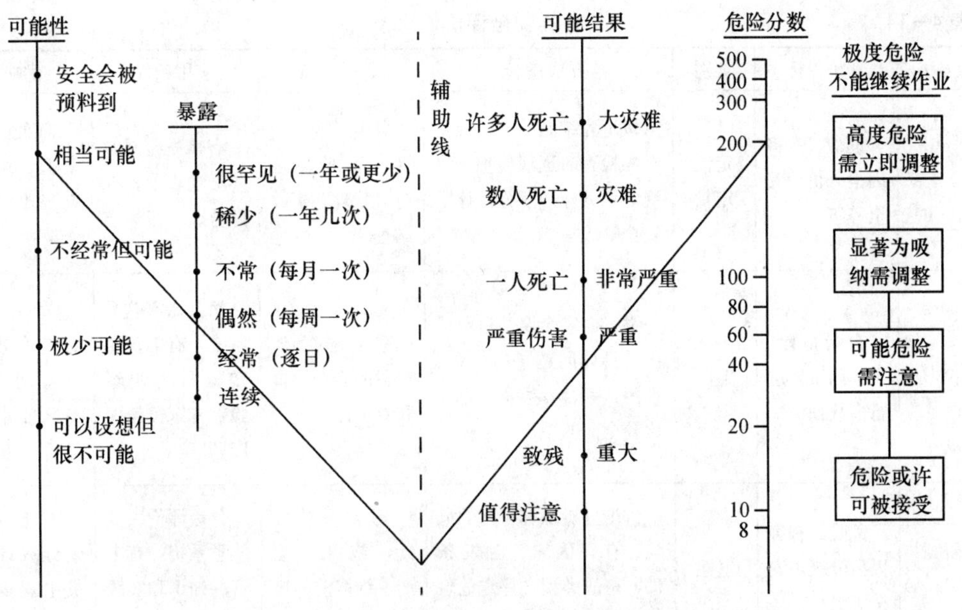

图 4—13　生产作业条件危险性评价模拟图

按各因素情况，在图上找出相应点，再通过这些点画出两条直线，最后与危险分值线的交点即为求解的结果。

3. 优缺点及适用范围

（1）优点。作业条件危险性评价法评价人们在某种具有潜在危险的作业环境中进行作业的危险程度，该方法简单易行，便于工作人员掌握，容易在企业内部进行，操作起来也比较容易，危险程度级别划分比较清楚、醒目。合理应用该评价法对化工装置中的一些部位或某项作业进行评价，有利于整改措施的制定与实施。

（2）缺点。此方法只能定性不能定量，方法中影响危险性因素的分数值主要是根据经验来确定的，因此具有一定的主观性和局限性。

（3）适用范围。该方法适用于评价在某种具有潜在危险的作业环境中进行作业的危险程度，由于方法本身具有局限性，因此，一般用于企业作业现场的局部性评价，不能普遍适用于整体、系统的完整的评价。

第二节　安全评价方法选择

一、常用安全评价方法比较

各种评价方法都有各自的特点和适用范围，在应用时应根据评价对象的特点、具体条件和需要以及评价目标分析和比较，慎重选用。必要时，根据实际情况，可同时选用几种评价方法对同一评价对象进行评价，互相补充、分析、综合，相互验证，以提高评价结果的准确性。在表 4—14 中大致归纳了一些评价方法的评价目标、特点、适用范围、应用条件、优缺点等，供选择安全评价方法时参考。

表 4—14　　各类安全评价法比较

评价方法	评价目标	类别	方法特点	适用范围	应用条件	优缺点
安全检查表	危险、有害因素分析，安全等级	定性 定量	按事先编制的有标准要求的检查表逐项检查，按规定赋分标准赋分，评定安全等级	各类系统的设计、验收、运行、管理、事故调查	有事先编制的各类检查表，有赋分、评级标准	简便、易于掌握、编制检查表难度及工作量大
专家评议法	分析危险、有害因素，进行事故预测	定性	举行专家会议，对所提出的具体问题进行分析、预测，综合专家意见得出比较全面的结论	适合于对类似装置的安全评价和专项评价	相关专家熟悉系统，有丰富的知识和实践经验，专家覆盖面广	简单易行，比较客观，十分有用，但对专家要求比较高
预先危险性分析（PHA）	危险、有害因素分级，安全等级	定性	讨论分析系统存在的危险、有害因素、触发条件、事故类型，评定危险性等级	各类系统设计，施工、生产、维修前的概略分析和评价	分级评价人员熟悉系统，有丰富的知识和实践经验	简便易行，受分级评价人员主观因素影响

续表

评价方法	评价目标	类别	方法特点	适用范围	应用条件	优缺点
故障类型和影响分析（FMEA）	故障（事故）原因，影响程度，等级	定性	列表、分析系统（单元、元件）故障类型、故障原因、故障影响、评定影响程度等级	机械电气系统、局部工艺过程，事故分析	评价人员熟悉系统，有丰富的知识和实践经验	较复杂、详尽，受评价人员主观因素影响
事件树（ETA）	事故原因，触发条件，事故概率	定性定量	归纳法，由初始事件判断系统事故原因及条件内各事件概率，计算系统事故概率	各类局部工艺过程、生产设备、装置事故分析	熟悉系统、元素间的因果关系，有各事件发生概率数据	简便、易行，受分析评价人员主观因素影响
事故树（FTA）	事故原因，事故概率	定性定量	演绎法，由事故和基本事件逻辑推断事故原因，由基本事件概率计算事故概率	宇航、核电、工艺、设备等复杂系统事故分析	熟练掌握方法和事故、基本事件间的联系，有基本事件概率数据	复杂、工作量大、精确，故障树编制有误时易失真
作业条件危险性评价	危险性等级	定性半定量	按规定对系统的事故发生可能性、人员暴露状况、危险程度赋分，计算后评定危险性等级	各类生产作业条件	赋分人员熟悉系统，对安全生产有丰富知识和实践经验	简便、实用，受分析评价人员主观因素影响
道化学公司法（DOW）	火灾、爆炸危险性等级，事故损失	定量	根据物质、工艺危险性、发生可能性、人员暴露状况、危险程度赋分，计算后评定危险性等级	生产、储存、处理燃、爆、化学活泼性、有毒物质的工艺过程及其他有关工艺系统	熟练掌握方法、熟悉系统、有丰富知识和良好的判断能力，须有各类企业装置经济损失标准值	大量使用图表、简洁明了、因人而异，只能对系统整体做出宏观评价
帝国化学公司蒙德法（MOND）	火灾、爆炸、毒性及系统整体危险性等级	定量	由物质、工艺、毒性、布置危险计算采取措施前后的火灾、爆炸、毒性和整体危险性指数，评定各类危险性等级	生产、储存、处理易燃、易爆、化学活泼性强、有毒物质的工艺过程及其他有关工艺系统	熟练掌握方法、熟悉系统、有丰富知识和良好的判断能力	大量使用图表、简洁明了、因人而异，只能对系统整体做出宏观评价
日本劳动省六阶段法	危险性等级	定性定量	检查表法定性评价，评点法定量评价，采取措施，用类比资料复评、1级危险性装置用ETA、FTA等方法再评价	化工厂和有关装置	熟悉系统、掌握有关方法、具有相关知识和经验，有类比资料	综合应用几种办法反复评价，准确性高，工作量大

续表

评价方法	评价目标	类别	方法特点	适用范围	应用条件	优缺点
单元危险性快速排序法	危险性等级	定量	由物质、毒性系数、工艺危险性系数计算火灾爆炸指数和毒性指标，评定单元危险性等级	生产、储存、处理易燃、易爆、化学活泼性强、有毒物质的工艺过程及其他有关工艺系统	熟悉系统、掌握有关方法、具有相关知识经验	是DOW法的简化方法、简洁方便、易于推广
危险性与可操作性研究	偏离其原因、后果、对系统的影响	定性	通过讨论，分析系统可能出现的偏离、偏离原因、偏离后果及对整个系统的影响	化工系统、热力、水力系统的安全分析	分析评价人熟悉系统、有丰富的知识和实践经验	简便、易行，受分析评价人员主观因素影响
LEC法和MES法	生产作业条件的危险性等级	半定量	按标准模型给系统事故发生可能性、人员暴露情况、危险程度赋分，经计算评定危险等级	各类生产作业条件	熟悉系统，有生产和安全知识，实践经验	使用简单，易受主观因素的影响
MLS法	生产作业条件的危险性等级	半定量	除危险源固有危险外，综合考虑监控与控制设施后计算评定危险性等级	各类生产作业条件	熟悉系统，有生产和安全知识，实践经验	使用简单，易受主观因素的影响
化工企业评价法	危险物质加工的化工生产系统的危险等级和安全等级	半定量	根据燃烧爆炸危险性、毒物危险性、机械伤害危险性确定企业危险性指数，根据生产单元、管理安全系数确定企业安全系数。对照标准确定等级	各类化工企业	熟悉企业生产系统，有生产和安全知识，有类比资料	两指标分类，综合评价，工作量较大
易燃易爆有毒重大危险源评价法	重大危险源危险性等级	定量	从物质危险性和工艺危险性出发，分析重大危险源事故发生的原因、条件，评价事故影响范围和损失，提出预防、控制措施	生产、储运、加工易燃、易爆、有毒物质的工艺系统等	熟悉系统，有生产和安全知识，有相关数据	较为准确，计算量较大
模糊评价法	综合评价系统的危险性等级	定量	将模糊行为的因素定量化、数字化，评价整个系统的安全状况，分出危险性等级	企业、生产单位等整体系统	熟悉系统，有生产和管理方面的安全知识，有专家的评定分值数据	结果准确，权重设置受主观因素影响，计算量较大
神经网络评价法	综合评价系统的危险性	半定量	仿照人脑动态分析，知识加工学习，思维推理，及时纠错，提出安全措施的能力	企业、生产单位等整体系统	熟悉系统，有生产和管理方面的安全知识，有专家的评定分值数据	结果准确，计算推理工作量较大，应用微机

二、安全评价方法的选择原则

1. 充分性原则

充分性是指在选择安全评价方法之前，应该充分分析评价的系统，掌握足够多的安全评价方法，并充分了解各种安全评价方法的优缺点、适应条件和范围，同时为安全评价工作准备充分的资料。也就是说，在选择安全评价方法之前，应准备好充分的资料，供选择时参考和使用。选用的评价方法应比较成熟，已被实践证明其评价结果比较可靠，可真实地反映评价项目的危险程度。

2. 适应性原则

适应性是指选择的安全评价方法应该适应被评价的系统。被评价的系统可能是由多个子系统构成的复杂系统，评价的重点各子系统可能有所不同，各种安全评价方法都有其适应的条件和范围，应该根据系统和子系统、工艺的性质和状态，选择适应的安全评价方法。选用的评价方法必须与建设项目的主要危险性评价相一致。如建设项目的主要危险是火灾、爆炸，则可选择道化法、蒙德法等，若建设项目的主要危险是机械伤害，显然不能选择上述方法，可以选用事故树法、安全检查表法等进行评价。

3. 系统性原则

系统性是指安全评价方法与被评价的系统所能提供安全评价初值和边值条件应形成一个和谐的整体，也就是说，安全评价方法获得的可信的安全评价结果，是必须建立在真实、合理和系统的基础数据之上的，被评价的系统应该能够提供所需的系统化数据和资料。

4. 针对性原则

针对性是指所选择的安全评价方法应该能够提供所需的结果。由于评价的目的不同，需要安全评价提供的结果可能是危险有害因素识别、事故发生的原因、事故发生概率、事故后果、系统的危险性等，安全评价方法能够给出所要求的结果才能被选用。

5. 合理性原则

在满足安全评价目的、能够提供所需的安全评价结果的前提下，应该选择计算过程最简单、所需基础数据最少和最容易获取的安全评价方法，使安全评价工作量和要获得的评价结果都是合理的，不要使安全评价出现无用的工作和不必要的麻烦。

评价方法应具有较好的可操作性。这种可操作性是指在评价人员、有关专家、现场工程技术人员之间可以达成一种共识，不同的评价人员对同一生产装置进行评价时，评价结果会基本相同，如道化法。这种可操作性也包括在进行定量评价时，可以根据现场情况、生产工艺及其他资料得到定量结果，如蒙德法、日本劳动省六阶段法等，而事故树法、事件树法、故障类型、影响和致命度分析法用于定量评价时，往往由于缺少必要的概率数据而缺乏定量评价的可操作性。

评价方法应具有一定的先进性，即在满足评价要求的同时，应选用比较先进的方法。这种先进性可以反映在评价方法的不断修改完善上，如道化法自 1964 年第一版发行以来，已进行了 6 次修改，在选用时应采用最新的版本（第七版），第七版中给出了美国消防协会最新的物质系数和物质毒性数据，显然更加先进、可靠。这种先进性也反映在评价方法上，如对化工生产中的重大危险源，可采用世界银行评价法，对易燃、易爆、毒害物质的泄漏扩散过程进行模拟，得到火灾爆炸和毒害的影响范围，可为事故预防和应急救援提供依据。

评价方法的选择可以具有多样性。不同项目可选用不同的评价方法；同一项目也可以选用不同的评价方法，或同时选用几种方法进行评价。特别是对重大危险进行评价时，为保证评价结果全面可靠，可选用多种评价方法，从不同角度同时进行评价，如用道化法、事故树法、安全检查表法同时进行评价，使宏观评价与微观评价结合起来，可以提高评价效果。每种评价方法都有其自身的优点和适用范围。但在实际应用中并不是应用某一种方法对工程项目进行评价，而是综合所有的方法，在它们中选取数种方法对项目进行综合评价，在评价过程中应看具体的情况选取较为合适的评价组合进行评价。

三、选择安全评价方法应注意的问题

选择安全评价方法时应根据安全评价的特点、具体条件和需要，针对被评价系统的实际情况、特点和评价目标，经过认真地分析、比较，必要时，要根据评价目标的要求，选择几种安全评价方法进行安全评价，互相补充、综合分析和相互验证，以提高评价结果的可靠性。在选择安全评价方法时，应该特别注意以下几方面的问题。

1. 充分考虑被评价系统的特点

根据被评价系统的规模、组成、复杂程度、工艺类型、工艺过程、工艺参数以及原料、中间产品、成品、作业环境等，选择安全评价方法。

随着被评价的系统规模、复杂程度的增大，有些评价方法的工作量、工作时间和费用相应地增加，甚至超过容许的条件，在这种情况下，有些评价方法即使很适合，也不能采用。

任何安全评价方法都有一定的适用范围和条件。如危险指数评价法一般较适用于化工类工艺过程（系统）的安全评价，故障类型和影响因素分析适用于机械、电气系统的安全评价，而故障树评价法适用于分析基本的事故致因因素等。

一般而言，对危险性较大的系统，可采用系统的定性、定量安全评价方法，工作量也较大，如故障树、危险指数评价法、TNT 当量法等。反之，可采用定性安全评价方法或直接引用分级（分类）标准进行评价，如安全检查表、直观经验法或直接引用高处坠落危险性分级标准等。

被评价系统若同时存在几类危险、有害因素，往往需要用几种安全评价方法集合分别进行评价。对于规模大、复杂、危险性高的系统，可先用简单的定性安全评价方法进行评价筛选，然后再对重点部位（设备或设施）采用系统的定性或定量安全评价方法进行评价。

2. 评价的具体目标和要求的最终结果

在安全评价中，由于评价目标不同，要求的评价最终结果是不同的，如查找引起事故的基本危险有害因素、由危险有害因素分析可能发生的事故、评价系统的事故发生可能性、评价系统的事故严重程度、评价系统的事故危险性、评价某危险有害因素对发生事故的影响程度等，需要根据被评价目标选择适用的安全评价方法。

3. 评价资料的占有情况

如果被评价系统技术资料、数据齐全，可进行定性、定量评价并选择合适的定性、定量评价方法。反之，如果是一个正在设计的系统、缺乏足够的数据资料或工艺参数不全，则只能选择较简单的、需要数据较少的安全评价方法。

4. 安全评价人员

由于安全评价人员的知识、经验、习惯不同，对安全评价方法的选择是十分重要的。

一个企业进行安全评价的目的是提高全体员工的安全意识，树立“以人为本”的安全理念，全面提高企业的安全管理水平。安全评价需要全体员工的参与，使他们能够识别出与自己作业相关的危险有害因素，找出事故隐患。这时应采用较简单的安全评价方法，并且便于员工掌握和使用，同时还要能够提供危险性的分级，因此作业条件危险性分析方法或类似评价方法是适用的。

一个企业为了某项工作的需要，请专业的安全评价机构进行安全评价，参加安全评价的人员都是专业的安全评价人员，他们有丰富的安全评价工作积累，掌握很多安全评价方法，甚至有专用的安全评价软件，因此，可以使用定性、定量安全评价方法对评价的系统进行深入的分析和系统地进行安全评价。

四、选择安全评价方法的准则与过程

1. 选择安全评价方法的准则

选择安全评价方法的准则可用图 4—14 表示。

确定动机
□ 新审查
□ 再审查
□ 特殊要求

↓

确定结果类型
□ 危险表　□ 对策措施
□ 危险扫描　□ 结果优先排列
□ 问题／事故表　□ 输入供 QRA 使用

↓

辨识工艺物料
□ 物料　□ 类似经验　□ 现有工艺
□ 化学性　□ PFD 流程　□ 规程
□ 容量　□ P&IDS　□ 操作记录等

↓

确定问题的特点

复杂性／尺度
□ 简单／小
□ 复杂／大

工艺类型
□ 化学物质　□ 生物　□ 计算机
□ 物理　□ 电力　□ 人力
□ 机械　□ 电子等

操作类型
□ 固定措施　□ 运输
□ 永久地　□ 暂时的
□ 连续的　□ 半连续　□ 间歇

危险性
□ 毒性　□ 反应性
□ 易燃性　□ 放射性
□ 易爆性　□ 其他

情况／事故／有关事件
□ 单一故障　□ 功能事件的损失　□ 规程
□ 多故障　□ 工艺失常　□ 软件
□ 包含事件的损失　□ 硬件　□ 人员

↓

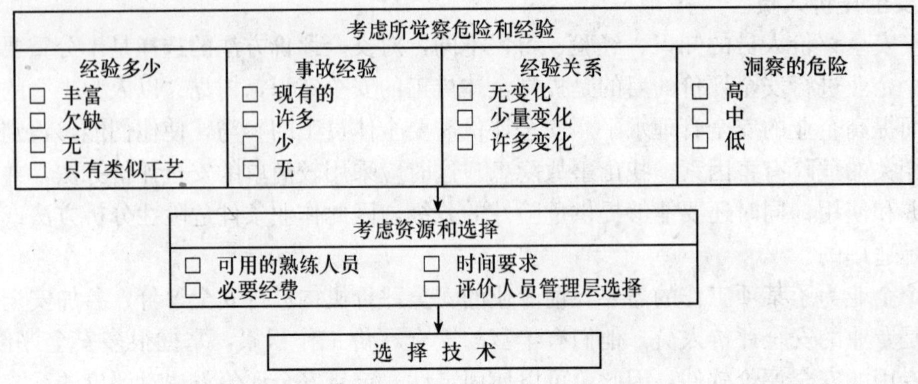

图 4—14　选择安全评价方法的准则示意图

2. 选择安全评价方法的过程

不同的被评价系统选择不同的安全评价方法，安全评价方法选择过程有所不同。

在选择安全评价方法时，应首先详细分析被评价的系统，明确通过安全评价要达到的目标，即通过安全评价需要给出哪些、什么样的安全评价结果，然后应收集尽量多的安全评价方法，将安全评价方法进行分类整理，明确被评价的系统能够提供的基础数据、工艺和其他资料，根据安全评价要达到的目标以及所需的基础数据、工艺和其他资料，选择适用的安全评价方法，如图 4—15 所示。

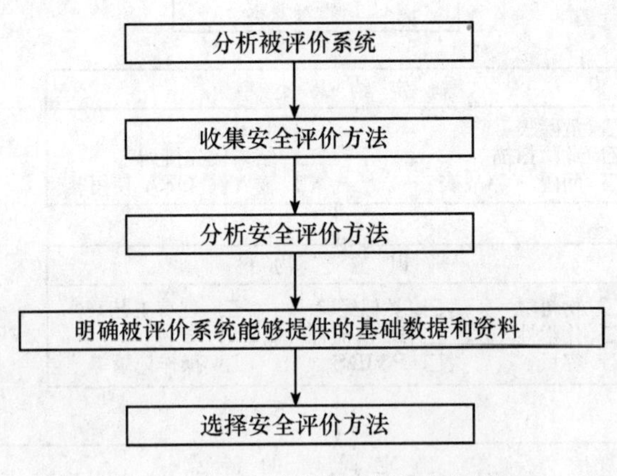

图 4—15　安全评价方法选择过程

第三节　危险、有害因素定性、定量评价

一、安全生产合法性评价

《煤矿安全评价导则》规定，煤矿建设项目安全验收评价内容应当包括：检查各类安全生产相关资质（资格）、证件、数据资料的系统性和充分性，说明是否满足安全生产法律法规和技术标准的要求；评价安全设施与有关规定、标准、规程的符合性及其确保安全生产的

可行性、可靠性；评价安全管理模式、制度的系统性和科学性，明确安全生产责任制、安全管理机构及安全管理人员、安全生产制度等安全管理相关内容是否满足安全生产法律法规和技术标准的要求及其落实执行情况；通过对煤矿的系统、开采方式、生产场所及其设施、设备的实际情况、管理状况的调查分析，查找该煤矿投产后危险、有害因素，确定其危险度；评价生产系统和辅助系统，明确是否形成了煤矿安全生产系统，提出合理可行的安全对策措施及建议。

因此，在进行煤矿安全评价特别是验收评价时，要重点对其安全生产合法性进行充分评价并给出结论。以下以某煤矿企业的安全生产合法性评价为例，对这块内容进行直接讲解。

1. 项目建设合法性

2006 年 4 月 15 日，经国家发展和改革委员会以发改能源［2006］×××号文《国家发展和改革委关于××矿区总体规划的批复》确定×××新建 1.8 Mt/a 矿井。国家发展和改革委员会以发改能源［2007］××××号文对×××矿井及选煤厂项目核准进行了批复。

2007 年，该煤矿委托×××煤炭工业设计研究院进行了矿井初步设计和安全专篇设计。2008 年 3 月，省发展和改革委员会对《矿井初步设计》（发改设计［2008］×××号）文件进行了批复。2008 年 1 月，省煤矿安全监察局对《×××集团有限责任公司×××煤矿安全设施设计》（文件号）文件进行了批复，以×××号文件对《矿井安全设施变更设计》进行了批复。

2005 年 12 月 19 日，中华人民共和国国土资源部以国土资储备字［2005］307 号下发了“关于《××省××井田煤炭勘探报告》矿产资源储量评审备案证明”，评审中心同意地质报告通过评审。

2007 年 9 月 2 日，国家安全生产监督管理总局以安监总厅煤监函［2007］×××号《关于报送×××煤矿等建设项目安全核准结果的函》，通过了对本煤矿的安全核准。

2009 年 11 月 25 日，省发展和改革委员会同省煤矿安全监察局组织专家对矿井项目系统工程联合试运转情况进行验收，认为各系统单项试运转正常，满足联合试运转各项要求。省能源局以省能源煤炭函［2009］××号《关于×××集团有限责任公司×××矿井及选煤厂联合试运转的复函》予以批复。

2. 施工合法性

各个主要生产系统以及辅助系统均是按照矿井初步设计以及安全专篇要求进行施工建设，其中初步设计有过变更，相关部门也对变更初步设计做出了批复。矿井自开工建设，到 2009 年首采工作面形成。目前矿井主要生产系统、辅助系统和生活福利设施基本建设完成，各系统的单机和系统调试已基本完成。

矿井的安全生产体系，不论是从煤矿安全设施还是从设备性能上来说，都要符合设计和安全生产要求。

3. 联合试运转合法性

2009 年 10 月 22 日，集团有限责任公司对矿井及选煤厂安全生产各大系统及联合试运转准备情况进行了全面预验收。验收认为：满足联合试运转要求，同意验收，可以进行联合试运转。

2009 年 11 月 25 日，省发展和改革委员会、省能源局、省煤矿安全监察局组织专家对矿井项目系统工程联合试运转情况进行验收，验收认为：矿井的安全系统、生产系统、辅助系统和生活福利设施已经建成，工程质量合格，各系统单项试运转正常，满足联合试运转各项要求。省发展和改革委员会以省能源煤炭函［2009］××号《关于×××集团有限责任公司××矿井项目联合试运转的复函》予以批复。2009 年 11 月 26 日，矿井正式进行联合试运转。矿井通过 2 个多月的联合试运转，矿井各大生产系统运转正常，各系统安全可靠性得到了检验和完善，能够满足安全生产的需要，生产能力能够满足设计要求。

该矿井已办理采矿许可证，证书编号。

4. 安全管理机构、人员的合法性评价

矿井建立了层级式安全管理机构，按照有关规定和要求基本配备了合格的安全技术和管理人员。矿长以及各个副矿长均有安全资格证，矿井专职安全管理人员均经过培训取得了安全资格证。

矿井有井下电钳工、主提升机司机、采煤机司机、瓦斯检查员、安检员、爆破工等工种，井下电钳工 82 人，瓦斯检查员 54 人，主提升机司机 18 人，安检员 32 人，采煤机司机 8 人，爆破工 46 人。特种作业人员均经过专业培训，通过考试取得了特种作业资格证，而且所有证件均在有效期内。对现有矿井从业人员定期进行岗位技能培训，培训效果良好。因此，矿井安全管理机构、人员符合有关法律法规规定。

5. 安全设施、设备等检测检验情况及合法性评价

（1）风机检测及合法性评价。风井安装 2 台型号均为 GAF33.5-20-1 型风机，配套电动机型号为 Y630-10，电动机功率为 1 000 kW，该矿 2 台主风机由省煤矿矿用安全产品检验中心于 2009 年 9 月 5 日检测合格。该矿主通风机具备合法性。

（2）水泵检测及合法性评价。矿井在 −650 m 水平设置了中央水泵房和水仓。中央水泵房安装了 7 台 MDS420-96×8 型水泵，流量为 420 m^3/h，扬程为 742.3 m，配防爆电动机 YB800I-4F1 型 1 600 kW、10 kV 电动机 7 台，正常涌水时 2 台工作、3 台备用、2 台检修，最大涌水时 3 台工作、4 台备用。内外水仓有效容量为 5 048 m^3。

省煤矿矿用安全产品检验中心对矿井主排水系统和水泵检验的结论为：主排水系统和 7 台水泵所检项目符合 AQ 1012—2005《煤矿在用主排水系统安全检验规范》要求。主排水泵房内 7 台水泵的检验结果见表 4—15。

表 4—15　　×××矿主排水泵检测参数

泵号	额定流量（m^3/h）	测定流量（m^3/h）	扬程（m）
1#	420	527	680.3
2#	420	512	685.3
3#	420	510	680.3
4#	420	518	680.3
5#	420	507	679.3
6#	420	517	680.3
7#	420	530	679.3

从表 4—15 中可知，主排水泵房的 7 台水泵的排水量均大于额定的排水量。虽然 7 台泵

的扬程未达到额定的扬程 742.3 m，但均高于实际需要的 673.2 m 高度（主排水泵房标高－650 m，井口标高＋23.2 m）。因此，7 台泵均满足正常排水的要求。矿井水泵、水仓以及配套电动机具有合法性。

(3) 提升机合法性评价。2008 年 3 月 11 日，省煤矿矿用安全产品检验中心对矿井副井提升机做了检验检测，2009 年 5 月 5 日，对主井提升机进行了检测检验，检测结果合格。提升机房照明设施光线充足，消防设施齐全，防护设施齐备。润滑系统、液压系统以及制动系统合格。防止过卷装置、防过速装置、限速装置、闸间隙保护装置、减速功能保护装置、滑绳保护装置、过负荷和欠压保护装置合格。信号装置和电气系统均符合要求。矿井主副提升机以及配套设施具有合法性。

(4) 压风机检测及合法性评价。2008 年 8 月 7 日，省煤矿矿用安全产品检验中心对空气压缩机进行了安全性能检验，检验结果满足矿井设计要求。该系统于 2008 年投入使用，运行状态良好。压风机具有合法性。

二、安全管理系统评价

安全管理系统的评价，是煤矿安全评价的重要内容之一。《煤矿安全评价导则》规定，煤矿建设项目安全验收评价内容应当包括：评价安全管理模式、制度的系统性和科学性，明确安全生产责任制、安全管理机构及安全管理人员、安全生产制度等安全管理相关内容是否满足安全生产法律法规和技术标准的要求及其落实执行情况。煤矿安全现状综合评价内容应当包括：评价煤矿安全管理模式对确保安全生产的适应性，明确安全生产责任制、安全管理机构及安全管理人员、安全生产制度等安全管理相关内容是否满足安全生产法律法规和技术标准的要求及其落实执行情况，说明现行企业安全管理模式是否满足安全生产的要求。

煤矿安全管理系统评价一般采用检查表法，以某矿安全评价管理系统评价部分为例，内容主要包括以下几个部分：

1. 安全管理系统评价过程

利用检查表现场调查安全管理机构的设置和配备专职安全管理人员情况，矿山救护情况，煤矿安全生产责任制、安全生产规章制度的制定和执行情况，各工种操作规程制定情况，矿井图样资料的绘制情况，采掘工作面作业规程、事故应急救援预案、矿井年度灾害预防和处理计划等安全措施，人员素质与培训情况，安全技术措施专项费用的提取、使用情况，劳动保护和职业危害的防治情况以及安全基础管理情况等，对照《煤矿安全生产基本条件规定》《煤矿安全规程》以及相关的法律、法规、规定，以评价当前煤矿安全管理模式对安全生产的适应性，对照标准，找出安全生产管理存在的问题，提出煤矿安全生产管理措施和建议。

在评价过程中，对照检查表，对矿安全监察科、生产科、管理科、通风科、机电科、人力资源科、财务科等单位所涉及的资料、记录进行了收集和查阅，并到该矿井上、下生产场所对有关制度、标准落实情况进行了检查。

2. 评价的实施

(1) 安全管理系统分析与评价。现场调查安全管理机构的设置状况，煤矿安全生产责任制、安全生产规章制度的制定和执行情况，工人及特种作业人员教育培训情况，安全技术措施专项费用的提取、使用情况，矿井灾害预防和处理计划，应急救援预案的编制和实施情况以及劳动保护和职业危害的防治情况等，对照《煤矿安全生产基本条件规定》《煤矿安全规程》以及相关的法律、法规、规定，以评价当前煤矿安全管理模式对安全生产的适应性，对照标准，找出安全生产管理存在的问题，提出煤矿安全生产管理措施和建议。

按照《煤矿安全规程》及有关法律法规，采取安全检查表法对×××煤矿的安全管理系统进行了评价，检查内容及结果见表4—16。

表4—16　安全生产管理系统安全现状综合评价检查表

项目	评价内容	评价依据	评价结果
一、安全管理机构设置	安全管理机构设置（包括矿山救护队和辅助矿山救护队设置）；煤矿企业应当设置安全生产管理机构，配备专职安全生产管理人员	1.《中华人民共和国安全生产法》第19条； 2.《煤矿企业安全生产许可证实施办法》第7条、第11条； 3.《煤矿安全规程》第4、20、493、494、499条； 4.《关于加强国有重点煤矿安全基础管理的指导意见》	1. 矿长1人，党委书记兼工会主席1人，纪委书记1人。副矿长5人（分管生产、机电、经营、后勤、选煤厂筹备），安监站长1人，总工程师1人。矿长为矿安全生产第一责任者。矿设人力资源科、党委工作科、办公室、财务科、纪检监察科、地区保卫科、经营管理科、工会、生产管理科、地质测量科、信息科技环保科、安全监察科、生活服务科共13个科室，其中管理干部（含技术人员）451人。采掘队有3个采煤队、8个掘进队、1个运输科、1个皮带科、1个通风科、1个机电科、1个运销科、1个供应科。 2. 煤矿成立了救护中队，中队长1人，副中队长1人，技术员1人，副队长2人，队员41人，队员平均年龄34周岁。队员文化程度相对较高，其中大专文化程度4人，中专文化程度16人，高中文化程度13人，其余9人均为初中文化程度。配备了正压呼吸器18台、AHY6氧气呼吸器52台和瓦斯测定仪等各种救护装备和设施，获得了江苏煤矿安全监察局4级资质认证，符合《煤矿安全规程》规定，能够满足矿井救灾的需要。 煤矿安全管理机构设置符合规定
二、管理制度	煤矿企业应当建立、健全主要负责人、分管负责人、安全生产管理人员、职能部门、岗位安全生产责任制。应当制定安全办公会议制度、安全目标管理制度、安全与经济利益挂钩制度、安全技术审批制度、安全教育与培训制度、事故隐患排查与整改制度、安全监督检查制度、入井人员管理制度、安全举报制度等安全生产规章制度；制定各工种安全操作规程。国有煤矿另需建立、	1.《煤矿企业安全生产许可证实施办法》第5条； 2.《煤矿安全规程》第3、10、309条；	1. 该矿建立了矿长、生产副矿长、经营副矿长、机电副矿长、后勤副矿长、选煤厂副矿长安全生产责任制，党委书记安全生产责任制，工会主席安全生产责任制；安监站长安全生产责任制，生产管理科长安全生产责任制，通风科长、机电科长安全生产责任制，回采、掘进、准备工区、通风区、运输区、皮带科等各基层单位安全生产责任制。还有生产管理科长岗位责任制、通风科长岗位责任制、安全科长岗位责任制、机电科长岗位责任制、人力资源科长岗位责任制等。

续表

项目	评价内容	评价依据	评价结果
二、管理制度	健全安全投入保障制度、安全质量标准化管理制度、矿用设备器材使用管理制度、矿井主要灾害预防制度、事故应急救援制度、管理人员下井及带班制度等重大危险源管理制度	3.《关于加强国有重点煤矿安全基础管理的指导意见》	2. 该矿制定了相关的煤矿21项安全管理制度，分别为安全生产责任制度、安全办公会议制度、安全目标管理制度、安全投入保障制度、安全质量标准化管理制度、安全教育与培训制度、事故隐患排查与反馈制度、安全监督检查制度、安全技术审批制度。 3. 安全办公会议制度规定每月召开一次安全办公会，各分管矿领导每月必须召开二次分管范围单位的安全生产会。参加安全办公会议人员有副总以上领导，各有关职能科室部门负责人、区队长。会议主要讨论本月安全工作情况并进行小结，安全工作中存在的问题及其解决的办法，下月安全工作要求以及各区队和科室对下一月安全工作的打算。 管理制度符合要求
三、矿井图样	煤矿应当有反映实际情况的图样，例如矿井地质和水文地质图，井上下对照图，巷道布置图，采掘工程平面图，通风系统图，井下运输系统图，安全监控装备布置图，排水、防尘、防火注浆、压风、充填、抽放瓦斯等管路系统图，井下通信系统图，井上、井下配电系统图和井下电气设备布置图，井下避灾路线图	1.《煤矿企业安全生产许可证实施办法》第13条第（六）款第13小款； 2.《煤矿安全规程》第12条	1. 矿井地质和水文地质图。 2. 井上下对照图。 3. 采掘工程平面图。 4. 通风系统图。 5. 安全监测装备布置图。 6. 排水、防尘、防火等管路系统图。 7. 井下运输系统图。 8. 井下通信系统图。 9. 井上、井下配电系统图。 10. 井下电气设备布置图。 11. 井下避灾路线图
四、安全措施	1. 煤矿有采掘工作面作业规程； 2. 煤矿有矿井年度灾害预防和处理计划、井下避灾路线标志； 3. 煤矿有事故应急救援预案； 4. 煤矿有重大危险源检测、评估、监控措施和应急预案； 5. 煤矿有其他安全措施（详见评价办法）	1.《中华人民共和国安全生产法》第17条第（二）款； 2.《煤矿企业安全生产许可证实施办法》第10条； 3.《煤矿安全规程》第9、15、49条； 4.《煤矿企业安全生产许可证实施办法》第13条第（五）款	1. 评价期间该矿井回采工作面、掘进工作面均有作业规程，规程内容基本齐全，结构较合理，规程内容和安全技术措施基本符合有关规程、规范的规定。 2. 2009年编制了矿井灾害预防与处理计划，重大灾害预防措施中有预防瓦斯事故措施、预防煤尘事故措施、预防火灾事故措施、预防顶板事故措施、预防水灾事故措施，符合该矿特点。 3. 编制了2009年矿井安全生产事故应急救援预案。预案包括方针与原则；重大危险分析、危险目标及其特性，对周围的影响；应急准备；应急响应；现场恢复；预案改进与评审和附件等内容，符合要求。 4. 该矿于2009年进行了救灾及反风演习，并编制了救灾及反风演习报告

续表

项目	评价内容	评价依据	评价结果
五、人员素质与培训	1. 煤矿企业主要负责人和安全生产管理人员的安全生产知识和管理能力应当经考核合格	1.《煤矿企业安全生产许可证实施办法》第八条； 2.《煤矿企业安全生产许可证实施办法》第 12 条； 3.《煤矿企业安全生产许可证实施办法》第 13 条第(一)款、第（二)款； 4.《煤矿安全规程》第 15 条	矿长、副矿长及其他管理人员资格证书齐全
	2. 煤矿企业应当制定特种作业人员培训计划、从业人员培训计划、职业危害防治计划； 3. 煤矿特种作业人员必须经有关业务主管部门考核合格，取得特种作业操作资格证书； 4. 煤矿从业人员必须依法进行安全生产教育和培训，并经考试合格		煤矿特种作业人员经过三级培训中心培训并已取得资格证 1 841 人次，参培率、持证率均为 100%。 该矿安全生产管理人员 133 人、特种作业人员 1 534 人、普通工种人员 2 932 人，合计 4 599 人，全部持证上岗，矿职工培训参培率、合格率、持证上岗率均达 100%，满足矿井安全生产需要
六、安全投入	煤矿企业的安全投入应当符合安全生产要求，按照有关规定提取安全技术措施专项经费	1.《煤矿企业安全生产许可证实施办法》第 6 条； 2.《煤炭生产安全费用提取和使用管理办法》（财政部 国家发展改革委 国家煤矿安全监察局文件财建［2004］ 119 号）第 3 条； 3.《关于规范煤矿维简费管理问题的若干规定》（财政部 国家发展改革委 国家煤矿安全监察局文件财建［2004］ 119 号）第 3 条	根据财政部、国家发改委、国家煤矿安全监察局三部委关于印发《煤炭生产安全费用提取和使用管理办法》和《关于规范煤矿维简费管理问题的若干规定》（财建［2004］119 号）以及（财总［2005］168 号）《关于调整煤炭生产安全费用提取标准加强煤炭生产安全费用使用管理与监督的通知》以及集团公司关于煤炭生产安全费用及煤矿维简费管理使用办法的有关规定，该煤矿安全费用的来源从实际产量按吨煤成本 12 元提取，作为矿井安全费用。安全费用由上海大屯能源股份公司统一提取，统一安排使用
七、劳动保护和职业危害防治	1. 劳动防护用品配备； 2. 自救器配备； 3. 依法参加工伤保险； 4. 职业危害防治	1.《煤矿企业安全生产许可证实施办法》第 13 条第（三）款； 2.《煤矿安全规程》第 738、739、750、11、740、741、742、743、744、745、17、152、154 条； 3.《煤矿设计规范》第 10.2.3 条	煤矿按照《省劳动防护用品配备标准》和有关标准发放劳动防护用品。 该矿参加了辖区市人力资源社会保障局的社会工伤保险、劳动工伤保险基金社会统筹。 该煤矿根据集团公司《关于做好职业卫生工作的通知》精神，制定下发了《关于做好职业卫生工作的通知》，成立了以矿长为组长的职业危害防治领导机构，制定了规章制度和奖罚办法，作业场所符合规程要求。采取建档管理、跟踪治疗等措施，杜绝严重危害职工身体健康的职业病。煤矿职业危害主要是粉尘，井下安装有防尘管路系统，采取了综合防尘措施。2009 年经检测，作业场所粉尘、噪声不超标，有效减少了各类职业病的发生

(2) 安全管理系统评价结果。×××矿按照要求建立了安全管理机构，配备了专职安全生产管理人员，主要负责人和安全管理人员通过培训考核，取得了相关证书，同时该矿制定了主要负责人、分管负责人、安全管理人员、职能部门安全生产责任制，安全管理制度依照所属的集团公司制定的制度执行；该矿按要求提取了安全技术措施专项经费，并为所有在册职工缴纳了社会工伤保险，并配备了必要的劳动保护用品；对以粉尘为主的重大危险因素进行了专项安全评估，编制了灾害预防与处理计划的通知和重大危险源（事故）应急救援预案；该矿制定了特种作业人员、从业人员和新工人的培训计划，并按计划对上述人员进行了培训或送培，特种作业人员均取得了操作资格证书；在具体安全管理制度的执行、落实，职业危害的防治等方面尚需进一步改善，不断提高煤矿安全管理水平。

综上所述，×××矿安全管理系统符合《煤矿企业安全生产许可证实施办法》要求的安全生产条件。

三、安全设施“三同时”评价

《中华人民共和国安全生产法》规定：“生产经营单位新建、改建、扩建工程项目的安全设施，必须与主体工程同时设计、同时施工、同时投入生产和使用，安全设施投资应纳入项目概算”。安全验收是对煤矿安全“三同时”完整性的检查，是煤矿安全“三同时”审查的最后一关。安全验收评价为安全验收创造基础，因此，必须对安全设施的“三同时”情况进行认真、翔实的评价和分析。

随着我国对煤矿安全生产监察力度的不断加大，安全设施的“三同时”越来越受到重视。2003 年国家安全生产监督管理局 6 号令规定：从 2003 年 7 月 1 日起，煤矿建设项目必须进行安全预评价、安全验收评价等。从制度上进一步强化了安全设施的“三同时”的重要性。以下以某矿安全设施“三同时”评价为例，了解具体评价的主要内容。

矿井设施确保安全生产可行性评价采用检查表法，根据矿井建设项目安全“三同时”完整性的检查，来确定该项目是否满足安全生产验收的条件。评价组人员根据矿井初步设计和安全专篇资料、项目建设情况以及矿井联合试运转情况进行分析评价。

1. 开采系统设施安全生产可行性评价（见表 4—17）

表 4—17　　矿井采掘系统设施安全检查表

	设计	施工	运行分析
开拓布置	该矿矿井设计采用立井开拓方式，根据开拓布置，矿井初期共布置 3 条井筒，即主井、副井和回风井。共划分二个水平，第一水平标高－650 m，第二水平标高－1 000 m	本矿井采用立井开拓方式，主井、副井和中央回风井 3 个井筒位于同一个工业场地。目前，矿井在－650 m 水平进行开拓布局，系统已经基本形成	矿井开拓方式、大巷布置方式合理，符合设计要求
井筒设置	矿井设计主井、副井和回风井 3 个井筒。后期增设 1 个西回风井，全矿井前、后期共设 4 个井筒	矿井初期共布置主井、副井和回风井 3 个井筒。主井净直径 5.0 m，装备 1 套 22 t 双箕斗，用于井下煤炭提升并兼进部分风。副井净直径 6.5 m，装备 1 套 1.5 t 双层四车 1 宽 1 窄罐笼，用于井下辅助提升和进风。中央回风井净直径 6.0 m，主要用于矿井回风	矿井井筒设置合理，符合设计要求，能够满足矿井安全生产的需要

续表

	设计	施工	运行分析
回采工作面	回采工作面设计采用综采工艺，工作面选用135架掩护式综采液压支架进行支护。超前支护采用单体液压支柱［DWX-35（31.5）或DZ-28］配铰接顶梁（HD-JA-1200）支护	采用走向长壁综合机械化一次采全高技术，全部垮落法管理顶板。首采面工作面按设计要求施工完毕，采用MG400/920-QWD型采煤机，ZY6000/18.5/38型液压支架和SGZ800/2×400型铸焊封底式刮板运输机，SZZ-800/250型桥式转载机	工作面选用的液压支架支护强度≥0.85，回采工艺符合设计要求
掘进工作面	根据矿井开拓部署及采、掘正常接替的要求，按照“以采促掘、以掘保采、采掘并举、掘进先行”的原则，通过采掘排队，矿井初期1个采区1个综采工作面生产时，需配备7个掘进工作面。其中岩巷掘进头5个，煤巷综掘头2个。采掘面头比为1∶7	现有2个煤巷掘进面，5个岩巷掘进面。分别为：风巷、机巷、东翼胶带机巷东向、东翼胶带机巷西向、东翼轨道巷、二采区回风石门、提料上山回风道	掘进工作面及设备符合安全生产要求

通过同时设计、同时施工和同时投入运行比较，矿井开采系统设施在联合试运转期间具备安全验收条件，满足安全生产需要。

2. 通风系统安全生产可行性评价（见表4—18）

表4—18　　矿井通风系统安全检查表

	设计	施工	运行效果分析
矿井通风系统	矿井通风方式采用中央并列式，抽出式通风方法	通风方式为中央并列式，通风方法为抽出式。主、副井进风，中央风井回风	2台主通风机由省煤矿矿用安全产品检验中心于2009年9月25日进行了检测，检测结果合格。矿井通风能力满足生产要求。矿井通风系统安全设施和条件基本符合设计要求。矿井永久通风系统已经形成，并于2009年8月通过了性能测试，至今运行正常。通风设施、设备运转情况符合《煤矿安全规程》和《煤矿建设工程安全设施竣工验收标准》，具备安全生产条件
	通风设备选用GAF33.5-20-1型轴流式风机2台，配备电动机功率1 000 kW，其中风机1台工作，1台备用	该矿有同等型号、能力的GAF33.5-20-1型主通风机2台，1台运转，1台备用	
	风机反风方式为调整叶片角度反风。掘进工作面采用局部通风机通风	2台风机均具有反风功能，风机房反风设施完善。该矿有完善的独立通风系统，采掘工作面实现独立通风。掘进工作面采用局扇压入式通风	

通过同时设计、同时施工和同时投入运行比较，矿井通风系统设施在联合试运转期间具备安全验收条件，满足安全生产需要。

3. 排水系统安全生产可行性评价（见表 4—19）

表 4—19　　排水系统安全检查表

	设计	施工	运行
排水系统	矿井在－650 m水平设置中央水泵房和水仓。中央水泵房安装7台MDS420×8型离心泵，流量为420 m^3/h，扬程为742.3 m。4趟ϕ325 mm排水管，配7套YB800I-4F_1型、1 600 kW、10 kV防爆型电动机，配电设备为矿用高压真空配电装置。内外水仓有效容量为5 048 m^3	中央水泵房7台水泵型号、流量、扬程、电动机等与设计变更说明书完全相同。4趟ϕ325 mm主排水管路至地面。内外水仓有效容量为5 048 m^3	中央水泵房排水系统和7台水泵经安徽煤矿矿用安全产品检验中心检测，所检项目符合AQ 1012-2005《煤矿在用主排水系统安全检验规范》要求。7台水泵的排水能力满足矿井正常涌水量和最大涌水量的要求，水泵扬程满足矿井实际排水高度673.2 m的要求（主排水泵房标高－650 m）。该系统投入使用至今运转正常。 因此，排水系统符合《煤矿安全规程》和《初步设计安全专篇》，具备安全生产条件

通过同时设计、同时施工和同时投入运行比较，矿井排水系统设施在联合试运转期间具备安全验收条件，满足矿井安全生产要求。

4. 安全监控系统安全生产可行性评价（见表 4—20）

表 4—20　　安全监控系统安全检查表

	设计	施工	运行分析
安全监控系统	地面安全监控中心站设在行政办公楼调度指挥中心，其监测主机选择2台高性能、高稳定性的P4工控机，正常运行状态下，一台为活动状态，一台为备份状态	安装了KJ306N型煤矿安全监控系统，地面有中心控制站（设在调度监控中心）	矿井KJ306N安全监控系统满足设计要求，该系统运行正常。矿井安全监控系统分站数量、各种传感器的种类、数量、安装符合要求，系统运行可靠。矿井安全监控系统设施和条件满足设计要求，具备安全生产条件
	在地面的通风机房控制室、瓦斯抽放泵房控制室、注氮泵房控制室、束管监测机房处分别设置相应的安全监控分站或监控单元传输接口	地面瓦斯抽采泵站、通风机房各设1个监控分站	
	井下各分站分别置于西一（3_2）采区回采工作面上下顺槽、井底车场中央水泵房、各掘进工作面、井下中央变电所、采区变电所处	配备分站13台	
	设计在西一（3_2）采区$3_2$12回采工作面配置低浓度甲烷传感器5台，一氧化碳传感器、温度传感器、烟雾传感器各1台	甲烷传感器31台，风速传感器4台，一氧化碳传感器1台，负压传感器2台，温度传感器2台，风门开关传感器7组，设备开停38个，断电器13台；监控设备安设率100%，覆盖所有被监控区域，各类仪器、设备按规定进行周期鉴定	

续表

	设计	施工	运行分析
安全监控系统	矿井投产时，共有7个掘进工作面，设计在所有掘进工作面均采用瓦斯-风电闭锁工作站。在普掘工作面各设置2只带声光报警功能的甲烷传感器、1只局扇开停传感器、1台馈电断电控制器；在综掘工作面各设置2只带声光报警功能的甲烷传感器、2只局扇开停传感器、2台馈电断电控制器		

通过同时设计、同时施工和同时投入运行比较，矿井安全监控系统设施在联合试运转期间具备安全验收条件，满足安全生产需要。

5. 供电系统安全生产可行性评价（见表4—21）

表4—21　　供电系统安全检查表

	设计	施工	运行
供电电源	本矿井两回110 kV供电电源分别引自南坪220 kV变电所	矿井建有110 kV变电所1座，变电所两趟电源引自南坪220 kV区域变电所不同母线段，供电距离分别为5.2 km和6.7 km，导线规格均为LGJ-240 mm^{2}型	矿井供电系统安全可靠，符合《煤矿安全规程》和具备《煤矿建设工程安全设施竣工验收标准》
主变压器	矿井电源采用110 kV电压等级，变电所设2×20 MV·A主变，110 kV、10 kV均为单母线分段接线方式	矿井工业场地内设一座110 kV变电所，变电所内设两台2台SZ9-20000/110型变压器，一用一备，能保证矿井地面部分低压负荷用电。变电所10 kV母线及380 V母线均采用单母线分段形式。10 kV变电所控制采用直流操作控制，继电保护采用微机保护	矿井主变压器运行正常，具备安全生产条件
下井电缆	下井电缆选用MYJV$_{42}$-10kV3×185交联聚乙烯绝缘粗钢丝铠装护套电力电缆4根，每根电缆制造长度为1 100 m	井下中央变电所四段分列运行，型号为MYJV$_{42}$-10kV 3×185交联聚乙烯绝缘粗钢丝铠装护套电力电缆，经淮北煤安检测技术服务有限责任公司和集团公司中心实验室检测、校验合格	下井电缆运行正常，电缆为阻燃电缆，该型号的电缆具有“煤矿矿用产品安全标志”，具备安全生产条件

供电系统矿井联合试运转期间，供电系统安全设施各项性能稳定，符合设计要求，至今运转安全、可靠，具备安全验收条件。

6. 提升系统安全生产可行性评价（见表4—22）

表4—22　提升、运输系统安全检查表

		设计	施工	运行分析
矿井提升运输系统	主立井运输	主立井装备1套22 t双箕斗，井筒直径5 m。选用JKMD-4×4（Ⅲ）型落地式多绳摩擦轮提升机，由1台3 000 kW低速同步电动机拖动，提升速度为12 m/s。提升能力3.46 Mt/a	主立井安装型号为JKMD-4×4（Ⅲ）型落地式多绳摩擦轮提升机，由1台3 000 kW低速同步电动机拖动，电压10 kV，升降物料时最大速度为6.11 m/s	煤流运输系统形成较早，并具备使用条件。辅助运输系统逐步建成投入使用，迄今运行状况良好
	辅助运输	本矿井辅助运输采用蓄电池电机车牵引固定式矿车，采区斜巷采用绞车，工作面顺槽采用连续牵引车运输	辅助运输采用8 t防爆特殊型蓄电池电机车，矿车为1.5 t固定式、平板车、材料车运输；顺槽采用无极绳绞车牵引	

矿井提升、运输系统是按照初步设计进行施工安装的，联合试运转期间各个环节运行正常。提升、运输系统安全设施和条件符合设计要求，具备安全验收条件。

7. 通信系统安全生产可行性评价（见表4—23）

表4—23　通信系统安全检查表

	设计	施工	运行分析
通信系统	行政电话选用华为程控数字电话交换设备，型号为ES300，初装容量1200门，系统中继入网采用DOD1＋DID全自动直拨出入方式。生产调度选用DDK系列矿用程控电话调度系统，容量为300门	调度电话交换机为ES300型数字程控调度交换机，系统容量为400线，其中16路模拟中继，60路数字中继。入井电缆由井筒引入，在井底车场汇接，经分线盒引至采掘工作面。井下调度电话选用KTH104型本质安全型电话	矿井通信系统采用矿用数字调度程控交换机，容量满足要求。具备安全生产条件

矿井通信系统满足安全生产需要，具备安全验收条件。

根据《煤矿安全监察条例》《矿井设计规范》《煤矿安全规程》等有关法律法规和相关标准，本矿井安全设施和所配置的设备、装置经过联合试运行，证明安全设施是可靠和有保障的。因此，本矿井安全设施与生产系统是匹配的。

通过现场考证，运行记录审查和试生产情况，可以认为本矿井各种安全设施、采掘、通风、排水、防尘、防火、防瓦斯、运输提升、供配电、应急救援等灾害预防系统、管理系统都能够对安全生产起到保障作用，是运用有效的。符合《煤矿安全生产基本条件规定》的要求，具备安全验收条件。

四、开拓、开采系统重大危险、有害因素危险性评价

1. 评价方法选择

开采系统安全评价的方法通常采用安全检查法、安全检查表法和专家评议法。评价人员可通过现场查阅图纸样料、调查、检查取证来进行评价。

安全检查法和安全检查表法根据《煤矿安全规程》、国家安全生产监督管理总局和国家煤矿安全监察局令第5号颁发的《煤矿安全条件评价规定》、原建设部和国家质量监督检验检疫总局联合发布的《煤炭工业矿井设计规范》和地方政府有关部门发布的煤矿安全程度评估标准及评分方法来制定，专家评议法是根据专家的经验和矿井现状对开采系统进行评价，得出结论。

2. 采掘系统安全评价

例如，某矿进行采掘系统安全评价时，在地面查阅了有关生产技术管理的各种规章制度、安全技术措施和管理措施、地质报告、采掘工作面作业规程、操作规程、采掘工程平面图、巷道布置图、采掘设备及其他有关资料，分析研究了该矿井的开拓方式、巷道布置、采掘部署、采煤方法和矿井安全出口的设置等。

在井下，对照检查了矿井的井巷、硐室、采区、采掘工作面的布置，运输巷和回风巷的规格及支护情况。检查采煤工作面、掘进巷道施工实际情况，核实了采掘工作面平面图的真实性等。该矿根据不同的煤层赋存条件，采用了相应的采煤方法。对缓倾斜中厚煤层采用综合机械化采煤法；对于缓倾斜薄煤层采用高档普通机械化采煤法和悬移支架综合机械化采煤法，其边角煤采用壁式炮采回收；对急倾斜煤层采用柔性掩护支架采煤法进行回采。

对该矿采掘安全管理进行评价，该矿严格执行领导干部和管理人员现场带班制度，每班都有矿领导带班，每个工作面都有领导干部现场带班指挥生产。在生产前先进行一次人、机、环方面的隐患排查，无问题后方可生产。在生产过程中如发现安全隐患，应立即停止作业，按流程进行汇报处理。对于工作面拆装、过地质变化带、开透口等重点施工工艺，矿都安排专人进行盯岗，保证现场施工安全。

采掘系统安全检查情况见表4—24。

表4—24　　某矿采掘系统安全检查表

序号	检查项目及内容	实际检查情况	评价结果
一、	顺槽和安全出口		
1.1	采煤工作面保持至少有两个畅通的安全出口，并符合有关规定	采煤工作面保持有两个畅通的安全出口，1个通往进风巷，1个通往回风巷	符合
1.2	工作面所有安全出口与巷道连接处20 m范围内加强支护	工作面所有安全出口与巷道连接处20 m范围内均进行了超前加强支护	符合
二、	顶板管理		
2.1	采掘工作面有符合实际的作业规程和安全技术措施，学习考核有记录，参加学习人员要签字	采掘工作面有符合实际的作业规程和安全技术措施，学习考核有记录，参加学习人员有签字	符合
2.2	巷道开口和贯通前有安全措施和落实	巷道开口和贯通前有安全措施和落实情况	符合
2.3	采掘工作面有支护质量检测手段和记录	采掘工作面有支护质量检测手段和记录	符合
2.4	采掘工作面无空顶作业	采掘工作面无空顶作业，支护到位	符合
2.5	采掘工作面支护符合作业规程规定，无折梁断柱	采掘工作面支护符合作业规程规定，无折梁断柱	符合

续表

序号	检查项目及内容	实际检查情况	评价结果
三、	采掘机械		
3.1	使用采掘机械设备必须完好	综掘机、采煤机等机械设备完好	符合
3.2	顺槽和刮板运输机挡煤板、刮板和螺栓齐全完好，传动装置必须有安全防护罩	顺槽和刮板运输机挡煤板、刮板和螺栓完好，传动装置有安全防护罩	符合
四、	巷道施工与维修		
4.1	巷道规格符合《煤矿安全规程》规定，能满足通风、行人、运输、敷设管路的要求	巷道净高（柔掩面除外）均在 1.8 m 以上，能满足通风、行人、运输、敷设管路的要求	符合
4.2	维修巷道要有安全措施，巷道失修率符合规定，无严重失修巷道	维修巷道有安全措施，无严重失修巷道	符合
五	采场管理		
5.1	回柱放顶符合作业规程规定	工作面回柱放顶符合作业规程规定	符合
5.2	工作面备用支护材料符合作业规程规定	工作面备用支护材料符合作业规程规定	符合
5.3	煤壁平直，伞檐不得超过安全规程规定	煤壁平直，检查没发现伞檐	符合
六	安全措施		
6.1	采掘工作面每班有详细的派班、汇报记录，有派班人员和班长的签字	采掘工作面每班有详细的派班、汇报记录，有派班人员和班长的签字	符合
6.2	有安全质量检查记录，有重大安全隐患记录和处理措施	有安全质量检查记录，有重大安全隐患记录和处理措施	符合
结论	开采系统综合评价		符合

五、顶板事故危害危险性评价

1. 顶板危险度评价方法

矿压灾害是煤矿生产中的主要灾害之一，由此引起的顶板事故是对安全生产最大的影响，当前我国的很多现代化的矿井，近年来随着机械化和综合机械化设备以及相关控制设施的投入使用，大大降低了顶板事故的发生。然而，在锚杆支护巷道的掘进中，由于受诸多条件的限制和影响，顶板事故时有发生，下面特地对锚杆支护情况下掘进作业顶板事故的各种原因进行分析，以便更好地做好顶板管理，减少顶板事故造成的人员伤害、财产损失和对矿井效益的影响。顶板事故危险度评价一般采用事故树分析法，以下是某矿安全预评价中对顶板事故危害度的事故树分析法评价。

2. 事故树（见图 4—16）

3. 事故树分析

（1）事故树计算。

$T=X_2+X_3+X_1X_2+X_1X_3+X_1X_{12}+X_1X_8+X_1X_{13}+X_2X_{12}+X_2X_8+X_2X_{13}+X_3X_2+X_3X_{12}+X_3X_8+X_3X_{13}+X_1X_4X_9+X_1X_4X_{10}+X_1X_4X_{11}+X_1X_5X_8+X_1X_5X_9+X_1X_5X_{10}+X_1X_5X_{11}+X_1X_6X_8+X_1X_6X_9+X_1X_6X_{10}+X_1X_6X_{11}+X_1X_7X_8+X_1X_7X_9+$

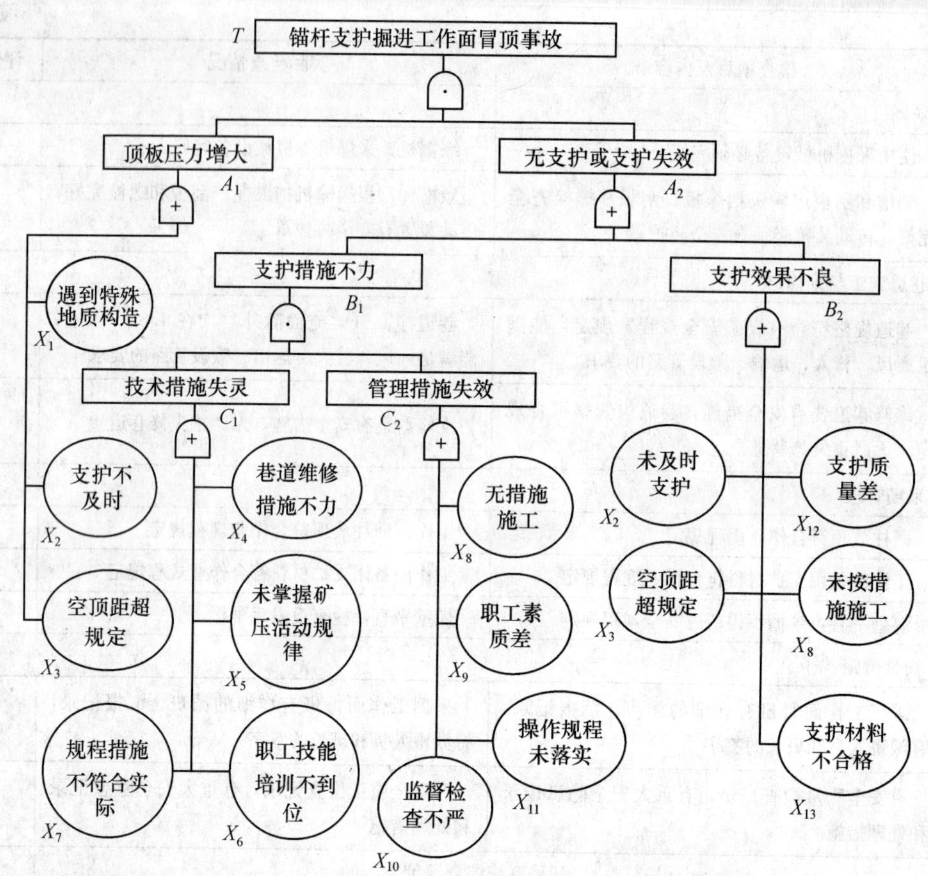

图 4—16　某矿锚杆支护掘进工作面冒顶事故树图

$X_1X_7X_{10}+X_1X_7X_{11}+X_2X_4X_9+X_2X_4X_{10}+X_2X_4X_{11}+X_2X_5X_8+X_2X_5X_9+X_2X_5X_{10}+X_2X_5X_{11}+X_2X_6X_8+X_2X_6X_9+X_2X_6X_{10}+X_2X_6X_{11}+X_2X_7X_8+X_2X_7X_9+X_2X_7X_{10}+X_2X_7X_{11}+X_3X_4X_9+X_3X_4X_{10}+X_3X_4X_{11}+X_3X_5X_8+X_3X_5X_9+X_3X_5X_{10}+X_3X_5X_{11}+X_3X_6X_8+X_3X_6X_9+X_3X_6X_{10}+X_3X_6X_{11}+X_3X_7X_8+X_3X_7X_9+X_3X_7X_{10}+X_3X_7X_{11}$

共求得最小割集 59 个。

由事故树的计算分析可知，造成掘进工作面顶板事故发生的最小割集有 59 个，因素众多，为了防止顶上事件发生，则要求 A_1 与 A_2 不发生，即需控制 59 个最小割集。

（2）结构重要度分析。

$I_{\Phi(2)}=I_{\Phi(3)}>I_{\Phi(1)}>I_{\Phi(4)}>I_{\Phi(8)}>I_{\Phi(12)}=I_{\Phi(13)}>I_{\Phi(10)}>I_{\Phi(5)}=I_{\Phi(6)}=I_{\Phi(7)}=I_{\Phi(8)}=I_{\Phi(9)}=I_{\Phi(11)}$

（3）从最小径集的组数可知，预防掘进工作面顶板事故的途径有 3 个。

$P_1=\{X_1, X_2, X_3\}$；$P_2=\{X_2, X_3, X_4, X_5, X_6, X_7, X_8, X_{12}, X_{13}\}$；$P_3=\{X_2, X_3, X_8, X_9, X_{10}, X_{11}, X_{12}, X_{13}\}$。

4. 分析与对策

由最小径集的定义可知，要使 A_1 不发生，只有使得 P_1 中的每一基本事件均不发生。同样，要使 A_2不发生，只有使得 P_2、P_3中的每一基本事件均不发生。综合考虑结构重要度、现场实施的可能性和预防的可靠性三方面，认为掘进工作面冒顶事故的发生是相互作用和联系的，故 P_1和 P_2、P_3中控制的对象均不应该放松，对策简述如下：

（1）加强地质预报工作，为安全生产技术管理提供可靠的基础资料。

（2）加强矿压工作的研究，摸清本区顶板来压规律，以便采取针对性的措施，从源头上控制顶板事故的发生。

（3）严格按章作业，及时支护新暴露的顶板，严禁空顶和超控顶作业。

（4）加强技术管理，在制定施工措施时，必须紧密结合现场的实际，使措施确实能起到指导生产、保证安全的作用。

（5）加强职工进矿管理和培训工作，用高素质的队伍保证安全生产。

（6）严格选择支护材料并进行进矿检验，并把好现场施工质量关，不得让不合格的支护材料进入到生产现场，为安全生产埋下事故隐患。

（7）加强现场监督检查，及时发现隐患并处理隐患，把好最后一道防线。

六、瓦斯危害危险性评价

1. 评价方法的选择

瓦斯防治系统安全评价采用安全检查法、安全检查表法和专家评议法。评价人员通过现场查阅图样资料、调查、检查取证来进行评价。

安全检查法和安全检查表法是根据《煤矿安全规程》和地方政府相关部门制定的煤矿安全程度评估标准及评分方法来制定，专家评议法是根据专家的经验和矿井现状对瓦斯防治系统进行评价，得出结论。

2. 瓦斯防治系统安全评价

以某矿为例，对瓦斯防治系统进行安全评价，在地面查阅了矿井瓦斯等级及二氧化碳涌出量鉴定报告、煤尘爆炸性鉴定报告、有关矿井瓦斯管理的各种规章制度、安全技术和管理措施、操作规程、作业规程、瓦斯检查记录、瓦斯报表、瓦斯检查仪器仪表的数量及其校验资料等。

在矿井安全监控中心站查看了安全监控装备的配置、安装和使用情况及被控设备的通、断电状态，查阅了安全监控系统图、安全监控报表、有关记录等，查看了安全监控系统防雷电措施。

在井下，检查了＋550 m 水平、＋680 m 水平综采工作面，高档普采工作面，掘进工作面及局部通风机运行，“风电闭锁”、瓦斯浓度、安全监控系统各类传感器的设置及使用等情况。

矿井瓦斯防治系统安全检查见表 4—25。

3. 评价结论

矿井瓦斯防治系统安全评价结论可包括以下内容：

（1）经过现场检查分析和查阅资料，矿井瓦斯防治系统各项规章制度健全程度，现场管理、瓦检员、安全仪器的配备、瓦斯检查次数是否符合《煤矿安全规程》和《煤矿安全生产条件》的规定，能否满足矿井安全生产的需要。

表 4—25　　某矿瓦斯防治系统安全检查表

评价项目	评价标准	依据标准	实际检查情况	评价结果
一、瓦斯管理	每年进行瓦斯等级鉴定工作，并按《煤矿安全规程》规定由上级主管部门审批	《煤矿安全规程》第 133 条	按时进行瓦斯等级鉴定工作，并报上级主管部门审批	符合
	配备足够的专职瓦斯检查人员，持证上岗，严格执行“一炮三检制”	《煤矿安全规程》第 316 条	配备足够的瓦斯检查人员，执行“一炮三检”制度	符合
	无瓦斯超限作业：启封密闭、贯通巷道编制专门措施。对瓦斯超限采取措施及时处理，并有记录	《煤矿安全规程》第 108、138 条	制定巷道贯通、启封密闭措施，矿井无瓦斯超限地点	符合
	按有关规定建立并落实瓦斯检查制度，包括瓦斯检查地点、检查次数、检查方式	《煤矿安全规程》第 149 条	认真执行瓦斯检查制度，瓦斯检查次数、地点的设置符合要求	符合
	瓦斯日报由矿长和总工程师（技术负责人）审阅、签字；瓦斯日报、检查手册、井下瓦斯牌板“三对口”无空班漏检和假检	《煤矿安全规程》第 149 条	瓦斯日报表由矿负责人签字，瓦检员实行“三对口”管理，无空班漏检现象	符合
二、安全监测	1. 按规定配备合格的光学瓦斯检定器，并有检定合格证	《煤矿安全规程》第 149 条	配备了光学瓦斯检查仪器 320 台，并有校验记录	符合
	2. 高瓦斯矿井按规定装备安全监控系统	《煤矿安全规程》第 158 条	低瓦斯矿井装备了安全监控系统	符合
	3. 入井人员随身携带合格的自救器	《煤矿安全规程》第 10 条	入井人员随身携带自救器	符合

(2) 安全监控系统设置、甲烷传感器的安装位置、各类传感器的配置、线路维护及维修、校准气样的校验与监控系统的运行等是否符合《煤矿安全规程》和《煤矿安全生产条件》的规定。

(3) 经现场评价，防治瓦斯爆炸系统能否符合《煤矿安全规程》和《煤矿安全生产条件》的规定。

七、通风系统故障安全性评价

通风系统安全性评价的方法可采用安全检查法、安全检查表法和专家评议法。评价人员通过现场查阅图样资料、调查、检查取证来进行评价。

安全检查法和安全检查表法是根据《煤矿安全规程》和地方政府相关部门制定的煤矿安全程度评估标准及评分方法来制定，专家评议法是根据专家的经验和矿井现状对通风系统进行评价，得出结论。

1. 矿井通风现状

首先要对被评价矿井的通风方式、通风方法情况进行掌握，主要内容包括矿井的进、出风井情况，主要通风机的自身状况、设置位置和数量已经工作情况，系统总进风量、回风量以及各支路情况及其线路分布，掘进、回采工作面的风量分布情况，矿井主要通风设施和构筑物等。

2. 安全性评价

例如，某矿的通风系统安全性评价，在地面查阅了有关矿井通风管理的各种规章制度、安全技术和管理措施、作业规程、矿井通风系统图、通风网络图、通风报表、通风安全仪器仪表检测检验资料等。分析研究了矿井通风系统和局部通风，查阅了主要通风设备的型号及性能测定报告、矿井反风演习报告，验算了矿井主要通风设施、设备和井巷的通风能力。

在地面检查了＋920 m水平二平硐回风井和中耳地西口回风井的防灭火设施，地面两个主要通风机、监测监控机房等。

在主要通风机房查看了主要通风机的运转、双回路供电、图板、操作规程、安全责任制牌板的内容和悬挂等情况以及灭火器材的配备等，并对通风机房进行了试通话。

在井下，检查了＋550 m水平西一石门轴14槽西综采面，＋550 m水平西三石门轴10下槽东二面，井下爆炸材料库及井下变电硐室等通风情况以及沿途的通风设施设置和质量等情况。

矿井通风安全检查表见表4—26。

表4—26　　某矿矿井通风安全检查表

评价项目	评价标准	依据标准	实际检查情况	评价结果
一、通风系统和设施	1. 矿井通风系统合理：生产水平和采区实行分区通风；采煤工作面独立通风，其进、回风巷完好畅通；无不符合规程的串联通风、扩散通风；风量和风速符合《规程》规定	《煤矿安全规程》第114条	采区实行分区通风，进、回风巷完好，没有不合理通风	符合
	2. 地面主通风机安装两台主要通风机，有运转记录，每年进行反风实验并有记录	《煤矿安全规程》第121、122条	回风井均安装2套同等能力主要通风机，设施设备符合设计规范。2009年10月10日进行反风演习，主要通风机反转反风，反风设施完好，反风率77.9%以上	符合
	3. 在总进和总回风巷适当地点建测风站，各分风地点设测风点，每旬测风一次，有牌板及台账，通风能力满足生产要求	《煤矿安全规程》第104、105条	建立测风制度、有测风记录、测风时间的填写等符合要求。通风能力核定191.31万t/a，满足生产的需要	符合
	4. 配足并正常使用通风检测仪表，按规定进行矿井主要通风机性能测定	《煤矿安全规程》第106条	配备足够的通风检测仪表由国家授权的安全仪表计量检测单位进行检验、有校正鉴定。主要通风机性能测定于2009年11月由山东公信安全科技有限公司检验结果各项指标合格	符合

续表

评价项目	评价标准	依据标准	实际检查情况	评价结果
一、通风系统和设施	5. 进、回风巷道间行人的联络巷及时砌筑挡风墙，采空区、报废巷道、长期停工地点及时密闭。风墙、密闭质量和位置符合要求	《煤矿安全规程》第117条	进、回风井和主要进、回风巷之间联络巷都砌筑永久性风墙；按规定对已采区相连通的巷道全部封闭。风墙、密闭质量和位置符合要求	符合
	6. 主要进、回风巷道间行人的联络巷，安设2道正向风门和2道反向风门；风门质量和位置符合要求	《煤矿安全规程》第109条	主要进、回风巷道安设正向风门和反向风门，质量和位置符合要求	符合
二、局部通风	1. 局部通风机的安装和使用符合规定，指定人员负责管理，不得随意停、开	《煤矿安全规程》第128条第一款	局部通风机专人负责，实行挂牌管理	符合
	2. 掘进巷道采用矿井局部通风机通风，严禁使用3台（含3台）的局部通风机同时向1个掘进工作面供风；不得使用1台局部通风机同时向2个及以上作业的掘进工作面供风	《煤矿安全规程》第128条第六款	局部通风机的使用符合要求	符合
	3. 无瓦斯超限作业	《煤矿安全规程》第129、141条	无瓦斯超限地点	符合
	4. 使用局部通风机供风的工作面风量符合要求	《煤矿安全规程》第101条	局部通风机供风量、掘进迎头出口风量符合供风要求	符合
	5. 风筒抗静电、阻燃。安装、使用符合规定。风筒末端至工作面迎头的距离及出口风量符合作业规程要求	《煤矿安全规程》第128条第（三）款	采用抗静电、阻燃风筒，以及局部通风机的安装、使用在作业规程中明确规定	符合
	6. 局部通风机使用风电闭锁；高瓦斯矿井掘进工作面采用“三专闭锁”	《煤矿安全规程》第128条第（四）、（五）款	低瓦斯矿井采用风电闭锁和瓦斯闭锁	符合

3. 通风能力核算

主要目的是通过需要的资料搜集，计算出被评价矿井的总需风量和回风量，各采掘工作面、硐室的风量、风速等数据，以评价他们的安全性或者说规程、标准的符合程度。

4. 评价结论

通风系统安全性评价结论应包括以下几个方面：

（1）根据矿井的实际通风能力，矿井通风能力核定，确定是否满足矿井生产的需要。

（2）矿井、采掘工作面是否实行分区通风，有没有制定严格的串联通风措施，通风系统是否完善，各采掘工作面、硐室的风量、风速能否符合规定。

（3）井下通风设施的安装质量、地点是否符合要求。

（4）矿井主要通风机、局部通风机装设是否完好。

（5）矿井反风设施情况，设施质量能否符合要求。

（6）矿井有没有进行反风演习，反风效率是否符合《煤矿安全规程》第122条规定。

（7）各种管理制度建立健全情况。

八、粉尘危害危险性评价

1. 危险性评价方法

煤矿粉尘是指采矿过程中产生的细小矿物颗粒，包括煤尘和岩尘两种。在煤矿生产的各个环节，例如，煤炭的采、掘、运输、提升等过程，都产生粉尘。

按照粉尘存在的状态，粉尘可以分为两类，即：游离粉尘和沉积粉尘。煤矿安全规程对煤矿井下粉尘最高允许浓度有严格的规定。根据可能引起粉尘事故的种类和诱导因素，可采取预先危险性分析法（PHA）对煤尘危险性进行分析。

2. 危险性分析

某矿在进行安全验收评价时，对粉尘事故预先危险性分析见表4—27。

表4—27　　某矿粉尘事故预先危险性分析表

危险因素	诱导因素	事故后果	危险等级	措施
掘进工作面岩尘浓度超标	1. 打眼时没有采取湿式凿岩。 2. 放炮前后没有冲刷巷帮。 3. 没有使用水泡泥。 4. 掘进过程中没有防尘	粉尘浓度超过安全规程规定，对作业人员造成伤害，长期在该环境中作业可导致尘（矽）肺病	2～3	1. 严格按照煤矿安全规程规定，采用湿式打眼。 2. 定期冲刷巷帮，及时清理巷道浮尘，防止粉尘飞扬。 3. 按规定使用水泡泥。 4. 装岩前必须洒水降尘。 5. 加强个体防护，配备必要的个体防护设施，并正常使用
回采工作面煤体干燥	1. 没有采取煤层注水措施。 2. 注水参数选择不当。 3. 注水方式选择不当，效果差。 4. 封孔质量差	回采工作面粉尘浓度超标，影响职工的身体健康，如遇明火，导致煤尘爆炸发生	3～4	1. 对于有煤尘爆炸危险的工作面，在开采前实施煤层注水。降低开采的粉尘浓度。 2. 注水参数的选择必须依据煤层特点的不同，经过计算或试验确定，保证注水效果。 3. 选用合格的注水设备。 4. 严格按照正规操作程序进行注水工作
工作面除尘失败粉尘浓度过大	1. 工作面风量过大或过小。 2. 没有采取净化风流措施。 3. 喷雾防尘或除尘装置失效。 4. 采掘工作面产生循环风	当具有爆炸性的煤尘达到一定浓度并遇到高温热源时就产生煤尘爆炸，破坏系统和设备，导致人员伤亡	3～4	1. 合理配备矿井个生产地点的风量，特别是采掘工作面的风量要满足设计要求。 2. 按照有关规定在指定地点安装风流净化装置。并定期检查和维护。 3. 掘进工作面按照规定的选择和安装风机，避免产生串联风或循环风。 4. 加强对掘进工作面风筒等通风设施的管理与维护，提高掘进工作面的有效风量

续表

危险因素	诱导因素	事故后果	危险等级	措施
采掘过程中产生大量煤尘	1. 没有使用水泡泥。 2. 没有采用湿式打眼。 3. 采用爆破方式作业时装药量过大。 4. 装载运输过程中没有降尘措施	当具有爆炸性的煤尘达到一定浓度并遇到高温热源时就产生煤尘爆炸，破坏系统和设备，导致人员伤亡	3～4	1. 放炮时，严格按照安全规程规定使用水泡泥。 2. 采掘工作面采用爆破作业方式时，必须采取湿式打眼。 3. 在装载运输过程中，采取措施加强防尘，装载点、转载点安装喷雾装置。 4. 严格按照作业规程的计算和规定装药、爆破，防止产生或激起过量的粉尘
地面生产系统煤尘浓度过大	没有除尘、洒水系统，或除尘失败		3～4	1. 采取洒水、除尘措施。 2. 易产煤尘处应采取防护措施，如采用防爆电机等
爆破作业产生火花	1. 使用不合格的炸药、雷管等爆破材料。 2. 爆破连线方式不正确。 3. 放明炮、糊炮、空炮。 4. 炮眼布置和相关参数不按作业规程规定执行或爆破作业规程不合理		3～4	1. 根据矿井瓦斯等级，使用相应的煤矿需用雷管和炸药，使用合格的爆破器材。 2. 在作业规程中必须编制符合煤矿安全规程的爆破作业说明书，明确相关参数。 3. 加强对职工的培训教育，按照作业规程和安全规程执行正规作业
作业场所产生明火	1. 井下违章电气焊产生火花。 2. 井下吸烟产生明火。 3. 矿灯使用不当。 4. 静电产生火花。 5. 电气设备产生电弧火花		3～4	1. 严禁携带烟火下井。 2. 井下进行电气焊作业必须制定专门技术措施，按照煤矿安全规程规定执行。 3. 严禁违章使用大功率电灯泡等电气设备。 4. 矿灯要保持完好，严禁私自在井下拆卸矿灯。 5. 井下作业人员必须穿戴棉织品衣物，防止静电火花产生。 6. 井下必须使用符合煤矿安全规程规定的电气设备，采掘工作面必须使用矿用防爆型设备，并定期检查维修，保证设备完好

3. 评价结论

煤尘的主要危害有两个方面，一是吸入人体造成尘肺病或煤肺病；二是煤尘爆炸。前者对人的伤害是慢性且终身的，后者虽然在煤矿各类事故中发生的频率并不高，但造成的伤亡却是十分惨重的。

在矿井建设过程中，有大量的井巷工程需要完成，其中有大量的岩巷，产生岩尘的地点较多，从职业病防治角度而言，岩尘比煤尘的危害性更为严重，因此必须加强粉尘防治与管理。同时如果被评价煤矿的煤尘具有爆炸性，矿井基建完成以后，在采掘、运输过程中，假如不采取有效的综合防尘措施和防、隔爆措施，就会产生大量的煤尘，造成煤尘灾害事故。矿井投产以后，可能产生大量煤尘的场所和生产环节主要有：

（1）采煤和综掘工作面，在割煤时煤尘的产生量尤为严重。

（2）掘进工作面打眼、放炮和出煤。

（3）煤炭运输巷道的装卸载点。

因此，在评价过程中，建议矿井在建设和以后的生产过程中，必须重视粉尘灾害的防治工作，重点做好以下几个方面：

（1）采煤机和综掘机必须配备有效可靠的内外喷雾降尘装置。

（2）建议胶带输送机尽可能设在回风巷道内，使风流和煤流顺向通行，并按规程规定控制风速，防止煤尘飞扬。

（3）利用安全监测系统，及时测定风流中的粉尘浓度。

（4）建立完善防尘、洒水降尘管理系统。皮带运输巷、溜煤眼、煤流各转载地点必须按照规程相关规定进行喷雾洒水，净化风流。

（5）地面易产生煤尘处建立完善的防尘、洒水降尘管理系统，采用防爆电机。

（6）对于容易积存煤尘之处，应定期进行清扫和冲洗。

（7）爆破作业使用水炮泥。

（8）矿井相邻的块段、相邻煤层和相邻的工作面及所有运输机巷道和回风巷道，必须设置隔爆水棚隔开或清洗巷道。

（9）采、掘工作面的工人应按规程规定佩戴防尘帽和防尘口罩。

九、爆破作业危害危险性评价

1. 危险性评价方法

爆破作业系统安全评价的方法可采用安全检查法、安全检查表法和专家评议法。评价人员通过现场查阅图纸资料、调查、检查取证来进行评价。

安全检查法和安全检查表法是根据《煤矿安全规程》和地方政府相关部门制定的煤矿安全程度评估标准及评分方法来制定，专家评议法是根据专家的经验和矿井现状对爆破作业系统进行评价，得出结论。以下是对某矿爆破器材储存、使用及运输方面的安全性评价：

2. 爆破器材储存、使用及运输

（1）证件许可。该煤矿持有所辖市公安局颁发的“爆炸物品使用许可证”和“爆炸物品存储许可证”。

（2）爆炸材料库。该矿井地面无爆炸材料库，在井下＋920 m 水平建有一座总火药库，在＋680 m 水平、＋550 m 水平各建有一座分库，其中总火药库容量为炸药 20 t，雷管 15 万发，导爆索 1 万 m，＋680 分库容量为炸药 5 t，雷管 3 万发，导爆索 5 000 m，＋550 m 分库容量为炸药 25 t，雷管 20 万发，导爆索 5 万 m，合计总容量为炸药 50 t，雷管 38 万发，导爆索 6.5 万 m。

根据该矿实际生产能力和《煤矿安全规程》规定，该矿井下炸药最大存储量为 6.6 t，雷管5万发，经过下井现场核实，炸药存储量未超过3天的使用量，雷管存储量未超过10天的使用量，符合《煤矿安全规程》标准。库房消防设施、消防器材、工具齐全，雷管库、火药库有专人值守，矿建立健全了岗位责任制和管理制度。在下井检查过程中，查看了爆破材料消耗台账，台账记录清晰明了。爆炸材料特征见表4—28。

表4—28 爆炸材料特征

器材名称	类型	生产厂家	安全标志
炸药	二级煤矿许用乳化炸药（ϕ32）	北京市煤化工有限公司	MJA030006
雷管	煤矿许用毫秒延期电雷管（8号发蓝壳）	北京市煤化工有限公司	MJB020018
发爆器	FD150/X　FD200T	大石桥市防爆器材厂	MJE080014 MJE080008

（3）炸药、电雷管领退、使用和存放。司库工在发放前对放炮员的领用手续和运送工具进行检查。

当班司库员对雷管箱内原存数量核对无误后，与放炮员当面清点发放，发放完毕再次清点剩余数量，确认无误后上锁。司库员和放炮员在台账和清单上签字。

退库时，当班司库员同时清点放炮员回交的雷管和火药数量，还检查雷管箱和放炮兜里是否还有未上交的火工品。

（4）火工品运输。煤矿购置爆炸器材后由专用车辆、专职押运人员负责运到井下总火药库，再由专用车辆、专职押运人在规定时间内，沿规定的运输路线运送到井下各水平分火药库，验收登记储存。在运输时，采用火药、雷管分装和分运的运输管理办法。爆炸材料由经过培训，考试合格，并取得安全操作资格证书的专职人员负责运送和使用。

炮掘（采）工作面作业规程和临时地点施工措施中编制有爆破说明书。井下的爆破工作由专职爆破工负责，爆破工根据采、掘作业规程及临时地点施工措施爆破说明书的规定，从火药库领取火药和雷管并进行登记，办理支领手续。爆破工领取火药和雷管后，按照规定的路线，采用人工背运方法将火药和雷管运到工作地点。爆破工在引药制作、装药、充填炮泥、放炮的全过程中按照《煤矿安全规程》、作业规程的有关规定要求进行操作。爆破工作结束后，爆破工按矿规定将剩余的火药、雷管送回火药库，并办理退库登记手续。

该矿制定有“火药领退制度”，“雷管编号制度”，变质火药、雷管销毁制度，以及丢失火药、雷管追究和处罚制度等。

3. 爆破器材储存、使用及运输评价

矿井建立了炸药、电雷管领退、使用、存放和运输制度。在火工品的领取、使用、存放和运输过程当中，相关人员均严格按照《煤矿安全规程》和作业规程进行操作。

检查了爆炸材料库及发放硐室，查阅了储存、运输、发放、退库和使用等管理制度，抽查了作业规程中的爆破说明书、图表及有关安全措施。还查看了该市公安分局颁发的“爆炸物品储存许可证”和“爆炸物品使用许可证”。抽查了＋680 m水平火药库火工品消耗材料台账，账目记录清晰明了。爆破器材储存、使用及运输评价见表4—29。

表 4—29　　某矿爆炸材料系统单元安全检查表

序号	检查内容及要求	实际检查情况	评价结果
一、爆破工与爆破器材			
1.1	矿井配备足够的爆破工，持证上岗	矿井配备 288 名爆破工，并持有上岗证	符合
1.2	爆破器材有煤矿安全标志	爆破器材有煤矿安全标志	符合
1.3	爆破母线及爆破器材完好	爆破母线及爆破器材完好	符合
1.4	按矿井瓦斯等级使用煤矿安全炸药和雷管	按低瓦斯矿井，选用二级煤矿许用乳化炸药，雷管为毫秒延期雷管	符合
1.5	按规定储存、运输、保管爆破器材：炸药和雷管分箱，分装上锁	按规定储存、运输、保管爆破器材：炸药和雷管分箱，分装上锁	符合
二、井下爆破			
2.1	严格执行“三人连锁放炮制度”和爆破地点附近 20 m 以内的风流中瓦斯体积分数达到 1%或采掘工作面风量不足时严禁装药、爆破制度	执行了“三人连锁放炮制度”和爆破地点附近 20 m 以内的风流中瓦斯体积分数达到 1%或采掘工作面风量不足时不装药、不爆破制度	符合
2.2	严格执行一炮一签字制度，领药量与消耗量、交库量三对口	执行了一炮一签字制度，领药量与消耗量、交库量三对口	符合
结论	爆破系统评价		符合

4. 评价结论

爆破系统的安全性评价结论应该包括以下几个方面：

（1）爆炸材料的运输、使用和管理与《煤矿安全规程》规定及爆破器材管理的有关规定的符合程度。

（2）矿井使用的炸药和电雷管是否符合煤矿安全要求。

（3）爆破工作能否执行“一炮三检制”“三人连锁放炮制”。井下爆破工作是否由专职爆破工担任。

（4）井下爆炸材料库是否符合要求。

十、矿井火灾危害危险性评价

矿井火灾可以分为内因火灾和外因火灾两种形式，是煤矿生产的主要灾害之一，火灾产生的大量有毒有害气体能严重危及井下作业人员的生命安全，大火可以烧毁井下设备、材料；煤炭燃烧和防火煤柱的留设也损失了大量煤炭资源，影响正常生产秩序。而且矿井火灾可能引起瓦斯爆炸，导致灾害进一步扩大。以下采用事故树分析法对某矿火灾事故进行分析评价。

1. 内因火灾评价

因为事故树涉及的内容较多，所以将事故树分成几个子树分别讨论。煤炭自燃的事故树分析图如图 4—17 所示。

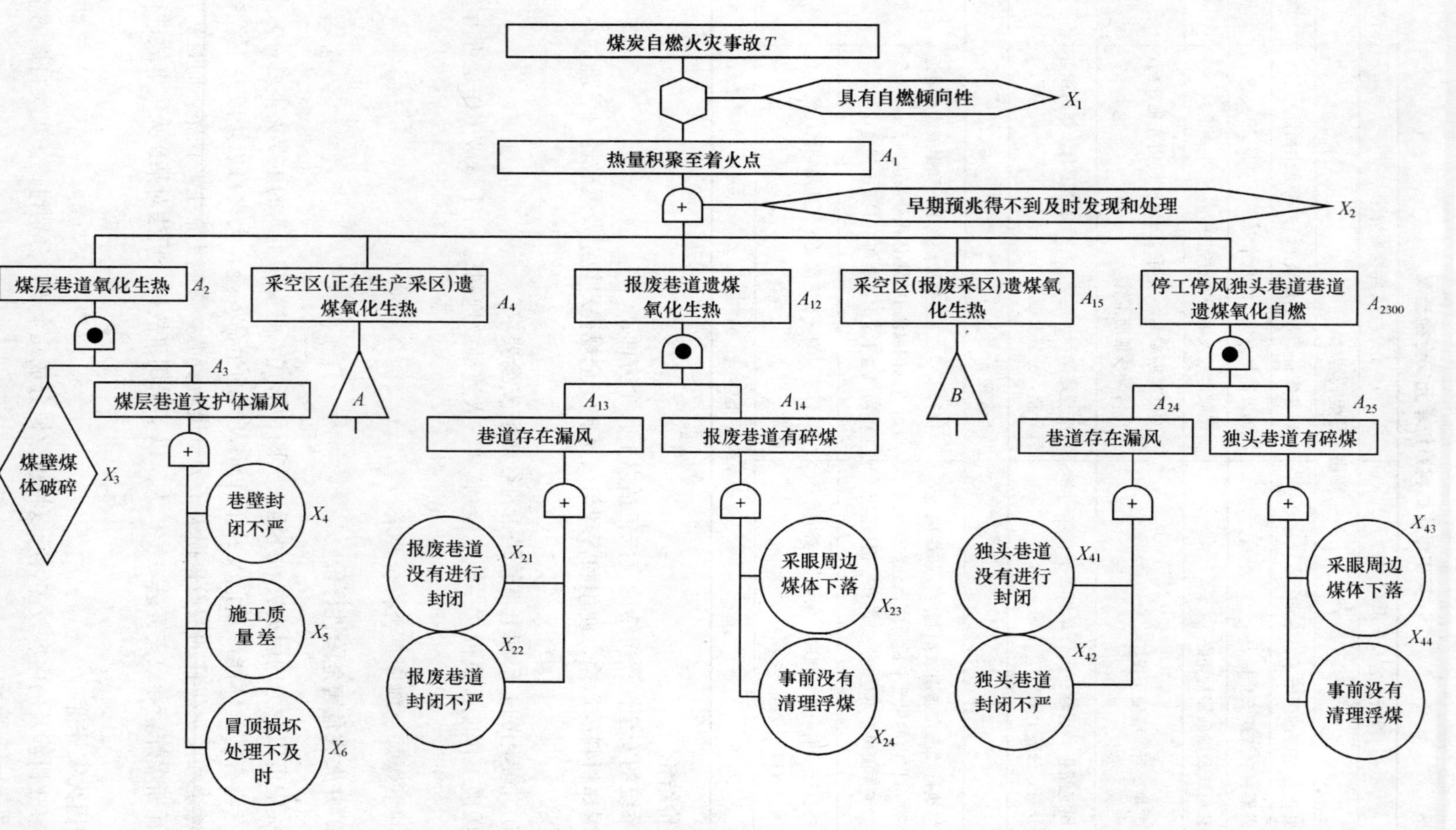

图4—17 煤炭自燃事故树分析图

（1）煤层巷道氧化自燃。这里的煤层巷道主要是指砌碹或喷浆支护巷道，即对围岩为煤进行封闭支护的巷道。

最小割集求解：

$$
\begin{aligned}
T &= A_1X_1 = (A_2X_2)X_1 = (A_3X_3)X_2X_1 \\
&= (X_4+X_5+X_6)X_3X_2X_1 \\
&= X_1X_2X_3X_4 + X_1X_2X_3X_5 + X_1X_2X_3X_6
\end{aligned}
$$

该子树有三个最小割集，分别为：

$K_1=\{X_1, X_2, X_3, X_4\}$，$K_2=\{X_1, X_2, X_3, X_5\}$，$K_3=\{X_1, X_2, X_3, X_5\}$

结构重要度分析：

对于该子树，各基本事件的结构重要度是相同的，即 $I_{\varphi(3)}=I_{\varphi(4)}=I_{\varphi(5)}=I_{\varphi(6)}$。

（2）采空区（正在生产采区）遗煤引起的煤炭自燃发火事故树。该类事故的子事故树如图 4—18 所示。

求解最小割集：

$$
\begin{aligned}
T &= A_1X_1 = A_4X_2X_1 = A_5A_9X_7X_2X_1 = (A_6+A_7+A_8+X_{12})(A_{10}+X_{20})X_7X_2X_1 \\
&= (X_8+X_9+X_{10}+X_{11}+X_{12}+X_{13}+X_{14}+X_{15})(X_{16}+X_{17}+X_{18}+X_{19}+X_{20})X_7X_2X_1
\end{aligned}
$$

该子树有 40 个最小割集：

$K_1=\{X_1,X_2,X_7,X_8,X_{16}\}$　$K_2=\{X_1,X_2,X_7,X_8,X_{17}\}$　……　$K_5=\{X_1,X_2,X_7,X_8,X_{20}\}$

$K_6=\{X_1,X_2,X_7,X_9,X_{16}\}$　$K_7=\{X_1,X_2,X_7,X_9,X_{17}\}$　……　$K_{10}=\{X_1,X_2,X_7,X_9,X_{20}\}$

$K_{11}=\{X_1,X_2,X_7,X_{10},X_{16}\}$　$K_{12}=\{X_1,X_2,X_7,X_{10},X_{17}\}$　……　$K_{15}=\{X_1,X_2,X_7,X_{10},X_{20}\}$

$K_{16}=\{X_1,X_2,X_7,X_{11},X_{16}\}$　$K_{17}=\{X_1,X_2,X_7,X_{11},X_{17}\}$　……　$K_{20}=\{X_1,X_2,X_7,X_{11},X_{20}\}$

$K_{21}=\{X_1,X_2,X_7,X_{12},X_{16}\}$　$K_{22}=\{X_1,X_2,X_7,X_{12},X_{17}\}$　……　$K_{25}=\{X_1,X_2,X_7,X_{12},X_{20}\}$

$K_{26}=\{X_1,X_2,X_7,X_{13},X_{16}\}$　$K_{27}=\{X_1,X_2,X_7,X_{13},X_{17}\}$　……　$K_{30}=\{X_1,X_2,X_7,X_{13},X_{20}\}$

$K_{31}=\{X_1,X_2,X_7,X_{14},X_{16}\}$　$K_{32}=\{X_1,X_2,X_7,X_{14},X_{17}\}$　……　$K_{35}=\{X_1,X_2,X_7,X_{14},X_{20}\}$

$K_{36}=\{X_1,X_2,X_7,X_{15},X_{16}\}$　$K_{37}=\{X_1,X_2,X_7,X_{15},X_{17}\}$　……　$K_{40}=\{X_1,X_2,X_7,X_{15},X_{20}\}$

结构重要度分析：

经过计算，可得各基本事件的结构重要度：

$$
\begin{aligned}
I_{\varphi(1)} &= I_{\varphi(2)} = I_{\varphi(7)} > I_{\varphi(8)} = I_{\varphi(9)} = I_{\varphi(10)} = I_{\varphi(11)} = I_{\varphi(12)} = I_{\varphi(13)} \\
&= I_{\varphi(14)} = I_{\varphi(15)} > I_{\varphi(16)} = I_{\varphi(17)} = I_{\varphi(18)} = I_{\varphi(19)} = I_{\varphi(20)}
\end{aligned}
$$

由上述分析可以看出，首先生产中应当采取措施控制采空区的漏风，从预防为主的角度出发，重点做好以下工作：

1）加快回采速度，保证在煤层自燃发火之前回采完毕并进行封闭。

2）区段煤柱、断层煤柱的留设一定要合理。

3）控制采空区的浮煤，对于冒顶处，浮煤一定要清理干净。

4）提高工人素质和技术水平，尽量减少丢煤。

5）采取喷洒阻化剂、注氮或灌浆等方法防灭火。

（3）报废巷道遗煤氧化生热。此类事故的事故树如图 4—17 所示。

求解最小割集：

$$T=A_1X_1=A_{12}X_2X_1=A_{13}A_{14}X_2X_1=(X_{21}+X_{22})(X_{23}+X_{24})X_2X_1$$

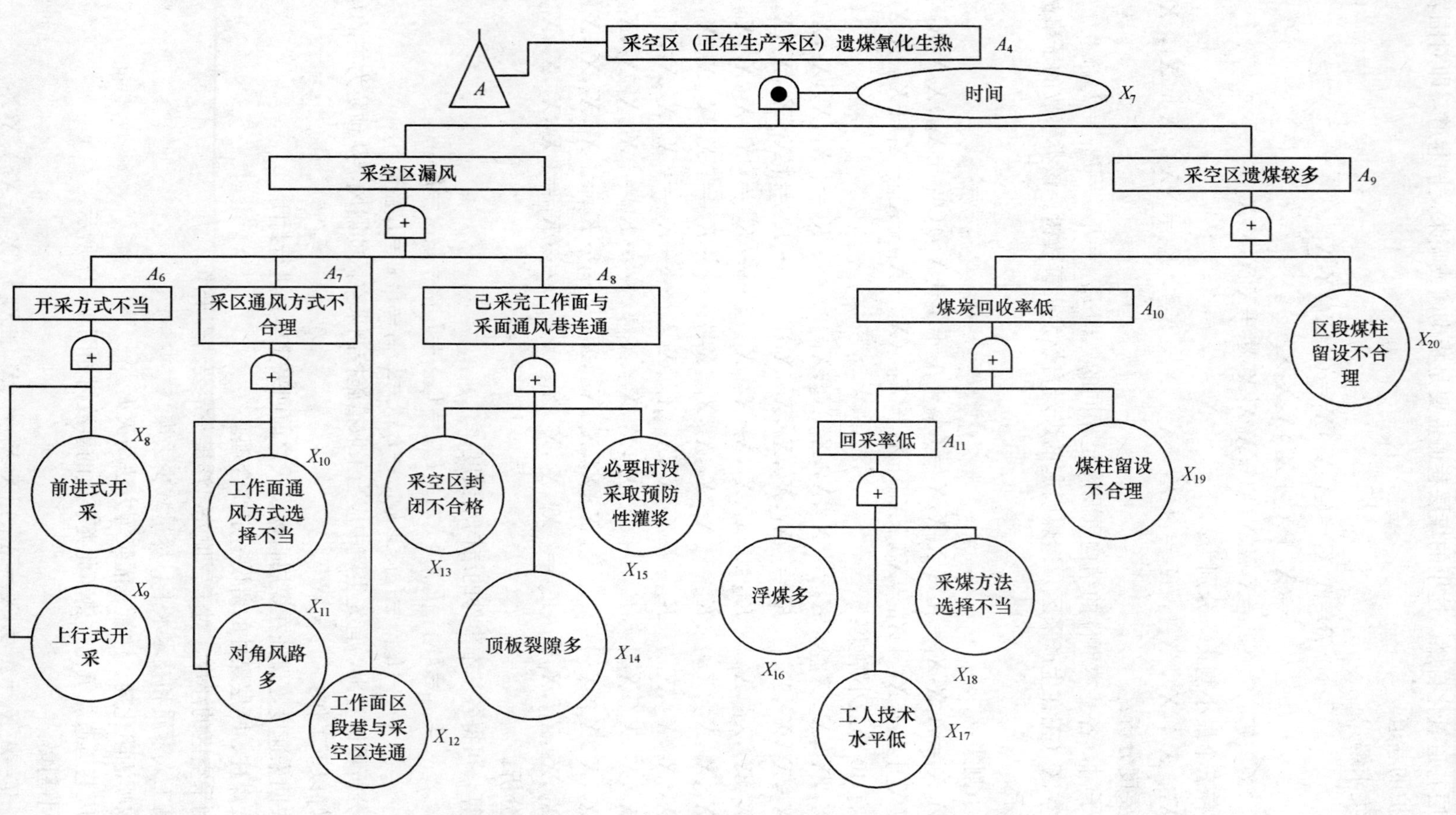

图 4—18 采空区（生产采区）遗煤引起煤炭自燃事故树分析图

该子树有 4 个最小割集：

$$K_1=\{X_1,X_2,X_{21},X_{23}\},\ K_2=\{X_1,X_2,X_{21},X_{24}\},$$
$$K_3=\{X_1,X_2,X_{22},X_{23}\},\ K_4=\{X_1,X_2,X_{22},X_{24}\}。$$

通过结构重要度分析可知，该子树的 4 个基本事件的结构重要度一样。

即：$I_{\varphi(21)}=I_{\varphi(22)}=I_{\varphi(23)}=I_{\varphi(24)}$

预防措施主要有两类：

1）加强对密闭的管理，防止漏风现象。

2）封闭之前彻底清理浮煤。

(4) 采空区（报废采区）遗煤氧化生热。这类事故的子事故树如图 4—19 所示。

求解最小割集：

$$T=A_1X_1=A_{15}X_2X_1=A_{16}A_{20}X_2X_1=(X_{25}+X_{26}+X_{27}+X_{28}+X_{29}+X_{30}+X_{31}+X_{32}+X_{33}+X_{34}+X_{35})(X_{36}+X_{37}+X_{38}+X_{39})X_2X_1$$

共有以下 44 个最小割集：

$$K_1=\{X_1,X_2,X_{36},X_{25}\}\quad K_2=\{X_1,X_2,X_{36},X_{26}\}\quad \cdots\cdots K_{11}=\{X_1,X_2,X_{36},X_{35}\}$$
$$K_{12}=\{X_1,X_2,X_{37},X_{25}\}\quad K_{13}=\{X_1,X_2,X_{37},X_{26}\}\quad \cdots\cdots K_{22}=\{X_1,X_2,X_{37},X_{35}\}$$
$$K_{23}=\{X_1,X_2,X_{38},X_{25}\}\quad K_{24}=\{X_1,X_2,X_{38},X_{26}\}\quad \cdots\cdots K_{33}=\{X_1,X_2,X_{38},X_{35}\}$$
$$K_{34}=\{X_1,X_2,X_{39},X_{25}\}\quad K_{35}=\{X_1,X_2,X_{39},X_{26}\}\quad \cdots\cdots K_{44}=\{X_1,X_2,X_{36},X_{35}\}$$

结构重要度分析：

通过计算，可得各基本事件的结构重要度：

$$I_{\varphi(1)}=I_{\varphi(2)}>I_{\varphi(36)}=I_{\varphi(37)}=I_{\varphi(38)}=I_{\varphi(39)}>I_{\varphi(25)}+I_{\varphi(26)}=I_{\varphi(27)}$$
$$=I_{\varphi(28)}=I_{\varphi(29)}=I_{\varphi(30)}=I_{\varphi(31)}=I_{\varphi(32)}=I_{\varphi(33)}=I_{\varphi(34)}=I_{\varphi(35)}$$

从上面的事故树可以看出，顶上事件的发生必须具备 4 个条件：即煤炭具有自燃性、没有及时发现预兆和处理、漏风量大、遗煤较多。显然事件 X_1 是客观存在的事实，无法控制，X_2 是人为可以控制和实现的，为了提高安全可靠性，必须采取预防措施，即重点是控制 A_{16} 和 A_{20}。但因煤柱破碎而造成的遗煤多是不容易控制的，而煤炭回收率低是开采工艺造成的，且是已经报废的采区，无法进行改变。所以工作的重点应当放在控制采空区漏风上。综上分析，此类事故的预防对策简述如下：

1）加强对职工特别是通风安全专业管理人员的教育，掌握有关煤炭自燃的基本知识，及时发现自燃的征兆，并及时汇报。

2）报废的采空区一定要及时封闭，密闭墙必须达到质量要求，并经常检查，及时修补。

3）采取措施，降低采空区两侧的风压差。

4）保证矿井通风系统完善良好，维护好井巷，降低风阻。

(5) 停工停风独头巷道遗煤氧化自燃事故。本类事故的子事故树如图 4—17 所示。

求解最小割集：

$$T=A_1X_1=A_{23}X_2X_1=A_{24}A_{25}X_2X_1=(X_{41}+X_{42})(X_{43}+X_{44})X_2X_1$$
$$K_1=\{X_1,X_2,X_{41},X_{43}\}\qquad K_2=\{X_1,X_2,X_{41},X_{44}\}$$
$$K_3=\{X_1,X_2,X_{42},X_{43}\}\qquad K_4=\{X_1,X_2,X_{42},X_{44}\}$$

结构重要度分析：

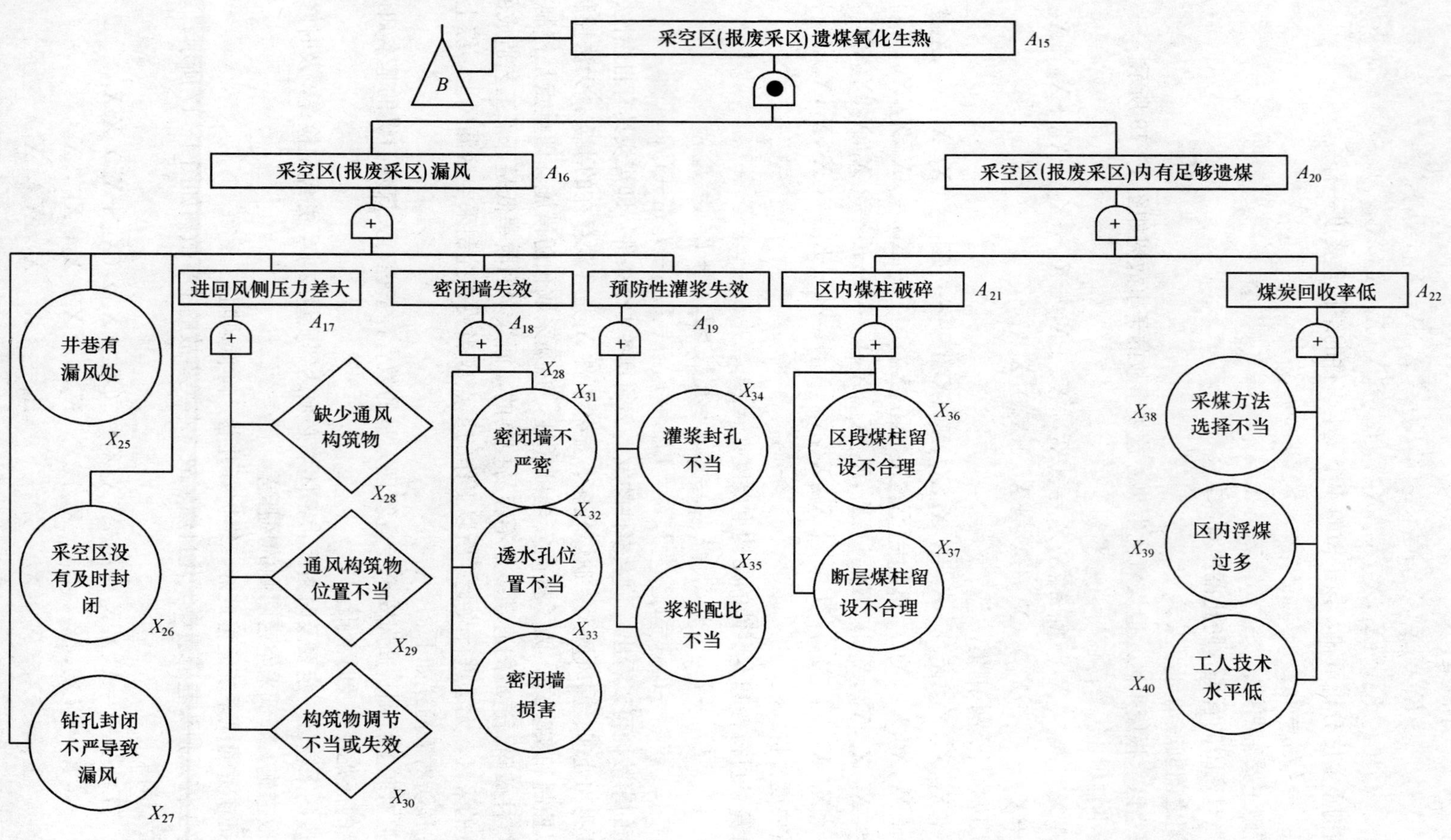

图4—19 采空区（报废采区）遗煤引起煤炭自燃事故树分析图

X_{41}，X_{42}，X_{43}，X_{44} 4 个基本事件的结构重要度是相同的，即：I_{φ}（41）$=I_{\varphi}$（42）$=I_{\varphi}$（43）$=I_{\varphi}$（44）。

主要的预防措施是：及时清理浮煤；及时密闭巷道，保证密闭墙的质量符合要求。

2. 外因火灾评价

矿井外因火灾是指由于外来热源点燃可燃物质引起的火灾。外因火灾一旦发生，就会在短时间内产生大量的有毒有害气体并出现火焰，如果发现、扑灭或井下人员撤退不及时，往往酿成恶性事故。

为了防止外因火灾的致人伤亡事故的发生，采用事故树的方法进行分析，找出导致事故发生的可能途径，为制定预防外因火灾事故措施提供参考依据。

（1）外因火灾致人伤亡事故树如图 4—20 所示。

（2）事故树的定性分析

1）求解最小割集。本事故树的最小割集求解如下：

$$
\begin{aligned}
T &= A_1A_2X_{24}=(X_1+X_2)(A_3+X_3+A_4+A_5)X_{24}\\
&=(X_1+X_2)[(X_4+X_5+X_6+X_7+X_8+X_9+X_{10})+X_3+A_4+A_5]X_{24}\\
&=(X_1+X_2)[(X_4+X_5+X_6+X_7+X_8+X_9+X_{10}+X_3)+(X_{11}+X_{12}+X_{13}+X_{14}+X_{15}\\
&\quad +X_{16}+X_{17})+(X_{18}+X_{19}+X_{20}+X_{21}+X_{22}+X_{23})]X_{24}
\end{aligned}
$$

展开化简后可以得到 41 个最小割集：

$K_1=\{X_1,X_{24},X_3\}$　$K_2=\{X_1,X_{24},X_4\}$　$K_3=\{X_1,X_{24},X_5\}$

$K_4=\{X_1,X_{24},X_6\}$　$K_5=\{X_1,X_{24},X_7\}$　$K_6=\{X_1,X_{24},X_8\}$

$K_7=\{X_1,X_{24},X_9\}$　$K_8=\{X_1,X_{24},X_{10}\}$　$K_9=\{X_1,X_{24},X_{11}\}$

$K_{10}=\{X_1,X_{24},X_{12}\}$　$K_{11}=\{X_1,X_{24},X_{13}\}$　$K_{12}=\{X_1,X_{24},X_{14}\}$

$K_{13}=\{X_1,X_{24},X_{15}\}$　$K_{14}=\{X_1,X_{24},X_{16}\}$　$K_{15}=\{X_1,X_{24},X_{17}\}$

$K_{16}=\{X_1,X_{24},X_{18}\}$　$K_{17}=\{X_1,X_{24},X_{19}\}$　$K_{18}=\{X_1,X_{24},X_{20}\}$

$K_{19}=\{X_1,X_{24},X_{21}\}$　$K_{20}=\{X_1,X_{24},X_{23}\}$　$K_{21}=\{X_2,X_{24},X_3\}$

$K_{22}=\{X_2,X_{24},X_4\}$　$K_{23}=\{X_2,X_{24},X_5\}$　$K_{24}=\{X_2,X_{24},X_6\}$

$K_{25}=\{X_2,X_{24},X_7\}$　$K_{26}=\{X_2,X_{24},X_8\}$　$K_{27}=\{X_2,X_{24},X_9\}$

$K_{28}=\{X_2,X_{24},X_{10}\}$　$K_{29}=\{X_2,X_{24},X_{11}\}$　$K_{30}=\{X_2,X_{24},X_{12}\}$

$K_{31}=\{X_2,X_{24},X_{13}\}$　$K_{32}=\{X_2,X_{24},X_{14}\}$　$K_{33}=\{X_2,X_{24},X_{15}\}$

$K_{34}=\{X_2,X_{24},X_{16}\}$　$K_{35}=\{X_2,X_{24},X_{17}\}$　$K_{36}=\{X_2,X_{24},X_{18}\}$

$K_{37}=\{X_2,X_{24},X_{19}\}$　$K_{38}=\{X_2,X_{24},X_{20}\}$　$K_{39}=\{X_2,X_{24},X_{21}\}$

$K_{40}=\{X_2,X_{24},X_{22}\}$　$K_{41}=\{X_2,X_{24},X_{23}\}$

2）求解最小径集。根据事故树可以做出其成功树，如图 4—21 所示。

根据成功树求解最小径集：

$$
\begin{aligned}
T' &= A'_1+A'_2+X'_{24}=X'_1X'_2+(A'_3X'_3A'_4A'_5)+X'_{24}\\
&=X'_1X'_2+X'_{24}+(X'_4X'_5X'_6X'_7X'_8X'_9X'_{10}X'_3)(A'_6X'_{11}X'_{15}X'_{16}X'_{17})\\
&=X'_1X'_2+X'_{24}+(X'_4X'_5X'_6X'_7X'_8X'_9X'_{10}X'_3)(X'_{11}X'_{12}X'_{13}X'_{14}X'_{15}\\
&\quad X'_{16}X'_{17})(X'_{18}X'_{19})(X'_{22}X'_{23})
\end{aligned}
$$

展开整理后，可以得到以下 3 组最小径集：

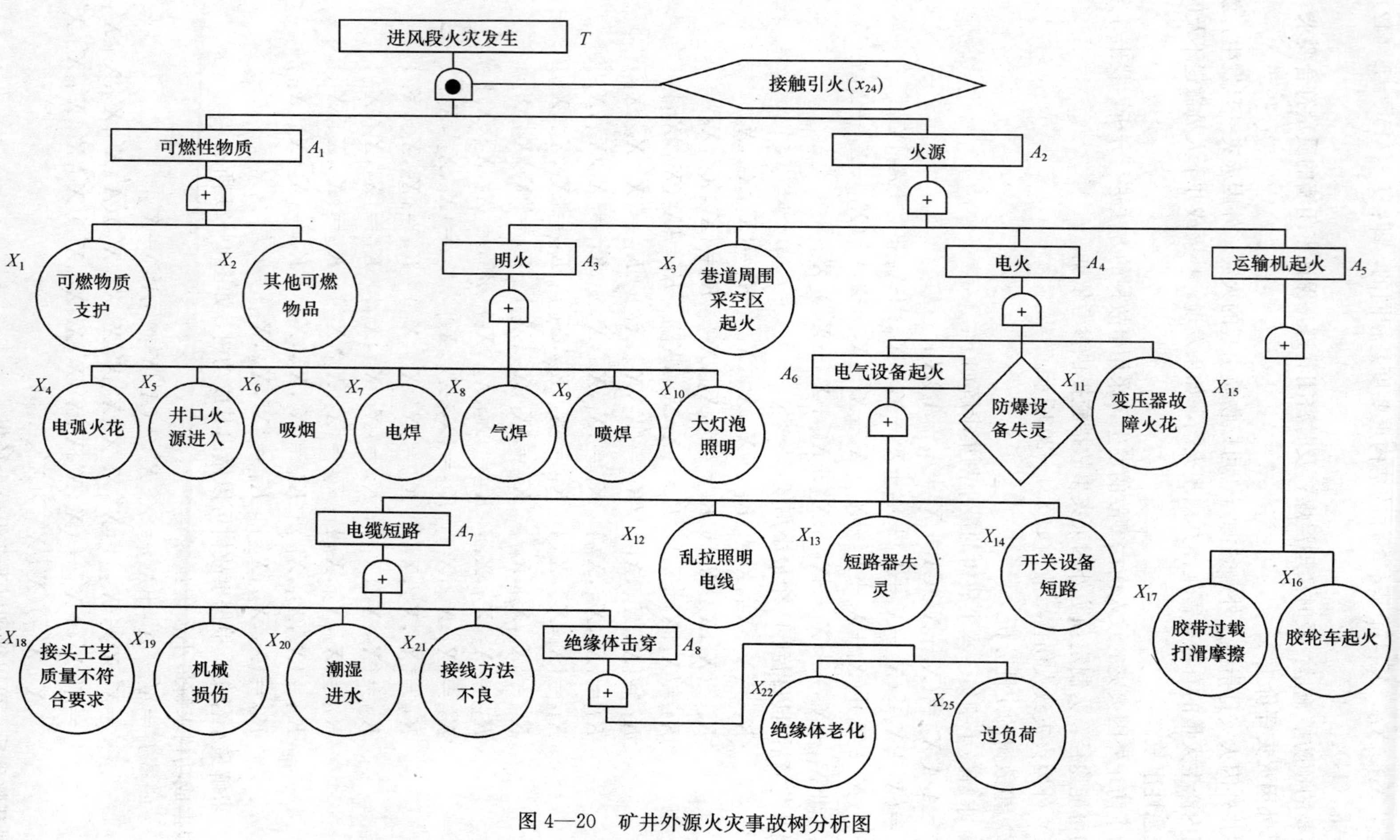

图 4—20 矿井外源火灾事故树分析图

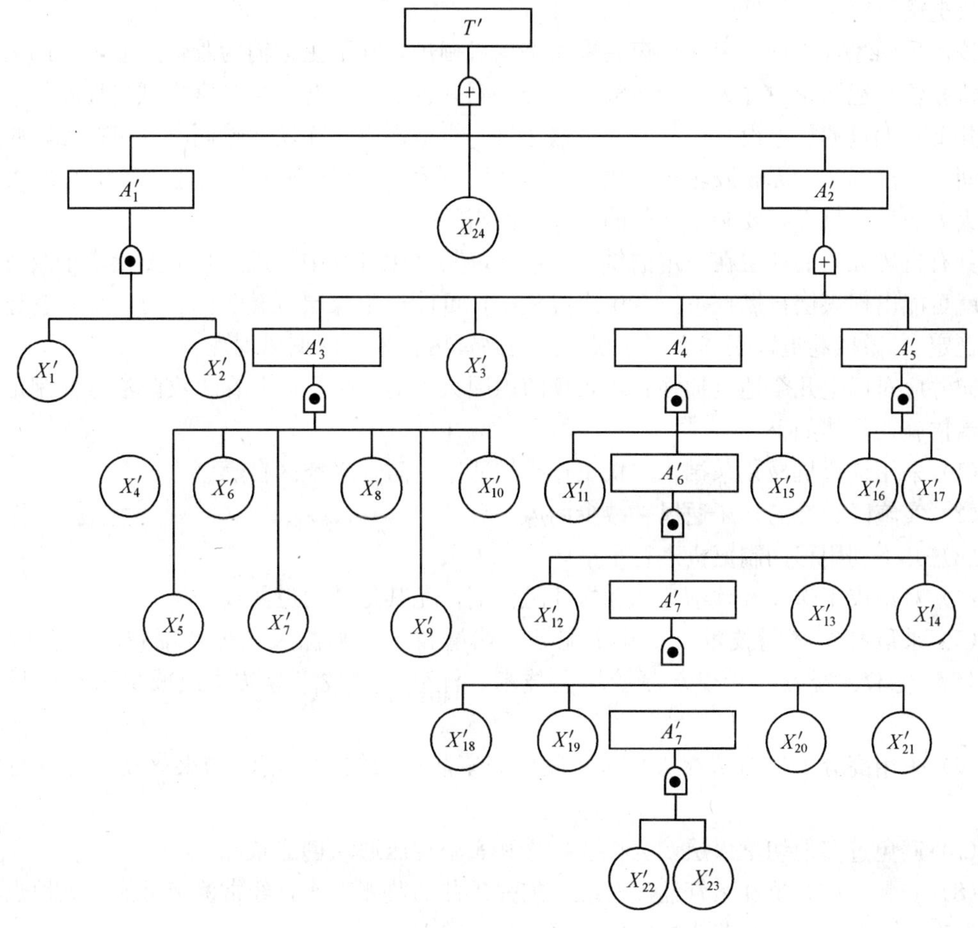

图 4—21　成功树

$P_1=\{X_1, X_2\}$；　$P2=\{X_{24}\}$

$P_3=\{X_3, X_4, X_5, X_6, X_7, X_8, X_9, X_{10}, X_{11}, X_{12}, X_{13}, X_{14}, X_{15}, X_{16}, X_{17}, X_{18}, X_{19}, X_{20}, X_{21} X_{22}, X_{23}\}$

基本事件的重要度顺序为：

$I_{\varphi(24)}>I_{\varphi(1)}=I_{\varphi(2)}>I_{\varphi(3)}=I_{\varphi(4)}=I_{\varphi(5)}=I_{\varphi(6)}=I_{\varphi(7)}=I_{\varphi(8)}=I_{\varphi(9)}=I_{\varphi(10)}=I_{\varphi(11)}=I_{\varphi(12)}=I_{\varphi(13)}=I_{\varphi(14)}=I_{\varphi(15)}=I_{\varphi(16)}=I_{\varphi(17)}=I_{\varphi(18)}=I_{\varphi(19)}=I_{\varphi(20)}=I_{\varphi(21)}=I_{\varphi(22)}=I_{\varphi(23)}$

（3）结果分析

1）从上述分析可以看出求得的最小割集为 41 组，最小径集为 3 组，所以可知能够造成外因火灾的“可能途径”有 41 条，而“预防途径”仅有 3 条，故系统的危险性较大。

2）从结构重要度看，X_{24}的结构度最大，其次是 X_1和 X_2，再者是 X_3，…，X_{21}，X_{22}和 X_{23}，在制定预防措施时，可根据基本事件的结构重要度，结合实际情况，合理进行选择。

3. 评价结论

该矿井煤层为易自燃煤层，内因火灾的防治是该矿井防灭火工作的重点，其次是运输设备和机电设备等引起的外因火灾。

该矿采用综合机械化采煤，煤巷采用综掘机掘进，井下主运输为胶带运输，辅助运输采用无轨胶轮车运输，主井为胶带运输机提升，副井为绞车提升，是一座机械化程度很高的矿井，井下有大量的机电设备，所以皮带输送机、机电硐室、无轨运输硐室（包括无轨胶轮车修理间及加油硐室、无轨胶轮车存放硐室、换装硐室）、井下坑木存放巷道等引起的火灾是外因火灾防治的重点，要制定专门的火灾防治措施。

具有自燃倾向的煤层在一定的供氧条件下，其氧化过程中生成蓄积的热量难于及时散发时，就可能出现煤层自燃现象。在生产过程中，可能产生煤层自燃的地点有：角联巷道（风流不稳定）；微风巷道；工作面停采线；巷道高冒区；采空区漏风地点。

矿井应对以上几个地点加强管理，预防内因火灾的发生。矿井在火灾防治方面制定详细的防治措施，具体如下：

（1）采用综合机械化采掘，加快工作推进速度，防止采空区自燃。

（2）实施区域性的均压通风，减少漏风。

（3）井下利用移动制氮机进行采空区注氮灭火。

（4）对采煤工作面及顺槽喷洒和灌注阻化剂，尤其是“两道两线”处。

（5）采取挂帘堵漏技术、喷涂水泥砂浆堵漏技术、喷涂聚氨酯堵漏技术、轻质发泡喷涂堵漏技术、凝胶、粉煤灰凝胶堵漏技术、注砂堵漏技术等防止或减少采空区瓦斯外泄。

（6）采用高分子材料防灭火技术、胶体泥浆防灭火技术、惰泡防灭火技术等进行防灭火。

（7）避免过多地切割煤层，为快速推进和实施均压通风创造条件。

（8）安装监控系统和束管监测系统，加强矿井的监测工作，经常测定可能发火地点的风量和温度，定期检查废弃巷道的密闭情况，分析掌握发火动态。

（9）地面布置大于 200 m^3 的消防水池，井下布置消防洒水管路系统。

十一、矿井水害危险性评价

1. 评价方法

矿井水灾是煤矿的五大灾害之一，其危害性十分严重，当透水源与导水通道相通或采掘工作面揭露透水源时，就会发生透水事故。

根据《煤炭工业矿井设计规范》的规定，井下防水设计必须符合国家现行标准《煤矿安全规程》的有关规定；水患严重矿井应根据矿井的自然条件、技术条件、经济效益以及环保等因素，采取以预防为主的综合防治水措施，并应按有关规定配备设备；导水断层、陷落柱、矿井水淹区、井田边界等处必须留设防隔水煤（岩）柱，其尺寸根据相关规定计算确定。

对于水文条件比较简单的矿井来说，可从地表水和地下水两个方面，对矿井的水害事故采用预先危险性分析法进行分析评价。

2. 矿井水灾预先危险性评价

某矿井水灾预先危险性分析，见表 4—30。

表 4—30　　某矿井水灾预先危险性分析表

危险因素	诱导因素	事故后果	危险等级	措施
矿井附近的积水以及季节性雨水，水位暴涨超过井口标高而涌入地下	1. 井口处于低洼处，不符合防水要求。 2. 矿井周围围堤被损坏，失去保护作用。 3. 矸石山位置选择不当，长期冲刷至河流中致使河床增高，河水等流入井口	地面水大量涌入井下，淹没井口及井下设备，造成人员伤亡和财产损失	3～4	1. 井口和工业场地内建筑物的高程低于当地历年最高洪水位时必须修筑坝堤、沟渠或采取其他防排水措施。 2. 矸石等杂物不得堆放在洪水、河流可能冲刷到的地方，避免淤塞河流、沟渠等排水设施。 3. 受河流、山洪等威胁时，必须修筑堤坝和泄洪渠，防止洪水侵入
地表水与松软的沙砾岩层相通，井筒穿透冲积层含水层时，地表水沿着砂砾岩裂隙涌入井下	1. 穿透含水层时没有采取必要的防水措施。 2. 井筒损坏后维护不及时	地表水涌入井下，造成人员伤亡以及财产损失	3～4	1. 井筒在穿过冲积层时，采取措施加强支护。 2. 定期检查和维护井筒。 3. 雨季降水后，由专人检查井筒周围地区，发现漏水及时处理
地表水与煤层顶底板的含水层相沟通	1. 在进行开采设计时，没有考虑防水因素。 2. 对可能的地表涌水因素估计不足。 3. 钻孔通道导水。 4. 大断层导水，与地下井巷工程连通。 5. 隔离煤（岩）柱留设不合理或没有留设	地表水涌入井下，造成人员伤亡以及财产损失	3～4	1. 当煤层埋藏比较浅，距离地表较近时，必须通过计算确定安全合理的顶板管理方法。 2. 每次大雨时，必须派专人到矿区及周围地区检查附近地面有无裂缝和岩溶塌落现象，发现漏水及时处理。 3. 查看并摸清钻孔分布情况，检查钻孔的封孔质量是否符合要求。 4. 摸清井田内的地质情况，并采取必要的防护措施。 5. 严格按照规定计算、校验和留设防水煤柱
地下有砾岩、流沙层、石灰岩层等含水层	1. 采掘工作面接近或穿过这种岩层。 2. 回采面过后顶板跨落导通含水层	大量的水涌入工作面，淹没设备和巷道，甚至导致人员伤亡	3～4	1. 掘进和回采时应注意周围情况的变化，发现透水征兆及时汇报。 2. 在接近含水层时，工作面必须进行探防水。 3. 在进行探防水工作时必须制定专门的措施，准备好相关设备设施
断层与含水层沟通	采掘工作面接近或通过这些地点	通过裂隙等通道与含水层沟通，涌入巷道或采面，造成财产损失和人员伤亡	3～4	1. 加强地质预测预报工作。 2. 接近断层时必须坚持有疑必探的原则进行探放水并制定专门的技术措施

十二、电气危害危险性评价

1. 评价方法

井下的生产系统存在的大量用电设备、配电线路、开关、照明器具、电动机等均有可能引起电伤害，或成为火灾的引燃源。一般可采用预先危险性分析法进行分析和评价。

2. 矿井触电危险性评价

采用矿井触电预先危险性分析法进行分析和评价，见表 4—31。

表 4—31　　预先危险性分析法进行分析和评价表

危险因素	诱导因素	事故后果	危险等级	措施
电击触电危险	1. 电气线路或电气设备在设计、安装上存在缺陷，或在运行中，缺乏必要的检修维护，使设备或线路存在漏电、过热、短路、接头松脱、断线破壳、绝缘老化、绝缘击穿、绝缘损坏等隐患； 2. 没有设置必要的安全技术措施（如保护接零、漏电保护、安全电压、等电位联结等），或安全措施失效； 3. 电气设备运行管理不当，安全管理制度不完善，没有必要的安全组织措施； 4. 专业电工或机电设备操作人员的操作失误，或违章作业等	引起压迫感、打击感、痉挛、疼痛、呼吸困难、血压异常、昏迷、心律不齐等，严重时会引起窒息、心室颤动而导致死亡	3～4	1. 必须使用合格的带有煤矿安全标志的电气设备； 2. 定期对机电设备进行检查维修，井下不得带电检修； 3. 容易碰到的、裸露的带电体设置必要的安全防护装置； 4. 坚持正规操作，按章作业
电伤触电危险	1. 直接烧伤：当带电体与人体之间发生电弧时，有电流流过人体形成烧伤，直接电弧烧伤是与电击同时发生的； 2. 间接烧伤：当电弧发生在人体附近时，对人体产生烧伤，包括熔化了的炽热金属溅出造成的烫伤； 3. 电流灼伤：人体与带电体接触，电流通过人体由电能转换为热能造成的伤害	电流的热效应、化学效应、机械效应对人体造成局部伤害，形成电弧烧伤、电流灼伤、电烙印、电气机械性伤害、电光眼等	2～3	1. 必须使用合格的带有煤矿安全标志的电气设备； 2. 对机电设备进行检查维修时，注意穿戴安全防护用品，并保持安全距离； 3. 设置必要的安全技术措施； 4. 坚持正规操作，按章作业
供电线路及地面变电所事故	架空线路易发生线路断线、线路杆塔倒杆、线路共振、线路遭受雷击等事故			1. 地面、井下各种电气设备的设计、安装、验收、运行、检修、试验要符合煤矿安全规程的相关规定； 2. 10 kV 及其以下的矿井架空电源线路不得共杆架设； 3. 两回路电源线路上不得分接任何负荷； 4. 井上下设置防雷电装置； 5. 变电所的设计要符合相关规定

3. 矿井电气危险性评价

以下是对某矿的电气危险性评价及其结论：

（1）电源。矿井两回 110 kV 电源线路均引自化工厂 110 kV 变电站，导线型号均为 LGJ-95，每回线路长 8 km。线路全线架设 GJ-35 避雷线。线路杆塔主要采用水泥双杆，部分杆塔采用铁塔。

（2）110 kV 变电所。在矿井工厂东部设 110 kV 变电所一座。变电所所内设两台 110/10 kV、16MV·A 主变压器。当一台变压器故障或检修时，另一台变压器能确保矿井全部负荷用电。变电所采用全室内布置，所有电气设备均布置在室内。110 kV 及 10 kV 系统均采用单母线分段接线。110 kV 开关选用 SF_6封闭式组合电器，其中包括断路器、隔离开关、电流及电压互感器共 7 套。主变压器选用 SFZ_{10}-16000/110、110±8×1.25%/10.5 kV、16 000 kV·A有载调压变压器两台。10 kV 开关柜选用 KYN28A-12 型金属铠装中置式真空高压开关柜。低压动力变压器选用 SCB8-800/10 10.5±5%/0.4 kV、800 kV·A 型干式变压器两台。

矿井供电系统采用微机变电站综合自动化监测、监控系统。变电所内操作控制电源采用直流 220 V，配置 220 V 直流系统一套。

（3）10kV 变电所。在矿井工业场区设压风机房 10 kV 变电所一座。双回路高压进线，内设高、低压配电装置，选用 SCB8-800/10、10.5±5%/0.4 kV、800 kV·A 变压器两台，向压风机房、单身宿舍及其附近场区用电负荷供电。设动筛车间 10 kV 变电所和仓下 10 kV 变电所，向生产系统及附近场区用电负荷供电。

（4）井下供配电

1）井下供电电压。井下高压设备采用 10 kV 电压供电，10 kV 用电设备为主排水泵、大巷胶带输送机。$2\text{-}2_{上}$煤层工作面采煤设备采用两种电压供电即 1 140 V、660 V；$2\text{-}2_{下}$煤层工作面采煤设备采用三种电压供电即 3 300 V、1 140 V、660 V；掘进工作面采用 1 140 V、660 V 两种电压供电。井下照明电压为 127 V。

2）下井电缆。下井电缆共四条，引自地面 110 kV 变电所两段 10 kV 母线，至井下中央变电所。下井电缆选用 $MYJV_{42}$、8.7/10 kV、3×120 mm^2 交联聚乙烯绝缘粗钢丝铠装聚氯乙烯护套电力电缆，每回路长 700 m。当一回电缆故障时，其他电缆可保证井下最大涌水量时的所有负荷用电。

3）井下供配电系统。在副井井底设井下中央变电所一座。中央变电所 10 kV 系统采用单母线分四段接线，四回电源引自地面 110 kV 变电所两段 10 kV 母线。配电设备均采用矿用一般型。中央变电所主要为主排水泵、大巷胶带输送机等负荷直配电，并为井底车场其他低压负荷供电。

$2\text{-}2_{下}$煤层设采区变电所一座。变电所两回电源引自井下中央变电所两段 10 kV 母线，10 kV 系统采用单母线分段接线。采区变电所内选用矿用隔爆高压真空配电开关和隔爆型干式变压器，担负采区采煤工作面和掘进工作面负荷的用电。

4）井下照明。井底车场、机电硐室、轨道大巷、胶带输送机大巷、胶带输送机顺槽等地点设固定照明。照明灯具选用 DGS127 型矿用防爆荧光灯。

5）接地。井下供电系统为中性点不接地系统，故采用保护接地，并符合《煤矿安全规程》规定。井下变压器为中性点绝缘系统，所有电气设备非带电的金属外壳采用保护接地。在主水泵房水仓内设主接地极。各变电所、配电点设局部接地极。主接地极与局部接地极、铠装电缆金属护套、聚氯乙烯绝缘电缆及橡套电缆的接地芯线相连接组成完整的接地网。接地网上任一保护接地点测得的接地电阻值，不得超过 2 Ω。

该矿井采掘机械化程度比较高，无论是在基建过程中还是在生产过程中，都要使用大量的电气设备，而且随着采掘机械化的发展，用电地点增多，设备使用电压有所提高，电气设备维护难度加大，导致触电危险的可能性也不断加大。所以不能忽视对此类事故的预防。

通过分析评价，可以认为该矿井供电能满足基本安全生产的要求，但可研报告对于高压馈电线上的单相接地保护装置和井下低压馈电线上设漏电保护装置没有进行必要的论述，在接下来的设计中应给予补充。

十三、提升、运输危害危险性评价

1. 评价方法

煤矿提升、运输系统是矿井生产的重要环节，该系统运行状态正常与否，对矿井生产有着直接影响。根据有关统计资料，提升、运输事故始终处于煤矿恶性事故的前列。提升运输事故不但可以造成人员的伤亡，还会伴有设备、设施的损失，直接经济损失可达数十万元，严重的还会造成系统瘫痪和生产停顿。矿井提升、运输危害危险性评价可采用安全检查表法或预先危险性评价法等方法。

2. 提升、运输危害危险性评价举例

以下为某矿矿井提升、运输系统安全检查表，见表 4—32。

表 4—32　　提升运输系统安全检查表

序号	检查内容	评价依据	实际检查情况	评价结果
一、提升	1. 使用矿用提升绞车，深度指示器、提升容器、连接装置符合《规程》规定	《煤矿安全规程》第 428 条	该矿使用的是 2JK、2JKB、JTB 型提升绞车。连接装置符合规定	符合
	2. 提升容器符合规程规定，并有按速度要求的安全设施和足够的过卷和过放距离	《煤矿安全规程》第 372 条	提升钢丝绳型号符合要求	符合
	3. 提升信号齐全、安全可靠。提升信号与提升司机闭锁	《煤矿安全规程》第 369 条	有齐全可靠的提升信号	符合
	4. 提升系统安全保护装置齐全可靠，提升机设备常用闸和保险闸工作制动和安全制动动作可靠；罐笼防坠器、斜井人车防坠器按规定检查和定期试验，并有检查记录。斜井轨道及托绳轮符合要求	《煤矿安全规程》第 364 条	井下提升绞车安全保护装置齐全可靠，提升机设备常用闸和保险闸工作制动和安全制动动作可靠	符合
	5. 提升钢丝绳的安装、使用、检验、更换符合《规程》规定。钢丝绳每天检验一次，并有记录	《煤矿安全规程》第 436 条	提升钢丝绳的安装、使用、检验、更换符合《规程》规定，并有检验报告及日常检查记录	符合

续表

序号	检查内容	评价依据	实际检查情况	评价结果
一、提升	6. 斜井提升时严禁蹬钩、行人，严禁调度绞车作为矿井主提升绞车	《煤矿安全规程》第372条	斜井提升时未发现蹬钩、行人，矿井有主用提升绞车	符合
	7. 倾斜井巷内提升，装设可靠的一坡三挡	《煤矿安全规程》第370条	倾斜井巷内装设有可靠的一坡三挡	符合
	8. 倾斜井巷使用提升绞车，有信号、硐室及躲避硐室，做到行人不行车，行车不行人	《煤矿安全规程》第371条	倾斜井巷使用提升绞车，有信号、硐室及躲避硐室，行人不行车，行车不行人	符合
二、斜巷及平巷运输	1. 架线符合规程规定，轨道铺设合格，轨型与机车吨位型号相匹配。井下使用煤矿专用的运输设备	《煤矿安全规程》第353条	架线符合规程规定，轨道铺设合格，轨型与机车吨位型号相匹配。井下使用架线电力机车牵引2t矿车运输	符合
	2. 使用机车运输符合规定，列车的制动距离符合规定并每年至少测定一次，并有测定报告	《煤矿安全规程》第372条	列车的制动距离符合规定，每年测定一次，并有测定报告	符合
	3. 机车大闸、灯、警铃（喇叭）、连接装置和撒砂装置齐全、可靠	《煤矿安全规程》第351条	架线电力机车前方有照明，后面有红灯。机车大闸、警铃、连接装置齐全、可靠。	符合
	4. 巷道坡度符合运输规定要求	《煤矿安全规程》第372条	680绞车房轨道巷倾角为26°	符合
三、刮板输送机	1. 滚筒驱动带式输送机或钢丝绳牵引带式输送机安全保护装置齐全可靠。井下使用阻燃、抗静电输送带	《煤矿安全规程》第373条	综采工作面顺槽皮带为阻燃皮带，皮带机装设有堆煤、温度、自动洒水、防跑偏保护装置	符合
	2. 刮板输送机完好合格，保护装置齐全可靠	《煤矿安全规程》第372条	刮板输送机完好合格，保护装置齐全可靠	符合
四、井下机械送人员	1. 严禁使用非专业人车运送人员	《煤矿安全规程》第358条	该矿使用电力机车牵引人车运送人员	符合
	2. 用辅助运输装置运送人员和设备时，运行及保护符合规定	《煤矿安全规程》第372条	架线电力机车牵引矿车运送设备时，运行及保护符合规定	符合

某矿斜井提升事故预先危险性评价表，见表4—33。

表4—33　　斜井提升事故预先危险性评价表

危险因素	诱导因素	事故后果	危险等级	措施
提升机过卷或过放	1. 控制回路发生故障，保护失灵。 2. 深度指示器失灵。 3. 超载后不能继续提升，设备失控，重车反向下行。 4. 操作错误，反向开车。 5. 闸杆断裂，完全失去制动能力。 6. 制动机构失灵，不能建立制动力。 7. 闸瓦间隙过大，制动力不足。 8. 闸盘油污，摩擦系数降低，制动力不足	可造成提升串车（大件）的损坏，并破坏井筒的其他装备，影响生产	3～4	1. 选择高性能质量的电气元件，严格执行相关制度，加强检查维修工作，保证控制回路工作正常。 2. 定期对深度指示器进行检查维修，发现故障及时处理，即时校正深度指示器。 3. 严格按照规程规定计算和校核提升重量，严禁超载运行。 4. 在提升绞车中安装反向开车保护装置，提高操作人员技术素质和责任心。 5. 加强对设备的检查和维修，特别是老型号提升机，预防构件尤其是关键构件的损坏。 6. 保持提升机的干净整洁，防止异物进入造成制动失灵。 7. 定期检查闸瓦间隙，间隙过大时及时更换。 8. 选择质量好的闸瓦，避免漏油，保证提升绞车有足够的制动力
提升容器无制动下坠	1. 检修人员不了解制动机构的性能，实行错误的处置方法。 2. 未使用定车装置固定滚筒。 3. 进行检修工作前，未解除滚筒上的外力矩。 4. 盘式制动装置的多个独立制动器，作用在活动滚筒上的制动力不足	提升容器无阻力地冲向井筒底部，造成提升容器损坏，破坏井筒内及下部的有关设备。如下部有人员作业，还会造成人员伤亡	3～4	1. 设备维护人员必须经过严格的培训，提高技术素质和责任心，坚持正规操作。 2. 检修时，严格按照作业规程和操作程序执行。 3. 缠绕式提升机应备有定车装置
钢丝绳破断事故	1. 钢丝绳因锈蚀、断丝、磨损致使强度下降。 2. 提升容器受到阻力而松绳，导致巨大冲击力引起钢丝绳破断。 3. 轨道质量差，车辆脱轨下道。 4. 违章超载	造成提升容器坠落，引起设备的损坏或人员伤亡	3～4	1. 使用合格的钢丝绳，并在投入使用前进行严格的检查。 2. 坚持钢丝绳定期试验制度，建立钢丝绳档案。 3. 严格执行钢丝绳的更换标准。 4. 对钢丝绳进行必要有效的维护，定期涂抹专用油脂防止腐蚀。 5. 加强轨道检查维修。 6. 严格按技术要求操作，杜绝超载

续表

危险因素	诱导因素	事故后果	危险等级	措施
物体或人员坠落事故	1. 建井期间安全设施简陋，有关人员违章导致吊桶坠落。 2. 井筒施工中吊盘失去平衡导致倾覆，造成人员坠落。 3. 提升容器内物料散落，导致货物坠落	人员坠落会造成死亡事故，物体坠落会破坏井筒内的设备设施，并可能击中井下作业人员引起人员伤亡	3～4	1. 建井期间条件艰苦，设备简陋，一定要严格管理，正规操作，杜绝违章现象，提高安全可靠性。 2. 罐笼的安全装置必须齐全、有效、可靠。 3. 吊盘倾覆一般发生在井筒施工期间，施工使用的稳车必须安全可靠，并有防逆转装置，钢丝绳与吊盘连接必须可靠。 4. 提升容器内的提升物体必须捆扎牢固或按规定用指定容器盛放。 5. 建井期间，容器提升必须稳定可靠，避免摆动
提升信号及其闭锁发生故障	1. 检修前没有设置可靠的信号。 2. 井口阻车器和井口安全门发生故障。 3. 不符合要求或操作错误。 4. 信号与安全门不闭锁。 5. 误发信号	会导致矿车或人员坠落井底，导致伤亡事故发生	3～4	1. 提高信号本身的可靠性，尽可能采用先进的设备。 2. 确定执行信号指令的制度，信号规定明确清晰。 3. 信号发送和执行人员必须尽职尽责。 4. 提升信号与提升机建立闭锁。 5. 操车设备联动和信号闭锁，防止意外发生

3. 胶带输送机危险性分析

胶带输送机是煤矿中使用的另外一个主要运输设备，相对于提升系统而言，故障内容相对简单，采用综合评价法对其进行分析评价。胶带输送机的主要事故有打滑、撕裂、下滑等，具体如下。

（1）当带式输送机的驱动滚筒最大摩擦力小于带式输送机驱动滚筒两边的张力之比（即 $S_1/S_2 \leqslant e^{\mu\alpha}$）时，带式输送机就会出现打滑的问题。

（2）当倾斜的带式输送机有载停车时，则会发生倒转或顺滑现象。

（3）当胶带连接强度和选用胶带抗拉强度偏小时，则可能会发生断带、胶带撕裂现象。

此外，胶带输送机着火是矿井外因火灾发生的主要火源之一，所以要健全各种监测保护装置，如温度传感器、烟雾传感器等。

4. 提升、运输系统安全评价结论

一般来说，矿井提升、运输系统安全评价结论应包括以下方面的内容：

（1）运输矿车的牵引方式，此方式下应该注意的主要安全问题。

（2）矿井辅助运输采用何种方式牵引矿车运送物料、矸石，人员乘坐何种设备到达各自水平，再乘坐何种设备到达工作地点，这些条件下应当注意的安全问题。

（3）矿井运输系统是否符合《煤矿安全规程》和《煤矿安全生产条件》的规定。

第四节 矿井重大危险有害因素严重度和发生频率排序

依据《重大危险源辨识》（GB 18218—2000）和《关于开展重大危险源监督管理工作的指导意见》（安监管协调字［2004］56号）的规定，对被评价的矿井是否存在重大危险源进行辨识。如根据国家安全生产监督管理局下发的《关于开展重大危险源监督管理工作的指导意见》的规定，井工开采的煤矿，有煤尘爆炸危险的矿井和煤层自燃发火期≤6个月的矿井均属于重大危险源申报范围。某被评价矿井的煤尘具有爆炸性，根据调查，该矿所处煤田的煤层自燃发火期一般为40～60天，因此该矿井煤的自燃发火及煤尘均属于重大危险源。

另外，在进行安全评价的过程中，要根据前面对矿井或者所处井田的危险、有害因素的辨识及分析，将危险、有害因素危险度和发生频率按照从大到小的顺序进行排列。这项工作不仅对下一步的评价工作有基础性指导作用，同时也按照重点对危险因素进行监控，以期达到安全生产的目标。如某矿在进行危险源辨识和分析之后，安全评价组对该矿井的危险、有害因素的危险度和发生频率排序如下：（1）火灾；（2）煤尘；（3）顶板灾害；（4）水灾；（5）瓦斯；（6）提升运输事故；（7）电气伤害；（8）机械伤害；（9）爆破作业；（10）其他危害。

除此之外，应当指出本矿井或者井田的重大危险有害因素、主要危险有害因素和其他存在的安全隐患。如上述矿井的重大危险有害因素为：火灾、煤尘；主要危险有害因素为顶板、水、瓦斯。同时，该矿井设计投产后将是机械化程度相当高的大型矿井，井上下提升、运输设备相对数量较多，因此，必然存在一定的安全隐患，所以在今后的生产过程中应加强提升运输方面的管理。

第五章　煤矿安全对策措施

第一节　提出安全对策措施的基本原则与要求

一、制定安全对策措施应遵循的基本原则

安全评价的安全对策措施是要求设计单位、生产单位在建设项目设计、生产、管理中采取的消除或减小危险、有害因素的技术措施和管理措施，是保障整个生产、劳动过程中安全卫生的对策措施，在生产全过程中预防事故和职业危害。

在制定安全对策措施时，应遵循如下原则：

1. 安全对策措施等级顺序

当安全对策措施与经济效益发生矛盾时，应优先考虑安全对策措施上的要求，并应按下列安全对策措施等级顺序选择安全对策措施：

（1）直接安全对策措施。生产设备本身应具有本质安全性能，不出现任何事故和危害。

（2）间接安全对策措施。若不能或不完全能实现直接安全对策措施时，必须为生产设备设计出一种或多种安全防护装置（不得留给用户去承担），最大限度地预防、控制事故或危害的发生。

（3）指示性安全对策措施。间接安全对策措施也无法实现或实施时，须采用检测报警装置、指示标志等措施，警告、提醒作业人员注意，以便采取相应的对策措施或紧急撤离危险场所。

（4）若间接、指示性安全对策措施仍然不能避免事故、危害发生，则应采用安全工作规程、安全教育、安全培训和个体防护用品等措施来预防、减弱系统的危险、危害程度。

2. 安全对策措施具体做法

（1）消除。通过合理的设计和科学的管理，尽可能从根本上消除危险、有害因素，如采用无害化工艺技术，生产中以无害物质代替有害物质，实现自动化作业、遥控作业等。

（2）预防。当消除危险、有害因素确有困难时，可采取预防性技术措施，预防危险、危害的发生，如使用安全阀、安全屏护、漏电保护装置、安全电压、熔断器、防爆膜、事故排放装置等。

（3）减弱。在无法消除危险、有害因素和难以预防危险、有害因素的情况下，可采取减少危险、有害因素的措施，如采用局部通风排毒装置、生产中以低毒性物质代替高毒性物质、降温措施、避雷装置、消除静电装置、减振装置、消声装置等。

（4）隔离。在无法消除、预防、减弱的情况下，应将人员与危险、有害因素隔开和将不能共存的物质分开，如遥控作业、安全罩、防护屏、隔离操作室、安全距离、事故发生时的

自救装置（如防护服、各类防毒面具）等。

（5）连锁。当操作者失误或设备运行一旦达到危险状态时，应通过连锁装置终止危险、危害的发生。

（6）警告。在易发生故障和危险性较大的地方，配置醒目的安全色、安全标志；必要时设置声、光或声光组合报警装置。

3. 安全对策措施应具有针对性、可操作性和经济合理性

（1）针对性是指针对不同行业的特点和评价中提出的主要危险、有害因素及其后果，提出对策措施。由于危险、有害因素及其后果具有隐蔽性、随机性、交叉影响性，对策措施不仅要针对某项危险、有害因素孤立地采取措施，而且为使系统全面地达到国家安全指标，要采取优化组合的综合措施。

（2）提出的对策措施是设计单位、建设单位、生产经营单位进行安全设计、生产、管理的重要依据，因而对策措施应在经济、技术、时间上是可行的，能够落实和实施的。此外，要尽可能具体指明对策措施所依据的法规、标准，说明应采取的具体对策措施，以便于应用和操作。

（3）经济合理性是指不应超越国家及建设项目生产经营单位的经济、技术水平，按过高的安全指标提出安全对策措施。即在采用先进技术的基础上，考虑到进一步发展的需要，以安全法规、标准和指标为依据，结合评价对象的经济、技术状况，使安全技术装备水平与工艺装备水平相适应，求得经济、技术、安全的合理统一。

4. 安全对策措施应符合国家有关的法规、标准和行业安全设计规定的要求

在进行安全评价时，应严格按有关设计规定的要求提出安全对策措施。

二、安全对策措施的基本要求

在考虑、提出安全对策措施时，应满足以下基本要求：

1. 能消除或减弱运行过程中产生的危险、危害因素。
2. 将产生危险、危害因素的可能性降低到可以接受的水平。
3. 预防生产装置失灵和工作人员操作失误产生的危险、有害因素。
4. 能有效预防运行过程中重大事故和职业危害的发生。
5. 发生意外事故时，能为遇险人员提供自救和互救条件。

三、煤矿安全对策措施

煤矿安全对策措施是要求设计单位、生产单位、经营单位在建设项目设计、生产经营、管理中采取的消除或减弱危险、有害因素的技术措施和管理措施，是预防事故和保障整个生产、经营过程安全的对策措施。

煤矿安全技术对策措施的原则是优先应用无危险或危险性较小的工艺和物料，广泛采用综合机械化、自动化生产装置（生产线）和自动化监测、报警、排除故障和安全连锁保护等装置，实现自动化控制、遥控或隔离操作。尽可能防止操作人员在生产过程中直接接触可能产生危险因素的设备、设施和物料，使系统在人员误操作或生产装置（系统）发生故障的情况下也不会造成事故的综合措施。

煤矿安全对策措施的主要内容包括：矿址及矿区平面布置的对策措施；开采安全对策措施；通风和瓦斯、粉尘安全对策措施；通风安全监控；煤（岩）与瓦斯（二氧化碳）突出防治；井下火灾安全对策措施；矿井水安全对策措施；爆炸材料和井下爆破安全对策措施；运输、提升和空气压缩机安全对策措施；电气安全对策措施；煤矿救护机械伤害对策措施；有害因素控制对策措施（包括：尘、毒、窒息、噪声和振动等）；安全管理方面的对策措施。

第二节　矿址及矿区平面布置的安全对策措施

一、项目选址

选址时，除考虑建设项目经济性和技术合理性并满足生产布局和矿区规划要求外，在安全方面，应重点考虑地质、地形、水文、气象等自然条件对煤矿安全生产的影响和煤矿与周边区域的相互影响。

1. 自然条件

（1）不得在各类（风景、自然、历史文物古迹、水源等）保护区、各种（滑坡、泥石流、溶洞、流沙等）直接危害地段、高放射本底区、采矿陷落（错动）区、淹没区、发震断层区、地震烈度高于九度的地震区、Ⅳ级湿陷性黄土区、Ⅲ级膨胀土区、地方病高发区和废弃化学物层上面建设。

（2）依据地震、洪水、雷击、地形和地质构造等自然条件资料，结合煤矿生产过程和特点采取有针对性的、可靠的对策措施。如设置可靠的防洪排涝设施、按地震烈度要求设防、工程地质和水文地质不能完全满足工程建设需要时的补救措施、竖井开拓改为斜井开拓等。

2. 与周边区域的相互影响

除环保、消防行政部门管理的范畴外，主要考虑风向和建设项目与周边区域（特别是周边生活区、旅游风景区、文物保护区、航空港和重要通信、输变电设施和开放型放射工作单位、核电厂、剧毒化学品生产厂等）在危险、危害性方面相互影响的程度，采取位置调整、按国家规定保持安全距离和卫生防护距离等对策措施。

例如，公路、地区架空电力线路或区域排洪沟严禁穿越矿区；煤矿有可能对河流、地下水造成污染，应布置在城镇、居住区和水源地的下游及地势较低地段。

二、矿区平面布置

在满足生产工艺流程、操作要求、使用功能需要和消防、环保要求的同时，主要从风向、安全（防火）距离、交通运输安全和各类作业、物料的危险、危害性出发，在平面布置方面采取对策措施。

1. 功能分区

将生产区、辅助生产区（含动力区、储运区等）、管理区和生活区按功能相对集中分别布置，布置时应考虑生产流程、生产特点和火灾爆炸危险性，结合地形、风向等条件，以减少危险、有害因素的交叉影响。管理区、生活区一般应布置在全年或夏季主导风的上风侧或全年最小风频风向的下风侧。

辅助生产设施的循环冷却水塔（池）不宜布置在变配电所、露天生产装置和铁路冬季主导风向的上风侧及怕受水雾影响设施、全年主导风向的上风侧。

2. 矿内运输和装卸

矿内运输和装卸包括矿内铁路、道路、输送机通廊和码头运输及装卸（含危险品的运输、装卸）。应根据工艺流程、货运量、货物性质和消防的需要，选用适当运输和运输衔接方式，合理组织车流、物流、人流（保持运输畅通、物流顺畅且运距最短、经济合理，避免迂回和平面交叉运输、公路与铁路平交和人车混流等），为保证运输、装卸作业安全，应从设计上对矿内的公路和铁路（包括人行道）的布局、宽度、坡度、转弯（曲线）半径、净空高度、安全界线及安全视线、建筑物与道路间距和装卸（特别是危险品装卸）场所、煤场、设备材料仓库布局等方面采取对策措施。

依据行业、专业标准规定的要求，采取相应运输、装卸对策措施。

根据满足工艺流程的需要和避免危险、有害因素交叉相互影响的原则，布置矿内的生产装置、物料存放区和必要的运输、操作、安全、检修通道。

例如，煤场、矸石山宜布置在人员集中场所全年或夏季主导风向的下风侧；设置环形通道，保证消防车、急救车顺利通过可能出现事故的地点；易燃、易爆品仓储区域，根据安全需要，设置限制车辆通行或禁止车辆通行的路段；道路净空高度不得小于 5 m；矿内铁路不得穿过易燃、易爆品仓储区域；主要人流出入口与主要货流出入口分开布置，运煤车出口、入口宜分开布置；码头应设在矿区水源地下游等；危险品仓库等机动车辆频繁出入的设施，应布置在矿区边缘或矿区外，并设独立围墙；采用架空电力线路进出矿区的总变配电所，应布置在矿区边缘等。

3. 强噪声源、振动源的布置

（1）地面主要噪声源应符合《工业企业厂界噪声标准》（GB 12348—2008）、《工业企业噪声控制设计规范》（GBJ 87—1985）、《工业企业设计卫生标准》（GBZ 1—2010）等的要求，噪声源应远离矿内外要求安静的区域，宜相对集中、低位布置；高噪声厂房与低噪声厂房应分开布置，其周围宜布置对噪声非敏感设施（如辅助车间、仓库、堆场等）和较高大、朝向有利于隔声的建（构）筑物作为缓冲带；交通干线应与管理区、生活区保持适当距离。

（2）强振动源（包括提升设备等生产装置和火车、重型汽车道路等）应与管理区、生活区和对其敏感的作业区之间，按功能需要和仪器、设备的允许振动速度要求保持防振距离。

4. 建筑物自然通风及采光

为了满足采光和自然通风的需要，地面建筑物的采光应符合《建筑采光设计标准》（GB/T 50033—2001）和《工业企业设计卫生标准》（GBZ 1—2010）的要求，建筑物（特别是热加工和散发有害介质的建筑物）的朝向应根据当地纬度和夏季主导风向确定（一般夏季主导风向与建筑物长轴线垂直或夹角应大于 45°）。半封闭建筑物的开口方向，面向全年主导风向，其开口方向与主导风向的夹角不宜大于 45°。在丘陵、盆地和山区，则应综合考虑地形、纬度和风向来确定建筑物的朝向。建筑物的间距应满足采光、通风和消防要求。

5. 其他要求

依据《工业企业总平面设计规范》（GB 50187—1993）、《厂矿道路设计规范》（GBJ 22—1987）等行业规范的要求，应采取的其他相应的平面布置对策措施。

第三节　生产系统的安全对策措施

一、采掘作业安全对策措施

1. 一般规定

(1) 开凿平硐、斜井或立井时，自井口到坚硬岩层之间砌碹，并向坚硬岩层内至少延深 5 m。在山坡下开凿斜井或平硐时，井口顶、侧构筑挡墙和防洪水沟。

(2) 掘进井巷和硐室时，采用湿式钻眼、冲洗井壁巷帮、水炮泥、爆破喷雾、装岩(煤) 洒水和净化风流等综合防尘措施。

(3) 每一个生产矿井至少有 2 个能行人的通达地面的安全出口，各个出口间的距离不得小于 30 m。井下每一个水平到上一个水平和各个采区至少有 2 个便于行人的安全出口，并与通达地面的安全出口相连接。

(4) 巷道净断面满足行人、运输、通风、安全设施及设备安装、检修和施工的需要。

(5) 运输巷道两侧（包括管、线、电缆）与运输设备最突出部分之间，应留有足够高和宽的人行道或在巷道的一侧设置躲避硐。

2. 井巷掘进和支护安全对策措施

(1) 凿井期间，井口工作范围用栅栏围住，并安装栅栏门；井口设置封口盘和井盖门，井盖门的两端安装栅栏，封口盘和井盖门采用不燃性材料并坚固严密。

(2) 采用钻井法开凿立井井筒，钻井期间，采用封口平台时，将井口封盖严密；采用井口梁时，有可靠的防坠措施。

(3) 采用冻结法开凿立井井筒，掘进施工过程中，有防止冻结壁变形、片帮、掉石、断管等安全措施。梁窝的设计和施工有防止漏水的措施。冻结站用不燃性材料建筑，并应有通风装置。应经常测定站内空气中的氨气，氨气的体积分数不得超过 0.004%。站内严禁烟火，并备有急救和消防器材。

(4) 立井井筒穿过含水岩层或破碎带，采用地面或工作面预注浆法进行堵水或加固时，注浆站设在地面时，井上、下有可靠的通信联系。制浆和注浆的工作人员，应佩戴防护眼镜和口罩，水泥搅拌房内应采取防尘措施。

(5) 立井井筒漏水量每小时超过 6 m^3 或漏水中含砂，采用井壁注浆堵水，在罐笼顶上进行钻孔注浆作业时，安设工作盘和注浆管路安全阀，作业人员佩戴保险带，并在井口设专职值班人员。井上、下都有可靠的通信设施，升降注浆作业吊盘或工作盘时，应经值班人员的允许。井筒内进行钻孔注浆作业时，井底不得有人。

(6) 开凿或延深立井的施工组织设计中，有吊盘、保护盘以及凿岩、抓岩、出矸等设备的设置、运行、维修的安全措施。

(7) 开凿或延深立井时，井筒内设有在提升设备发生故障时专供人员出井的安全设施。

(8) 工作人员在悬空作业或有掉落危险情况下佩戴保险带。

(9) 开凿或延深立井时，井筒内每个工作地点设置独立的信号装置。井内作业人员熟悉并会发送信号。

(10) 安装井架或井架上的设备时盖严井口。

(11) 采用反向凿井法掘凿暗立井或竖煤仓，用木垛盘支护时，及时支护。绞车房与出矸水平之间，装设2套信号装置，其中1套设在吊罐内。吊罐内有人作业时，严禁在吊罐下方进行工作或通行。采用反井钻机扩孔期间，严禁人员在孔的下方停留、通行或观察。扩孔完毕，在孔的外围设置栅栏，防止人员进入。严禁站在溜矸眼的矸石上作业。

(12) 掘进工作面严禁空顶作业。修复支架时，先检查顶、帮，并由外向里逐架进行。在松软的煤、岩层或流沙性地层中及地质破碎带掘进巷道时，采取前探支护或其他措施，在坚硬和稳定的煤、岩层中，确定巷道不设支护时，制定安全措施。

(13) 更换巷道支护时，在拆除原有支护前，应先加固邻近支护，拆除原有支护后，及时除掉顶帮活矸和架设永久支护，必要时还应采取临时支护措施。在倾斜巷道中，有防止矸石、物料滚落和支架倾倒的安全措施。

(14) 采用锚杆、锚喷等支护形式时，打锚杆眼前，首先敲帮问顶，将活矸处理掉，在确保安全的条件下，方可作业。采用人工上料喷射机喷射混凝土、砂浆时，作业人应佩戴劳动保护用品。处理堵塞的喷射管路时，喷枪口的前方及其附近严禁有其他人员。

(15) 在揭露老空时，将人员撤至安全地点。只有经过检查，证明老空内的水、瓦斯和其他有害气体等无危险后，方可恢复工作。

(16) 开凿或延深斜井、下山时，在斜井、下山的上口设置防止跑车装置，在掘进工作面的上方设置坚固的跑车防护装置。斜井（巷）施工期间兼做行人道时，每隔40 m设置躲避硐并设红灯。

(17) 由下向上掘进250 m以上的倾斜巷道时，将溜煤（矸）道与人行道分开，防止煤（矸）滑落伤人。人行道应设扶手、梯子和信号装置。

3. 回采和顶板控制安全对策措施

(1) 采煤工作面保持至少2个畅通的安全出口，一个通到回风巷道，另一个通到进风巷道。采煤工作面所有安全出口与巷道连接处20 m范围内，加强支护；安全出口设专人维护，发生支架断梁折柱、巷道底鼓变形时，及时更换、清挖。

(2) 采煤工作面的伞檐不得超过作业规程的规定。

(3) 台阶采煤工作面设置安全脚手板、护身板和溜煤板。倒台阶采煤工作面，还在台阶的底脚加设保护台板。

(4) 采煤工作面严禁空顶作业。严禁在控顶区域内提前摘柱。碰倒或损坏、失效的支柱，要立即恢复或更换。

(5) 严格执行敲帮问顶制度。开工前，班组长对工作面安全情况进行全面检查，确认无危险后，方准人员进入工作面。

(6) 采煤工作面及时回柱放顶或充填，控顶距离超过作业规程规定时，禁止采煤。用垮落法控制顶板，回柱后顶板不垮落、悬顶距离超过作业规程的规定时，停止采煤，采取人工强制放顶或其他措施进行处理。

(7) 放顶人员站在支架完整及无崩绳、崩柱、甩钩、断绳抽人等危险的安全地点工作。回柱放顶前，对放顶的安全工作进行全面检查，清理好退路。回柱放顶时，指定有经验的人员观察顶板。

(8) 用水砂充填法控制顶板时充填地点的下方，严禁人员通行或停留。注砂井和充填地点之间，应保持用电话联络，联络中断时，立即停止注砂。

(9) 需从2个石垛中间采取矸石时，首先将顶板的活矸用长柄工具处理掉，设置临时支护，并与采煤工作面相接，采矸人员应在临时支护保护下进行工作，并有人观察顶板。

(10) 生产中遇有断梁、支架悬空、窜矸等情况时，应及时处理。正倾斜掩护支架的每个回采带的两端，应设置行人眼，并用木板隔出溜煤眼。

(11) 采用水力采煤时，应有以下措施：

1) 相邻2个小阶段巷道之间和漏斗式采煤的相邻2个上山眼之间，开凿联络巷，用以通风、运料和行人。

2) 采煤工作面附近设置通信设备，在水枪附近有直通高压泵房或调度站的声光兼备的信号装置。

3) 煤层倾角超过15°的漏斗式采煤工作面，在采空区架设挡矸点柱。

4) 发生窝水或水枪被埋时，立即打紧急停泵信号，及时打开事故阀门，停枪处理。

5) 用明槽输送煤浆时，倾角超过25°的巷道，明槽封闭，否则禁止行人。在行人经常跨过明槽处，设过桥。

6) 煤浆堵塞明槽时，立即通知水枪手停止出煤，打开事故阀门，放清水处理。煤浆堵塞溜煤眼或巷道时，立即停枪，制定安全措施，进行处理。

7) 打开盲管的堵板时，采取安全措施，防止管道内压缩的空气伤人。

8) 水枪司机与煤水泵司机之间装电话及声光兼备的信号装置。

9) 从事水力采煤工作的人员，要有防潮和防寒的劳动保护用品，水枪司机应佩戴防止反溅煤水伤人的劳动保护用品。

(12) 采用综合机械化采煤时，应有以下措施：

1) 倾角大于25°时，有防止煤（矸）窜出刮板输送机伤人的措施。

2) 液压支架接顶，顶板破碎时超前支护。

3) 采煤与移架之间的悬顶距离超过规定距离或发生冒顶、片帮时，停止采煤。

4) 当采高超过3 m或片帮严重时，液压支架有护帮板，防止片帮伤人。

5) 工作面转载机安装有破碎机时，有安全防护装置。

(13) 采用综合机械化采煤法放顶煤开采时，针对煤层的开采技术条件和放顶煤开采工艺的特点，对防火、防尘、防瓦斯、放煤步距、放煤顺序、采放平行关系、顶板控制、支架选型、端头支护、切眼扩面、支架安装、初次放顶（煤）、工作面收尾及支架回撤等制定安全技术措施。大块煤（矸）卡住放煤口时，严禁爆破处理；有瓦斯或煤尘爆炸危险时，严禁挑顶煤爆破作业。

4. 采掘机械安全对策措施

(1) 使用滚筒式采煤机采煤时，采取以下安全措施：

1) 采煤机上有能停止工作面刮板输送机运行的闭锁装置。启动采煤机前，先巡视采煤机四周，确认对人员无危险后，方可接通电源。

2) 工作面倾角在15°以上时，有可靠的防滑装置。

3) 使用有链牵引采煤机时，所有人员避开牵引链。

4）更换截齿和滚筒上下 3 m 以内有人工作时，护帮护顶，切断电源，打开采煤机隔离开关和离合器，并对工作面输送机施行闭锁。

（2）使用刨煤机采煤，工作面倾角在 12°以上时，配套的刮板输送机装设防滑、锚固装置。

（3）检修掘进机时，严禁其他人员在截割臂和转载桥下方停留或作业。

（4）采煤工作面刮板输送机安设能发出停止和启动信号的装置，发出信号点的间距不得超过 15 m。刮板输送机严禁乘人。用刮板输送机运送物料时，有防止顶人和顶倒支架的安全措施。移动刮板输送机时，有防止冒顶、顶伤人员和损坏设备的安全措施。

（5）装岩（煤）机上有照明装置。

（6）使用耙装机遵守下列规定：

1）装有封闭式金属挡绳栏和防耙斗出槽的护栏，在拐弯巷道装岩（煤）时，使用可靠的双向辅助导向轮，清理好机道，并有专人指挥和信号联系。

2）在装岩（煤）前，严禁在耙斗运行范围内进行其他工作和行人。在倾斜井巷移动耙装机时，下方不得有人。倾斜井巷倾角大于 20°时，在司机前方打护身柱或设挡板，并在耙装机前方增设固定装置。倾斜井巷使用耙装机时，有防止机身下滑的措施。

5. 建（构）筑物下、铁路下、水体下开采安全对策措施

（1）建（构）筑物下、铁路下、水体下开采时，设立观测站，观测地表移动与变形，查明垮落带和导水裂缝带的高度以及水文地质条件变化等情况。

（2）建（构）筑物下、铁路下、水体下开采时，应经过试采，试采前完成建（构）筑物、铁路、水体工程的技术情况调查。收集地质资料、水文地质资料，设置观测点以及完成建（构）筑物、铁路、水体工程加固等准备工作。

6. 冲击地压煤层开采安全对策措施

（1）开采冲击地压煤层的煤矿应有专人负责冲击地压预测预报和防治工作。规定发生冲击地压时的撤人路线。

（2）开拓巷道不得布置在严重冲击地压煤层中，永久硐室不得布置在冲击地压煤层中。

（3）停产 3 天以上的采煤工作面，恢复生产的前一班内，应鉴定冲击地压危险程度。

（4）在无冲击地压煤层中的三面或四面被采空区所包围的地区、构造应力区、集中应力区开采和回收煤柱时，制定防止冲击地压的安全措施。

7. 井巷维修和报废安全对策措施

（1）维修井巷支护时，严防顶板冒落伤人、堵人和支架歪倒。扩大和维修井巷连续撤换支架时，保证有在发生冒顶堵塞井巷时人员能撤退的出口。在独头巷道维修支架时，由外向里逐架进行，严禁人员进入维修地点以里。

撤掉支架前，应先加固工作地点的支架。架设和拆除支架时，在一架未完工之前，不得中止工作。撤换支架的工作应连续进行；不连续施工时，每次工作结束前，接顶封帮，确保工作地点的安全。

维修倾斜井巷时，应停止行车；需要通车作业时，制定行车安全措施。严禁上、下段同时作业。

（2）修复旧井巷。首先检查瓦斯，当瓦斯积聚时，按规定排放，只有在回风流中瓦斯的体积分数不超过 1.0%、二氧化碳的体积分数不超过 1.5%时，才能作业。

（3）报废的巷道封闭。报废的暗井和倾斜巷道下口的密闭墙留泄水孔。

8. 防止坠落安全对策措施

（1）立井井口用栅栏或金属网围住，进出口设置栅栏门。井筒与各水平的连接处有栅栏。栅栏门只准在通过人员或车辆时打开。立井井筒与各水平车场的连接处，设有专用的人行道。如果在立井井筒一侧设人行道，人行道上方设防护设施。罐笼提升立井的井口和井底、井筒与各水平的连接处，设置阻车器。

（2）倾角在 25°以上的小眼、人行道、上山和下山的上口，应设有防止人员坠落的设施。

（3）煤仓、溜煤（矸）眼有防止人员、物料坠入和煤、矸堵塞的设施。

二、通风和瓦斯、粉尘安全对策措施

1. 通风安全对策措施

（1）井下空气成分应符合下列要求：

1）采掘工作面的进风流中，氧气的体积分数不低于 20%，二氧化碳的体积分数不超过 0.5%。

2）有害气体的体积分数不超过表 5—1 的规定。

表 5—1　　井下空气中有害气体的最高允许体积分数

名称	最大允许体积分数（%）
一氧化碳（CO）	0.002 4
氧化氮（换算成二氧化氮 NO_2）	0.000 25
二氧化硫（SO_2）	0.000 5
硫化氢（H_2S）	0.000 66
氨（NH_3）	0.004

（2）进风井口以下的空气温度（干球温度，下同）在 2℃以上。

生产矿井采掘工作面空气温度不得超过 26℃，机电设备硐室的空气温度不得超过 30℃；当空气温度超过上述规定时，应缩短超温地点工作人员的工作时间。

采掘工作面的空气温度超过 30℃、机电设备硐室的空气温度超过 34℃时，应停止作业。新建、改扩建矿井设计时，应进行矿井风温预测计算；超温地点有制冷降温设计的，应配齐降温设施。

（3）矿井需要的风量应符合有关规定。

（4）按实际供风量核定矿井产量。

（5）矿井应有完整的独立通风系统。改变全矿井通风系统时，应编制通风设计及安全措施。

（6）掘进贯通巷道时，由专人在现场统一指挥。停掘的工作面应保持正常通风，设置栅栏及警标，经常检查风筒的完好状况和工作面及其回风流中的瓦斯浓度。瓦斯体积分数超限时，应立即处理。掘进的工作面每次爆破前，应派专人和瓦斯检查工共同到停掘的工作面检查工作面及其回风流中的瓦斯浓度。瓦斯体积分数超限时，应停止作业，处理瓦斯。只有在2个工作面及其回风流中的瓦斯体积分数都在1.0%以下时，掘进的工作面方可进行爆破作业。每次爆破前，2个工作面入口处应有专人警戒。

(7) 进、回风井之间和主要进、回风巷之间的每个联络巷中，应砌筑永久性风墙；需要使用的联络巷，应安设2道连锁的正向风门和2道反向风门。

(8) 箕斗提升井兼做回风井时，井上、井下装、卸载装置和井塔（架）应封闭，其漏风率不得超过15%，并应有可靠的防尘措施。装有带式输送机的井筒兼做回风井时，应装设甲烷断电仪。

(9) 进风井口应布置在粉尘、有害和高温气体不能侵入的地方。已布置在粉尘、有害和高温气体能侵入的地点的，应制定安全措施。

(10) 矿井开拓新水平和准备新采区的回风，应引入总回风巷或主要回风巷中。

(11) 生产水平和采区应实行分区通风。准备采区，在采区构成通风系统后，方可开掘其他巷道。采煤工作面在采区构成完整的通风、排水系统后，方可回采。高瓦斯矿井，有煤（岩）与瓦斯（二氧化碳）突出危险的矿井，每个采区和开采容易自燃煤层的采区，至少应设置1条专用回风巷；低瓦斯矿井开采煤层群和分层开采采用联合布置的采区，应设置1条专用回风巷。

(12) 采、掘工作面应实行独立通风。

(13) 有煤（岩）与瓦斯（二氧化碳）突出危险的采煤工作面不得采用下行通风。

(14) 采掘工作面的进风和回风不得经过采空区或冒顶区。其他特殊情况，工作面应有足够的新鲜风流，工作面及其回风巷的风流中的瓦斯和二氧化碳体积浓度应符合有关规定。

(15) 采空区应及时封闭。随采煤工作面的推进逐个封闭通至采空区的连通巷道。采区开采结束后45天内，在所有与已采区相连通的巷道中设置防火墙，封闭采区。

(16) 控制风流的风门、风桥、风墙、风窗等设施应可靠。倾斜运输巷中不应设置风门；如果设置风门，应安设自动风门或设专人管理，并有防止矿车或风门碰撞人员以及矿车碰坏风门的措施。开采突出煤层时，工作面回风侧不应设置风窗。

(17) 矿井采用机械通风。主要通风机的安装和使用应符合下列要求：

1) 主要通风机应安装在地面；装有通风机的井口应封闭。

2) 主要通风机应保证连续运转。

3) 应安装2套同等能力的主要通风机装置，其中1套作为备用。备用通风机应能在10 min内开动。在建井期间可安装1套通风机和1部备用电动机。

4) 主要通风机的出风井口应安装防爆门。

5) 主要通风机应装有反风设施。

6) 主要通风机房内应安装水柱计、电流表、电压表、轴承温度计等仪表，有直通矿调度室的电话。发现异常，应立即报告。

(18) 因检修、停电或其他原因停止主要通风机运转时，应制定停风措施。变电所或电厂在停电以前，将预计停电时间通知矿调度室。主要通风机停止运转时，受停风影响的地点，应立即停止工作并切断电源，工作人员先撤到进风巷道中。

(19) 严禁在煤（岩）与瓦斯（二氧化碳）突出矿井中安设辅助通风机。

（20）掘进巷道应采用矿井全风压通风或局部通风机通风。煤巷、半煤岩巷和有瓦斯涌出的岩巷的掘进通风方式应采用压入式，不得采用抽出式（压气、水力引射器不受此限）；如果采用混合式，应制定安全措施。

瓦斯喷出区域和煤（岩）与瓦斯（二氧化碳）突出煤层的掘进通风方式应采用压入式。

（21）应采用抗静电、阻燃风筒。瓦斯喷出区域、高瓦斯矿井、煤（岩）与瓦斯（二氧化碳）突出矿井，掘进工作面的局部通风机应采用三专（专用变压器、专用开关、专用线路）供电，严禁使用3台以上（含3台）的局部通风机同时向1个掘进工作面供风。不得使用1台局部通风机同时向2个作业的掘进工作面供风。

（22）使用局部通风机通风的掘进工作面，不得停风；因检修、停电等原因停风时，应首先撤出人员并切断电源。恢复通风前，应对瓦斯进行检测。只有在局部通风机及其开关附近10 m以内风流中的瓦斯体积分数都不超过0.5%时，方可人工开启局部通风机。

（23）井下爆炸材料库应有独立的通风系统，并将回风风流直接引入矿井的总回风巷或主要回风巷，保证爆炸材料库每小时能有其总容积4倍的风量。

（24）井下充电室应有独立的通风系统，回风风流应引入回风巷。井下充电室，可不采用独立的风流通风，但在新鲜风流中、井下充电室风流中以及局部积聚处的氢气体积分数，不得超过0.5%。

（25）井下机电设备硐室应设在进风风流中。井下个别机电设备硐室，可设在回风流中，但此回风流中的瓦斯体积分数不得超过0.5%，并应安装甲烷断电仪。

2. 瓦斯防治对策措施

（1）瓦斯矿井依照矿井瓦斯等级进行管理。

（2）矿井总回风巷或一翼回风巷中瓦斯或二氧化碳体积分数超过0.75%时，立即查明原因，进行处理。

（3）采区回风巷、采掘工作面回风巷风流中瓦斯体积分数超过1.0%或二氧化碳体积分数超过1.5%时，应停止工作，撤出人员，采取措施，进行处理。

（4）采掘工作面及其他作业地点风流中瓦斯体积分数达到1.0%时，停止用电钻打眼；爆破地点附近20 m以内风流中瓦斯体积分数达到1.0%时，严禁爆破。采掘工作面及其他作业地点风流中、电动机或其开关安设地点附近20 m以内风流中的瓦斯体积分数达到1.5%时，应停止工作，切断电源，撤出人员，进行处理。采掘工作面及其他巷道内，体积大于0.5 m^3的空间内积聚的瓦斯体积分数达到2.0%时，附近20 m内停止工作，撤出人员，切断电源，进行处理。对因瓦斯体积浓度超过规定被切断电源的电气设备，在瓦斯体积分数降到1.0%以下时，方可通电开动。

（5）采掘工作面风流中二氧化碳体积分数达到1.5%时，应停止工作，撤出人员，查明原因，制定措施，进行处理。

（6）开拓新水平的井巷第一次接近各开采煤层时，按掘进工作面距煤层的准确位置。在距煤层垂距10 m以外开始打探煤钻孔，钻孔超前工作面的距离不得小于5 m，并有专职瓦斯检查工经常检查瓦斯。岩巷掘进遇到煤线或接近地质破坏带时，应有专职瓦斯检查工经常检查瓦斯，发现瓦斯大量增加或其他异常状况时，应停止掘进，撤出人员，进行处理。

（7）开采有瓦斯或二氧化碳喷出的煤（岩）层时，应打前探钻孔或抽排钻孔，加大该区域的风量，将喷出的瓦斯或二氧化碳直接引入回风巷或抽放瓦斯管。

(8) 抽放瓦斯设施应有以下安全措施：

1) 地面泵房用不燃性材料建筑，并有防雷电装置，距进风井口和主要建筑物不得小于50 m，并用栅栏或围墙保护。

2) 地面泵房和泵房周围 20 m 范围内，禁止堆积易燃物和有明火。

3) 地面泵房内电气设备、照明和其他电气仪表都应采用矿用防爆型。

4) 在干式抽放瓦斯泵吸气侧管路系统中，应装设防回火、防回气和防爆炸作用的安全装置，并定期检查，保持性能良好。抽瓦斯泵站放空管的高度应超过泵房房顶 3 m。

(9) 设置井下临时抽放瓦斯泵站时应有以下措施：

1) 临时抽放瓦斯泵站安设在抽放瓦斯地点附近的新鲜风流中。

2) 抽出的瓦斯可引排到地面、总回风巷、一翼回风巷或分区回风巷，但保证稀释后风流中的瓦斯浓度不超限。在建有地面永久抽放系统的矿井，临时泵站抽出的瓦斯可送至永久抽放系统的管路，但矿井抽放系统的瓦斯浓度应符合相关规定。

3) 抽出的瓦斯排入回风巷时，在排瓦斯管路出口设置栅栏、悬挂警示牌等。栅栏应设置在上风侧距管路出口 5 m、下风侧距管路出口 30 m 处，两栅栏间禁止任何作业。

4) 在下风侧栅栏外设便携式甲烷检测报警仪，巷道风流中瓦斯浓度超限报警时，应断电、停止抽放瓦斯，进行处理。

(10) 抽放瓦斯应遵守下列规定：

1) 利用瓦斯的系统中应装设有防回火、防回气和防爆炸作用的安全装置。不利用瓦斯、采用干式抽放瓦斯设备时，抽放瓦斯体积分数不得低于 25%。

2) 抽放容易自燃和自燃煤层的采空区瓦斯时，应经常检查一氧化碳浓度和气体温度等；有关参数的变化，发现有自燃发火征兆时，应立即采取措施。

3) 井上下敷设的瓦斯管路，不得与带电物体接触并应有防止砸坏管路的措施。

(11) 高瓦斯矿井煤巷掘进工作面应安设隔（抑）爆设施。

三、粉尘防治对策措施

1. 新矿井的地质勘查报告中，应有所有煤层的煤尘爆炸性鉴定资料。生产矿井每延深一个新水平，应进行 1 次煤尘爆炸性试验工作。

2. 矿井应建立完善的防尘供水系统，防尘用水均应过滤。

3. 井下所有煤仓和溜煤眼都应保持一定的存煤，不得放空；有涌水的煤仓和溜煤眼，可以放空，但放空后放煤口闸板应关闭，并设置引水管。溜煤眼不得兼做风眼使用。

4. 对产生煤（岩）尘的地点应采取以下相应防尘措施：

(1) 炮采工作面应采取湿式打眼，使用水炮泥；爆破前、后应冲洗煤壁，爆破时应喷雾降尘，出煤时应洒水。

(2) 液压支架和放顶煤采煤工作面的放煤口，应安装喷雾装置，降柱、移架或放煤时同步喷雾。破碎机安装防尘罩和喷雾装置或除尘器。

(3) 采煤工作面回风巷应安设风流净化水幕。

(4) 井下煤仓放煤口、溜煤眼放煤口、输送机转载点和卸载点，以及地面筛分厂、破碎车间、带式输送机走廊、转载点等地点，都安设喷雾装置或除尘器，作业时进行喷雾降尘或用除尘器除尘。

（5）在煤、岩层中钻孔，应采取湿式钻孔。煤（岩）与瓦斯突出煤层或软煤层中瓦斯抽放钻孔难以采取湿式钻孔时，可采取干式钻孔，并采取捕尘、降尘措施，工作人员应佩戴防尘用品。

5. 开采有煤尘爆炸危险煤层的矿井，应有预防和隔绝煤尘爆炸的措施。

四、通风安全监控

1. 高瓦斯矿井、煤（岩）与瓦斯突出矿井，应装备矿井安全监控系统。没有装备矿井安全监控系统的矿井的煤巷、半煤岩巷和有瓦斯涌出的岩巷的掘进工作面，应装备甲烷风电闭锁装置或甲烷断电仪和风电闭锁装置。没有装备矿井安全监控系统的无瓦斯涌出的岩巷掘进工作面，应装备风电闭锁装置。没有装备矿井安全监控系统的矿井的采煤工作面，应装备甲烷断电仪。

2. 煤矿安全监控设备之间使用专用阻燃电缆或光缆连接，严禁与调度电话电缆或动力电缆等共用。防爆型煤矿安全监控设备之间的输入、输出信号为本质安全型信号。安全监控设备有故障闭锁功能。矿井安全监控系统具备甲烷断电仪和甲烷风电闭锁装置的全部功能；系统具有防雷电保护。

3. 甲烷传感器报警浓度、断电浓度、复电浓度和断电范围符合有关规定。

4. 低瓦斯矿井的采煤工作面，在工作面设置甲烷传感器。高瓦斯和煤（岩）与瓦斯突出矿井的采煤工作面，在工作面及其回风巷设置甲烷传感器，在工作面上隅角设置便携式甲烷检测报警仪。

5. 低瓦斯矿井的煤巷、半煤岩巷和有瓦斯涌出的岩巷掘进工作面，在工作面设置甲烷传感器。高瓦斯、煤（岩）与瓦斯突出矿井的煤巷、半煤岩巷和有瓦斯涌出的岩巷掘进工作面，在工作面及其回风流中设置甲烷传感器。

6. 在回风流中的机电设备硐室的进风侧设置甲烷传感器。

7. 高瓦斯矿井进风的主要运输巷道内使用架线电机车时，装煤点、瓦斯涌出巷道的下风流中应设置甲烷传感器。

8. 在煤（岩）与瓦斯突出矿井和瓦斯喷出区域中，进风的主要运输巷道和回风巷道内使用矿用防爆特殊型蓄电池电机车或矿用防爆型内燃机车时，蓄电池电机车应设置车载式甲烷断电仪或便携式甲烷检测报警仪，内燃机车应设置便携式甲烷检测报警仪。当瓦斯体积分数超过0.5%时，停止机车运行。

9. 瓦斯抽放泵站应设置甲烷传感器，抽放泵输入管路中设置甲烷传感器。利用瓦斯时，还应在输出管路中设置甲烷传感器。

10. 装备安全监控系统的矿井，每一个采区、一翼回风巷及总回风巷的测风站应设置风速传感器，主要通风机的风硐应设置压力传感器；瓦斯抽放泵站的抽放泵吸入管路中应设置流量传感器、温度传感器和压力传感器，利用瓦斯时，还应在输出管路中设置流量传感器、温度传感器和压力传感器。

装备矿井安全监控系统，开采容易自燃和自燃煤层的矿井，应设置一氧化碳传感器和温度传感器。

装备矿井安全监控系统的矿井，主要通风机、局部通风机应设置设备开停传感器，主要风门应设置风门开关传感器，被控设备开关的负荷侧应设置馈电状态传感器。

五、煤（岩）与瓦斯（二氧化碳）突出对策措施

1. 一般对策措施

（1）开采突出煤层时，采取突出危险性预测、防治突出措施及其效果检验、安全防护措施等综合防治突出措施。

（2）突出矿井应及时编制矿井瓦斯地质图。图中应标明采掘进度、被保护范围、煤层赋存条件、地质构造、突出点的位置、突出强度、瓦斯基本参数等，作为突出危险性区域预测和制定防治突出措施的依据。

在突出煤层顶底板掘进岩巷时，应定期验证地质资料，及时掌握施工动态和围岩变化情况，防止误穿突出煤层。

（3）开采突出煤层时，每个采掘工作面的专职瓦斯检查工应随时检查瓦斯，掌握突出预兆。当发现有突出预兆时，瓦斯检查工有权停止工作面作业，并协助班组长立即组织人员按避灾路线撤出。

（4）突出煤层严禁采用放顶煤采煤法、水力采煤法、非正规采煤法采煤。突出煤层的采掘工作面严禁使用风镐落煤。

（5）有突出危险的采掘工作面爆破落煤前，所有不装药的眼、孔都应用不燃性材料充填，充填深度应不小于爆破孔深度的 1.5 倍。对采用直径大于 120 mm 的钻孔或水力冲孔等措施在煤体中形成的孔洞，在爆破前应严密封闭孔口，孔内注满水、砂或土。

2. 煤层突出危险性预测和防治突出措施

（1）在突出危险区内进行采掘作业时，应采取综合防治突出措施。当预测为突出危险工作面时，应采取防治突出措施，只有经措施效果检验证实措施有效后，方可在采取安全防护措施的情况下进行采掘作业。

每执行 1 次防治突出措施作业循环后，应再进行工作面预测，如预测为无突出危险，再采取防治突出措施，只有连续 2 次预测为无突出危险，该工作面方可视为无突出危险工作面。预测为无突出危险工作面，每预测循环应留有不小于 2 m 的预测超前距。

在无突出危险工作面进行采掘作业时，可不采取防治突出措施，必须采取安全防护措施。

（2）保护层的开采厚度等于或小于 0.5 m、上保护层与突出煤层间距大于 50 m 或下保护层与突出煤层间距大于 80 m 时，对保护层的保护效果应进行检验。

矿井首次开采保护层时，应进行保护效果及保护范围的实际考察，并不断积累、补充和完善资料，以便得出保护效果及保护范围的参数。

（3）预抽煤层瓦斯后，对预抽瓦斯防治突出效果进行检验。采用煤层瓦斯预抽率作为有效性指标的突出煤层，在进行采掘作业时，采用工作面预测方法对预抽效果进行经常性检验。

（4）掘进工作面防治突出措施效果检验有效时，允许的进尺量同时保证在巷道轴线方向

留有不小于 5 m 的措施孔超前距和不小于 2 m 的检验孔超前距。当防突措施无效时，不论措施孔还留有多少超前距，都采取防治突出的补充措施，只有经措施效果检验有效，方可在采取安全防护措施的前提下进行采掘作业。

3. 区域性防治突出对策措施

（1）对于有突出危险煤层，应采取开采保护层或预抽煤层瓦斯等区域性防治突出措施。

（2）在突出矿井开采煤层群时，应优先选择开采保护层防治突出措施。开采保护层后，在被保护层中受到保护的区域可按无突出危险区进行采掘作业；在未受到保护的区域，采取综合防治突出措施。

（3）开采保护层时采空区内不得留有煤（岩）柱；特殊情况需留煤（岩）柱时，将煤（岩）柱的位置和尺寸准确地标在采掘平面图上。每个被保护层的瓦斯地质图上，应标出煤（岩）柱的影响范围，在这个范围内进行采掘工作时，采取综合防治突出措施。

（4）开采保护层时，应同时抽放被保护层的瓦斯。开采近距离保护层时，采取措施严防被保护层初期卸压的瓦斯突然涌入保护层采掘工作面和误穿突出煤层。

4. 局部防治突出对策措施

（1）石门揭穿突出煤层前遵守下列规定：

1）在工作面距煤层法线距离 10 m 至少打 2 个前探钻孔，掌握煤层赋存条件、地质构造、瓦斯情况等。

2）在工作面距煤层法线距离 5 m 以外，至少打 2 个穿透煤层全厚或见煤深度不少于 10 m 的钻孔，测定煤层瓦斯压力或预测煤层突出危险性。对近距离煤层群，层间距小于 5 m 或层间岩石破碎时，可测定煤层群的综合瓦斯压力。

3）工作面与煤层之间的岩柱尺寸应根据防治突出措施要求、岩石性质、煤层倾角等确定。

（2）石门揭穿（开）突出煤层前，当预测为突出危险工作面时，采取防治突出措施。

（3）有突出危险的新建矿井或突出矿井开拓的新水平的井巷，第一次揭穿（开）各煤层时，应测定煤层瓦斯压力、瓦斯含量及其他与突出危险性相关的参数。

（4）突出煤层的采掘工作面，应根据煤层实际情况选用防治突出措施。

（5）在煤巷掘进工作面第一次执行局部防治突出措施或无措施超前距时，采取小直径浅孔排放等防治突出措施，只有在工作面前方形成 5 m 的安全屏障后，方可进入正常防突措施循环。

（6）在急倾斜突出煤层中采用双上山掘进时，2 条上山之间应开联络巷，联络巷间距不得大于 10 m，上山与联络巷只准 1 个工作面作业。急倾斜突出煤层上山掘进工作面，应采用阻燃抗静电的硬质风筒通风。突出煤层上山掘进工作面采用爆破作业时，应采用深度不大于 1.0 m 的炮眼远距离全断面一次爆破。

（7）在突出煤层的煤巷中，更换、维修或回收支架时，采取预防煤体冒落引起突出的措施。

5. 安全防护措施

（1）井巷揭穿突出煤层和在突出煤层中进行采掘作业时，采取震动爆破、远距离爆破、避难硐室、反向风门、压风自救系统等安全防护措施。突出矿井的入井人员携带隔离式自救器。

(2) 采取震动爆破措施时，应遵守下列规定：

1) 编制专门设计。爆破参数，爆破器材及起爆要求，爆破地点，反向风门位置，避灾路线及停电、撤人和警戒范围等，在设计中明确规定。

2) 震动爆破工作面，具有独立、可靠、畅通的回风系统，爆破时回风系统内切断电源，严禁人员作业和通过。在其进风侧的巷道中，设置 2 道坚固的反向风门。与回风系统相连的风门、密闭、风桥等通风设施坚固可靠，防止突出后的瓦斯涌入其他区域。

3) 震动爆破由矿技术负责人统一指挥，并有矿山救护队在指定地点值班，爆破 30 min 后矿山救护队员方可进入工作面检查。应根据检查结果，确定采取恢复送电、通风、排除瓦斯等具体措施。

4) 震动爆破采用铜脚线的毫秒雷管，雷管总延期时间不得超过 130 ms，严禁跳段使用。电雷管使用前进行导通试验。电雷管的连接使通过每一电雷管的电流达到其引爆电流的 2 倍。爆破母线采用专用电缆，并尽可能减少接头，有条件的可采用遥控发爆器。

5) 应采用挡栏设施降低震动爆破诱发突出的强度。

6) 震动爆破应一次全断面揭穿或揭开煤层。如果未能一次揭穿煤层，在掘进剩余部分时［包括掘进煤层和进入底（顶）板 2 m 范围内］，按震动爆破的安全要求进行爆破作业。采取金属骨架措施揭穿煤层后，严禁拆除或回收骨架。

揭穿或揭开煤层后，在石门附近 30 m 范围内掘进煤巷时，加强支护。

(3) 石门揭煤采用远距离爆破时，制定包括爆破地点，避灾路线及停电、撤人和警戒范围等的专门措施。

煤巷掘进工作面采用远距离爆破时，爆破地点设在进风侧反向风门之外的全风压通风的新鲜风流中或避难硐室内，爆破地点距工作面的距离在措施中明确规定。

远距离爆破时，回风系统停电撤人。爆破后，进入工作面检查的时间应在措施中明确规定，但不得小于 30 min。

(4) 在突出煤层采掘工作面附近、爆破时撤离人员集中地点设有直通矿调度室的电话，并设置有供给压缩空气设施的避难硐室或压风自救系统。工作面回风系统中有人作业的地点，也应设置压风自救系统。

(5) 突出的煤应及时清理，以防自燃引起瓦斯煤尘爆炸。清理突出的煤时，制定防煤尘、片帮、冒顶以及瓦斯超限、出现火源、再次发生事故的安全措施。

六、井下火灾安全对策措施

1. 一般规定

(1) 生产和在建矿井制定井上、下防火措施。矿井的所有地面建筑物、煤堆、矸石山、木料场等处的防火措施和制度，应符合国家有关防火的规定。

(2) 木料场、矸石山、炉灰场距离进风井不得小于 80 m。木料场距离矸石山不得小于 50 m。不得将矸石山或炉灰场设在进风井的主导风向上风侧，也不得设在表土 10 m 以内有煤层的地面上和设在有漏风的采空区上方的塌陷范围内。

(3) 新建矿井的永久井架和井口房、以井口为中心的联合建筑，用不燃性材料建筑。对现有生产矿井用可燃性材料建筑的井架和井口房，制定防火措施。

(4) 矿井设地面消防水池和井下消防管路系统。井下消防管路系统应每隔 100 m 设置支管和阀门，但在带式输送机巷道中应每隔 50 m 设置支管和阀门。地面的消防水池经常保持不少于 200 m^3 的水量。如果消防用水同生产、生活用水共用同一水池，应有确保消防用水的措施。开采下部水平的矿井，除地面消防水池外，可利用上部水平或生产水平的水仓作为消防水池。

(5) 进风井口应装设防火铁门，防火铁门应严密并易于关闭，打开时不妨碍提升、运输和人员通行，并应定期维修；如果不设防火铁门，有防止烟火进入矿井的安全措施。

(6) 井口房和通风机房附近 20 m 内，不得有烟火或用火炉取暖。通风机房位于工业广场以外时，除开采有瓦斯喷出区域的矿井和煤（岩）与瓦斯突出矿井外，可用隔焰式火炉或防爆式电热器取暖。暖风道和压入式通风的风硐用不燃性材料砌筑，并应至少装设 2 道防火门。

(7) 井筒、平硐与各水平的连接处及井底车场，主要绞车道与主要运输巷、回风巷的连接处，井下机电设备硐室，主要巷道内带式输送机机头前后两端各 20 m 范围内，都用不燃性材料支护。在井下和井口房，严禁采用可燃性材料搭设临时操作间、休息间。

(8) 井下严禁使用灯泡取暖和使用电炉。

(9) 井下和井口房内不得从事电焊、气焊和喷灯焊接等工作。如果在井下主要硐室、主要进风井巷和井口房内进行电焊、气焊和喷灯焊接等工作，每次制定安全措施，并遵守下列规定：

1) 指定专人在场检查和监督。

2) 电焊、气焊和喷灯焊接等工作地点的前后两端各 10 m 的井巷范围内，应用不燃性材料支护，并应有供水管路，有专人负责喷水。上述工作地点应至少备有 2 个灭火器。

3) 在井口房、井筒和倾斜巷道内进行电焊、气焊和喷灯焊接等工作时，在工作地点的下方用不燃性材料设施接收火星。

4) 电焊、气焊和喷灯焊接等工作地点的风流中，瓦斯体积分数不得超过 0.5%，只有在检查证明作业地点附近 20 m 范围内巷道顶部和支护背板后无瓦斯积存时，方可进行作业。

5) 电焊、气焊和喷灯焊接等工作完毕后，工作地点应再次用水喷洒，并应有专人在工作地点检查 1 h，发现异状，立即处理。

6) 在有煤（岩）与瓦斯突出危险的矿井中进行电焊、气焊和喷灯焊接时，停止突出危险区内的一切工作。

煤层中未采用砌碹或喷浆封闭的主要硐室和主要进风大巷中，不得进行电焊、气焊和喷灯焊接等工作。

(10) 井下使用的汽油、煤油和变压器油装入盖严的铁桶内，由专人押运送至使用地点，剩余的汽油、煤油和变压器油应运回地面，严禁在井下存放。

井下使用的润滑油、棉纱、布头和纸等，存放在盖严的铁桶内。用过的棉纱、布头和纸，放在盖严的铁桶内，并由专人定期送到地面处理，不得乱放乱扔。严禁将剩油、废油泼洒在井巷或硐室内。

井下清洗风动工具时，在专用硐室进行，并使用不燃性和无毒性洗涤剂。

2. 井下火灾防治

(1) 生产矿井延伸新水平时，对所有煤层的自燃倾向性进行鉴定。开采容易自燃和自燃煤层的矿井，采取综合预防煤层自燃发火的措施。

(2) 对开采容易自燃和自燃的单一厚煤层或煤层群的矿井，集中运输大巷和总回风巷应布置在岩层内或不易自燃的煤层内；如果布置在容易自燃和自燃的煤层内，砌碹或锚喷，砌碹后的空隙和冒落处用不燃材料充填密实，或用无腐蚀性、无毒性的材料进行处理。

(3) 开采容易自燃和自燃的煤层（薄煤层除外）时，采煤工作面采用后退式开采，并根据采取防火措施后的煤层自燃发火期确定采区开采期限。在地质构造复杂、断层带、残留煤柱等区域开采时，应根据矿山地质和开采技术条件，在作业规程中另行确定采区开采方式和开采期限。回采过程中不得任意留设外煤柱和预煤。采煤工作面采到停采线时，采取措施使顶板冒落严实。

(4) 开采容易自燃的急倾斜煤层用垮落法控制顶板时，在主石门和采区运输石门上方留有隔离煤柱。禁止采掘留在主石门上方的煤柱。留在采区运输石门上方的煤柱，在采区结束后可回收，采取防止自燃发火措施。

(5) 开采容易自燃和自燃的煤层时，对采空区、突出和冒落孔洞等空隙采用预防性灌浆或全部充填、喷洒阻化剂、注阻化泥浆、注凝胶、注惰性气体、均压等措施，编写相应的防灭火设计，防止自燃发火。

在自燃发火期内能采完并能及时予以封闭的工作面和采区，可不采取上述防止自燃发火的措施。

(6) 采用灌浆防灭火时，应遵守以下规定：

1) 采区设计明确规定巷道布置方式、隔离煤柱尺寸、灌浆系统、疏水系统、预筑防火墙的位置及采掘顺序。

2) 安排生声计划时，同时安排防火灌浆计划，落实灌浆地点、时间、进度、灌浆浓度和灌浆量。

3) 对采区开采线、停采线、上下煤柱线内的采空区，应加强防火灌浆。

4) 应有灌浆前疏水和灌浆后防止溃浆、透水的措施。

(7) 在灌浆区下部进行采掘前，查明灌浆区的浆水积存情况。发现积存浆水，在采掘之前放出；在未放出前，严禁在灌浆区下部进行采掘作业。

(8) 采用阻化剂防灭火时，选用的阻化剂材料不得污染井下空气和危害人体健康。采取防止阻化剂腐蚀机械设备、支架等金属构件的措施。

(9) 采用凝胶防灭火时，选用的凝胶和促凝剂材料不得污染井下空气和危害人体健康，使用时井巷空气成分符合有关规定压注的凝胶充填满全部空间，其外表面应予以喷浆封闭，并定期观测，发现老化、干裂时，应予重新压注。

(10) 采用均压技术防灭火时，应遵守下列规定：

1) 有专人定期观测与分析采空区和火区的漏风量、漏风方向、空气温度、防火墙内外空气压差等的状况，并记录在专用的防火记录簿内。

2) 改变矿井通风方式、主要通风机工况以及井下通风系统时，对均压状况及时调整，保证均压状态的稳定。

（11）开采容易自燃和自燃的煤层时，在采区开采设计中，预先选定构筑防火门的位置。当采煤工作面投产和通风系统形成后，按设计选定的防火门位置构筑好防火门墙，并储备足够数量的封闭防火门的材料。采煤工作面回采结束后，在45天内进行永久性封闭。

（12）开采容易自燃和自燃的煤层时，在采区开采设计中，明确选定自燃发火观测站或观测点的位置并建立监测系统、确定煤层自燃发火的标志气体和建立自燃发火预测预报制度。所有检测分析结果记录在专用的防火记录簿内，并定期检查、分析整理，发现自燃发火指标超过或达到临界值等异常变化时，立即发出自燃发火警报，采取措施进行处理。

（13）采用放顶煤采煤法开采容易自燃和自燃的厚及特厚煤层时，编制防止采空自燃发火的设计，根据防火要求和现场条件，应选用注入惰性气体、灌注泥浆（包括粉煤灰泥浆）、压注阻化剂、喷浆堵漏及均压等综合防火措施。有可靠地防止漏风和有害气体泄漏的措施。建立完善的火灾监测系统。

（14）在容易自燃和自燃的煤层中掘进巷道时，对巷道中出现的冒落区及时进行防火处理，并定期检查。

（15）任何人发现井下火灾时，应视火灾性质、灾区通风和瓦斯情况，立即采取一切可能的方法直接灭火，控制火势，并迅速报告矿调度室。矿调度室在接到井下火灾报告后，应立即按灾害预防和处理计划通知有关人员组织抢救灾区人员和实施灭火工作。

矿值班调度和在现场的区、队、班组长应依照灾害预防和处理计划的规定，将所有可能受火灾威胁地区中的人员撤离，并组织人员灭火。电气设备着火时，应首先切断其电源；在切断电源前，只准使用不导电的灭火器材进行灭火。

抢救人员和灭火过程中，指定专人检查瓦斯、一氧化碳、煤尘、其他有害气体和风向、风量的变化，还应采取防止瓦斯、煤尘爆炸和人员中毒的安全措施。

（16）封闭火区灭火时，应尽量缩小封闭范围，并指定专人检查瓦斯、氧气、一氧化碳、煤尘以及其他有害气体和风向、风量的变化，采取防止瓦斯、煤尘爆炸和人员中毒的安全措施。

3. 井下火区管理对策措施

（1）煤矿企业绘制火区位置关系图，注明所有火区和曾经发火的地点。每一处火区都要按形成的先后顺序进行编号，并建立火区管理卡片。火区位置关系图和火区管理卡片永久保存。

（2）永久性防火墙的管理应遵守下列规定：

1）每个防火墙附近应放置栅栏、警标，禁止人员入内，并悬挂说明牌。

2）应定期测定和分析防火墙内的气体成分和空气温度。

3）应定期检查防火墙外的空气温度、瓦斯浓度，防火墙内外空气压差以及防火墙墙体。若发现封闭不严或有其他缺陷或火区有异常变化时，应采取措施及时处理。

4）矿井做大的风量调整时，应测定防火墙内的气体成分和空气温度。

（3）封闭的火区，只有经取样化验证实火已熄灭后，方可启封或注销。

（4）启封已熄灭的火区前，应制定安全措施。

（5）不得在火区的同一煤层的周围进行采掘工作。

七、矿井水安全对策措施

1. 一般规定

(1) 煤矿企业应查明矿区和矿井的水文地质条件，编制中长期防治水规划和年度防治水计划，并组织实施。煤矿企业应定期收集、调查和核对相邻煤矿和废弃的老窑情况，并在井上、井下工程对照图上标出其井田位置、开采范围、开采年限、积水情况。

(2) 水文地质条件复杂的矿井，应针对主要含水层（段）建立地下水动态观测系统，进行地下水动态观测、水害预报，并制定相应的“探、防、堵、截、排”综合防治措施。

(3) 煤矿企业每年雨季前应对防治水工作进行全面检查。雨季受水威胁的矿井，应制定雨季防治水措施，并应组织抢险队伍，储备足够的防洪抢险物资。

2. 地面防治水

(1) 煤矿企业应查清矿区及其附近地面水流系统的汇水、渗漏情况，疏水能力和有关水利工程情况，掌握当地历年降水量和最高洪水位资料，建立疏水、防水和排水系统。

(2) 井口和工业场地内建筑物的高程应高于当地历年最高洪水位；在山区应避开可能发生泥石流、滑坡的地段。

当井口及工业场地内建筑物的高程低于当地历年最高洪水位时，应修筑堤坝、沟渠或采取其他防排水措施。

(3) 井口附近或塌陷区内外的地表水体有可能溃入井下时，应采取措施，并遵守下列规定：

1) 严禁开采煤层露头的防水煤柱。

2) 容易积水的地点应修筑沟渠，排泄积水。修筑沟渠时，应避开露头、裂隙和导水岩层。特别低洼地点不能修筑沟渠排水时，应填平压实；如果范围太大无法填平时，可建排洪站排水，防止积水渗入井下。

3) 矿井受河流、山洪和滑坡威胁时，应采取修筑堤坝、泄洪渠和防止滑坡的措施。

4) 排到地面的矿井水应妥善处理，避免再渗入井下。

5) 对漏水的沟渠和河床，应及时堵漏或改道。地面裂缝和塌陷地点应填塞，填塞工作应有安全措施，防止人员陷入塌陷坑内。

6) 每次降大到暴雨时和降雨后，派专人检查矿区及其附近地面有无裂缝、老窑陷落和岩溶塌陷等现象。发现漏水情况，应及时处理。

(4) 严禁将矸石、炉灰、垃圾等杂物堆放在山洪、河流可能冲刷到的地段。

(5) 使用中的钻孔应安装孔口盖，报废的钻孔应及时封孔。

3. 井下防治水对策措施

(1) 相邻矿井的分界处，要留防水煤柱。矿井以断层分界时，在断层两侧留有防水煤柱。防水煤柱的尺寸，应根据相邻矿井的地质构造、水文地质条件、煤层赋存条件、围岩性质、开采方法以及岩层移动规律等因素，在矿井设计中规定。严禁在各种防隔水煤柱中采掘。

(2) 井巷出水点的位置及其水量，有积水的井巷及采空区的积水范围、标高和积水量，应绘在采掘工程平面图上。

在水淹区域应标出探水线的位置。当采掘到探水线位置时，再探水前进。

（3）每次降大到暴雨时和降雨后，应及时观测井下水文变化情况。

（4）水淹区积水面以下的煤岩层中的采掘工作，应在排除积水以后进行；如果无法排除积水，应编制安全设计方案，方可进行施工。

（5）在有水或未固结的灌浆区、有淤泥的废弃井巷、岩石洞穴附近采掘时，执行上面（2）、（4）项的规定。

（6）开采水淹区域下的废弃防水煤柱时，应制定安全措施。

（7）井田内有与河流、湖泊、溶洞、含水层等有水力联系的导水断层、裂隙（带）陷落柱时，应查出其确切位置，并按规定留设防水煤（岩）柱。巷道穿过上述构造时，应探水前进。如果前方有水，应超前预注浆封堵加固，必要时预先建筑防水闸门或采取其他防治水措施。

（8）在采掘工作面或其他地点发现有挂红、挂汗、空气变冷、出现雾气、水叫、顶板淋水加大、顶板来压、底板鼓起或产生裂隙出现渗水、水色发浑、有臭味等突水预兆时，应停止作业，采取措施，立即报告矿调度室，发出警报，撤出所有受水威胁地点的人员。

（9）矿井做好采区、工作面水文地质勘察工作，选用物探、钻探、化探和水文地质实验等手段查明构造发育情况及其导水性，主要含水层厚度、岩性、水质、水压以及隔水层岩性和厚度等。

（10）煤层顶板有含水层和水体存在时，应当观测“三带”发育高度。当导水裂隙带范围内的含水层或老空积水影响安全开采时，应超前探放水并建立疏排水系统。

（11）承压含水层与开采煤层之间的隔水层能承受的水头值大于实际水头值时，可以“带水压开采”，制定安全措施。

（12）当承压含水层与开采煤层之间的隔水层能承受的水头值小于实际水头值时，开采前应采取下列措施：

1）采取疏水降压的方法，把承压含水层的水头值降到隔水层能承受的安全水头值以下，并制定安全措施。

2）当承压含水层不具备疏水降压条件时，采取建筑防水闸门、注浆加固底板、留设防水煤柱、增加抗灾强排能力等防水措施。

3）应经常检查均压区域内的巷道中的风流流动状态，应有防止瓦斯积聚的安全措施。

（13）采用氮气防灭火时，注入的氮气体积分数不得小于97%。应有能连续监测采空区气体成分变化的监测系统，并有固定或移动的温度观测站（点）和监测手段。

（14）开采容易自燃和自燃的煤层，采用全部充填法采煤时，不得采用可燃物作为充填材料，采空区和三角点应充满。

（15）对于水文地质条件复杂的矿井，当开拓到设计水平时，只有在建成防、排水系统后，方可开始向有突水危险地区开拓掘进。

（16）煤系底部有强岩溶承压含水层时，主要运输巷和主要回风巷应布置在不受水威胁的层位中，并以石门分区隔离开采。

（17）水文地质条件复杂或有突水淹井危险的矿井，应在井底车场周围设置防水闸门。在其他有突水危险的地区，只有在其附近设置防水闸门后，方可掘进。

（18）井筒穿过含水层段的井壁结构应采用防水混凝土或设置隔水层。

（19）井巷揭穿含水层、地质构造带前，应编制探放水和注浆堵水设计。井巷揭露的主要出水点或地段，应进行水温、水量、水质等地下水动态和松散含水层涌水含砂量综合观测和分析，防止滞后突水。

4. 井下防治水安全对策措施

（1）主要泵房至少有2个出口，一个出口用斜巷通到井筒，并应高出泵房底板7 m以上；另一个出口通到井底车场，在此出口通路内，应设置易于关闭的既能防水又能防火的密闭门。泵房和水仓的连接通道，应设置可靠的控制闸门。

（2）主要水仓有主仓和副仓。主要水仓的有效容量应能容纳8 h的正常涌水量。

（3）井筒开凿到底后，井底附近应设置具有一定能力的临时排水设施，能保证临时变电所、临时水仓形成之前的施工安全。

5. 探放水安全对策措施

（1）矿井要做好水害分析预报，坚持有疑必探、先探后掘的探放水原则。

（2）煤系底部有强承压含水层并有突水危险的工作面，在开采前，应编制探放水设计，明确安全措施。

（3）安装钻机探水前，应加强钻场附近的巷道支护，并在工作面迎头打好坚固的立柱和拦板。在打钻地点或附近安设专用电话。

（4）预计水压较大的地区，在探水钻进之前，先安好孔口管和控制闸阀，进行耐压试验，达到设计承受的水压后，方准继续钻进。特别危险的地区，应有躲避场所，并规定好避灾路线。

（5）当钻孔内水压过大时，应采用反压和有防喷装置的方法钻进，并有防止孔口管和煤（岩）壁突然鼓出的措施。

（6）钻进时，发现煤岩松软、片帮、来压或钻孔中的水压、水量突然增大，以及有顶钻等异状时，应停止钻进，但不得拔出钻杆，现场负责人员应立即向矿调度室报告，并派人监测水情。如果发现情况危急时，应立即撤出所有受水威胁地区的人员，然后采取相应措施进行处理。

（7）探放老空水前，首先要分析查明老空水体的空间位置、积水量和水压。当老空积水区高于探放水点位置时，只准用钻机探放水。探放水孔应打中老空水体，并要监视放水全过程，核对放水量，直到老空水放完为止。

钻孔接近老空水，预计有瓦斯或其他有害气体涌出时，应有瓦斯检查工或矿山救护队员在现场值班，检查空气成分。如果瓦斯或其他有害气体浓度超过规程规定时，应立即停止钻进，切断电源，撤出人员，及时处理危险情况。

（8）钻孔放水前，应估计积水量，根据矿井排水能力和水仓容量，控制放水流量；放水时，设专人监测钻孔出水情况，测定水量、水压，做好记录。若水量突然变化，应及时处理。

（9）排除井筒和下山的积水以及恢复被淹井巷前，由矿山救护队检查水面上的空气成分，发现有害气体，应及时处理。排水过程中，如有被水封住的有害气体突然涌出的可能，应制定安全措施。

八、矿山爆炸材料和井下爆破安全对策措施

1. 爆炸材料储存

（1）爆炸材料的储存，永久性地面爆炸材料库建筑结构（包括永久性埋入式库房）及各种防护措施，总库区的内、外部安全距离等，应符合国家有关规定。井上、井下接触爆炸材料的人员，应穿棉布或抗静电衣服。

（2）建有爆炸材料制造厂的矿区总库，所有库房储存各种炸药的总容量不得超过该厂1个月生产量，雷管的总容量不得超过3个月生产量。没有爆炸材料制造厂的矿区总库，所有库房储存各种炸药的总容量不得超过由该库所供应的矿井2个月的计划需要量，雷管的总容量不得超过6个月的计划需要量。单个库房的最大容量：炸药不得超过200 t，雷管不得超过500万发。

地面分库所有库房储存爆炸材料的总容量：炸药不得超过75 t，雷管不得超过25万发。单个库房的炸药最大容量不得超过25 t。地面分库储存各种爆炸材料的数量，还不得超过由该库所供应的矿井3个月的计划需要量。

（3）开凿平硐或利用旧平硐作为爆炸材料库时，应遵守下列规定：

1）硐口装有向外开的2道门，由外往里第一道门为包铁皮的木板门，第二道门为栅栏门。

2）硐口到最近储存硐室之间的距离超过15 m时，有2个入口。

3）硐口前设置横堤，横堤高出硐口1.5 m，横堤的顶部长度不得小于硐口宽度的3倍，顶部厚度不得小于1 m。横堤的底部长度和厚度，应根据所用建筑材料的静止角确定。

4）库房底板高于通向爆炸材料库的巷道的底板，硐口到库房的巷道坡度为5‰，并应有带盖的排水沟，巷道内可铺设轨道，但硐室内不得铺设轨道。

5）除有运输爆炸材料用的巷道外，还应有通风巷道（钻眼、探井或平硐），其入口和通风设备应设置在围墙以内。

6）库房采用不燃性材料支护，巷道内采用固定式照明时，开关应设在地面上。

7）爆炸材料库上面覆盖层厚度小于10 m时应装设防雷电设备。

8）检查电雷管的工作，在爆炸材料储存硐室外设有安全设施的专用房间或硐室内进行。

（4）各种爆炸材料的每一品种都应专库储存；但当有条件限制时，可按国家的有关同库储存的规定储存。存放爆炸材料的木架每格只准放1层爆炸材料箱。

（5）地面爆炸材料库有发放爆炸材料的专用套间或单独房间。分库的炸药发放套间内，可临时保存爆破工的空爆炸材料箱与发爆器。在分库的雷管发放套间内发放雷管时，在铺有导电的软质垫层并有边缘突起的桌子上进行。

（6）使用年限在2年以下的地面临时性爆炸材料库的最大容量：炸药不得超过3 t，雷管不得超过1万发，并不得超过该库所供应单位10天的需要量。

地面临时性爆炸材料库周围，应设围墙或铁刺网，其高度不得低于2 m，围墙或铁刺网距库房的距离不应小于5 m。

地面临时性爆炸材料库的内外部安全距离、照明、防火和防雷电措施、管理制度与永久性地面爆炸材料库相同。

(7) 在地面临时保管当天使用的爆炸材料时，可存放在棚子、帐篷、洞穴内或其他地点，但应遵守下列规定：

1) 炸药不得超过 3 t，雷管不得超过 1 万发，不成箱的雷管放置在加锁的专用箱子内。雷管放在距离炸药 25 m 以外的地点。

2) 保管爆炸材料的地点距有人的建筑物、公路、铁路等的安全距离符合国家规定。

3) 保管爆炸材料的地点围有栅栏或铁刺网，并有警卫昼夜看守。

(8) 开凿井筒或平硐时，可在距井筒或平硐以及周围主要建筑物 50 m 以外加设横堤，或 250 m 以外不加横堤的专用房屋或硐室内储存 1 天使用的爆炸材料，但最大炸药储存量不得超过 500 kg。

(9) 井下爆炸材料库应采用硐室式或壁槽式。爆炸材料储存在硐室或壁槽内，硐室之间或壁槽之间的距离，符合爆炸材料安全距离的规定。井下爆炸材料库应包括库房、辅助硐室和通向库房的巷道。辅助硐室中，应有检查电雷管全电阻、发放炸药、电雷管编号以及保存爆破工具的空爆炸材料箱和发爆器等专用硐室。

(10) 井下爆炸材料库的布置符合下列要求

1) 库房距井筒、井底车场、主要运输巷道、主要硐室以及影响全矿井或大部分采区通风的风门的法线距离：硐室式的不得小于 100 m，壁槽式的不得小于 60 m。

2) 库房距行人巷道的法线距离：硐室式的不得小于 35 m，壁槽式的不得小于 20 m。

3) 库房距地面或上下巷道的法线距离：硐室式的不得小于 30 m，壁槽式的不得小于 15 m。

4) 库房与外部巷道之间，用 3 条互成直角的连通巷道相连。连通巷道的相交处延长 2 m，断面积不得小于 4 m^2，在连通巷道尽头，设置缓冲沙箱隔墙，不得将连通巷道的延长段兼作辅助硐室使用。库房两端的通道与库房连接处设置齿形阻波墙。

5) 每个爆炸材料库房有 2 个出口，一个出口供发放爆炸材料及行人，出口的一端装看能自动关闭的抗冲击波活门；另一出口布置在爆炸材料库回风侧，可铺设轨道运送爆炸材料，该出口与库房连接处装有 1 道抗冲击波密闭门。

6) 库房地面高于外部巷道的地面，库房和通道应设置水沟。

(11) 井下爆炸材料库砌碹或用非金属不燃性材料支护，不得渗漏水，并应采取防潮措施。爆炸材料库出口两旁的巷道砌碹或用不燃性材料支护，支护长度不得小于 5 m，库房备有足够数量的消防器材。

(12) 井下爆炸材料库的最大储存量，不得超过该矿井 3 天的炸药需要量和 10 天的电雷管需要量。

井下爆炸材料库的炸药和电雷管分开储存。

每个硐室储存的炸药量不得超过 2 t，电雷管不得超过 10 天的需要量；每个壁槽储存的炸药量不得超过 400 kg，电雷管不得超过 2 天的需要量。

库房的发放爆炸材料硐室允许存放当班待发的炸药，但其最大存放量不得超过 3 箱。

(13) 在多水平生产的矿井内、井下爆炸材料库距爆破工作地点超过 2.5 km 的矿井内、井下无爆炸材料库的矿井内可设立爆炸材料发放硐室，遵守下列规定：

1) 发放硐室设在有独立风流的专用巷道内，距使用的巷道法线距离不得小于 25 m。

2）发放硐室爆炸材料的储存量不得超过1天的供应量，其中炸药量不得超过400 kg。

3）炸药和电雷管分开储存，并用不小于240 mm厚的砖墙或混凝土墙隔开。

4）发放硐室应有单独的发放间，发放硐室出口处设有1道能自动关闭的抗冲击波活门。

5）建井期间的临时爆炸材料发放硐室具有独立风流。

（14）井下爆炸材料库采用矿用防爆型（矿用增安型除外）的照明设备，照明线使用阻燃电缆，电压不得超过127V。严禁在储存爆炸材料的硐室或壁槽内装灯。

不设固定式照明设备的爆炸材料库，可使用带绝缘套的矿灯。

任何人员不得携带矿灯进入井下爆炸材料库房内。库内照明设备或线路发生路障时，在库房管理人员的监护下检修人员可使用带绝缘套的矿灯进入库内工作。

（15）建立爆炸材料领退制度、电雷管编号制度和爆炸材料丢失处理办法。电雷管（包括清退入库的电雷管）在发给爆破工前，用电雷管检测仪逐个做全电阻检查，并将脚线扭结成短路状态。严禁发放电阻不合格的电雷管。

2. 爆炸材料运输安全对策措施

（1）在地面运输爆炸材料时，遵守民用爆炸物品管理条例。

（2）在井筒内运送爆炸材料时，应遵守下列规定：

1）电雷管和炸药分开运送。

2）事先通知绞车司机和井上、井下把钩工。

3）运送硝酸甘油类炸药或电雷管时，罐笼内只准放1层爆炸材料箱，不得滑动。运送其他类炸药时，爆炸材料箱堆放的高度不得超过罐笼高度的2/3。如果将装有炸药或电雷管的车辆直接推入罐笼内运送时，车辆应符合相关规定。

4）在装有爆炸材料的罐笼或吊桶内，除爆破工或护送人员外，不得有其他人员。

5）运送硝酸甘油类炸药或电雷管时，罐笼升降速度不得超过2 m/s；运送其他类爆炸材料时，罐笼升降速度不得超过4 m/s。不论运送何种爆炸材料，吊桶升降速度都不得超过1 m/s。司机在启动和停绞车时，应保证罐笼或吊桶不震动。

6）在交接班、人员上下井的时间里，严禁运送爆炸材料。

7）禁止将爆炸材料存放在井口房、井底车场或其他巷道内。

（3）井下用机车运送爆炸材料时，应遵守下列规定：

1）炸药和电雷管不得在同一辆列车内运输。如用同一辆列车运输，装有炸药与装有电雷管的车辆之间以及装有炸药或电雷管的车辆与机车之间，用空车分别隔开，隔开长度不得小于3 m。

2）硝酸甘油类炸药和电雷管装在专用的、带盖的有木质隔板的车厢内，车厢内部应铺有胶皮或麻袋等软质垫层，并只准放1层爆炸材料箱。其他类炸药箱可以装在矿车内，但堆放高度不得超过矿车上缘。

3）爆炸材料由井下爆炸材料库负责人或经过专门训练的专人护送。跟车人员、护送人员和装卸人员应坐在尾车内，严禁其他人员乘车。

4）列车的行驶速度不得超过2 m/s。

5）装有爆炸材料的列车不得同时运送其他物品或工具。

（4）水平巷道和倾斜巷道内有可靠的信号装置时，可用钢丝绳牵引的车辆运送爆炸材料，但炸药和电雷管分开运输，运输速度不得超过 1 m/s。运输电雷管的车辆应加盖、加垫，车厢内以软质垫物塞紧，防止震动和撞击。严禁用刮板输送机、带式输送机等运输爆炸材料。

(5) 由爆炸材料库直接向工作地点用人力运送爆炸材料时，应遵守下列规定：

1) 电雷管由爆破工亲自运送，炸药应由爆破工或在爆破工监护下由其他人员运送。

2) 爆炸材料应装在耐压和抗撞冲、防震、防静电的非金属容器内。电雷管和炸药严禁装在同一容器内。严禁将爆炸材料装在衣袋内。运送人员在领到爆炸材料后，应直接送到工作地点，严禁中途逗留。

3) 携带爆炸材料上井、下井时，在每层罐笼内搭乘的携带爆炸材料的人员不得超过 4 人，其他人员不得同罐上下。

4) 在交接班、人员上下井的时间内严禁携带爆炸材料人员沿井筒上下。

3. 井下爆破安全对策措施

(1) 井下爆破工作由专职爆破工担任。在煤（岩）与瓦斯（二氧化碳）突出煤层中，专职爆破工固定在同一工作面工作。爆破作业执行“一炮三检制”。

(2) 爆破工依照爆破作业说明书进行爆破作业。

(3) 不得使用过期或严重变质的爆炸材料。不能使用的爆炸材料交回爆炸材料库。

(4) 在有瓦斯或有煤尘爆炸危险的采掘工作面，应采用毫秒爆破。在掘进工作面应全断面一次起爆，不能全断面一次起爆的，采取安全措施；在采煤工作面，可分组装药，但一组装药一次起爆。严禁在 1 个采煤工作面使用 2 台发爆器同时进行爆破。

(5) 在高瓦斯矿井、低瓦斯矿井的高瓦斯区域的采掘工作面采用毫秒爆破时，若采用反向起爆，应制定安全技术措施。

(6) 在高瓦斯矿井和有煤（岩）与瓦斯突出危险的采掘工作面的实体煤中，为增加煤体裂隙、松动煤体而进行的 10 m 以上的深孔预裂控制爆破，可使用二级煤矿许用炸药，制定安全措施。

(7) 爆破工把炸药、电雷管分开存放在专用的爆炸材料箱内，并加锁；严禁乱扔、乱放。爆炸材料箱应放在顶板完好、支架完整，避开机械、电气设备的地点。爆破时把爆炸材料箱放到警戒线以外的安全地点。

(8) 从成束的电雷管中抽取单个电雷管时，不得用手拉脚线、硬拽管体，也不得手拉管体、硬拽脚线，应将成束的电雷管顺好，拉住前端脚线将电雷管抽出。抽出单个电雷管后，将其脚线扭结成短路。

(9) 装配起爆药卷时，应遵守下列规定：

1) 在顶板完好、支架完整、避开电气设备和导电体的爆破工作地点附近进行。严禁坐在爆炸材料箱上装配起爆药卷。

2) 装配起爆药卷时应防止电雷管受震动、冲击，避免折断脚线和损坏脚线绝缘层。

3) 电雷管由药卷的顶部装入，严禁用电雷管代替竹、木棍扎眼。电雷管全部插入药卷内。严禁将电雷管斜插在药卷的中部或捆在药卷上。

(10) 装药前，首先清除炮眼内的煤粉或岩粉，再用木质或竹质炮棍将药卷轻轻推入，不得冲撞或捣实。装药后，把电雷管脚线悬空，严禁电雷管脚线、爆破母线与运输设备、电气设备以及采掘机械等导电体相接触。

（11）炮眼封泥应用水炮泥，水炮泥外剩余的炮眼部分应用黏土炮泥或用不燃性的、可塑性松散材料制成的炮泥封实。严禁用煤粉、块状材料或其他可燃性材料作为炮眼封泥。无封泥、封泥不足或不实的炮眼严禁爆破。严禁裸露爆破。

（12）装药前和爆破前有下列情况之一的，严禁装药、爆破：

1）采掘工作面的控顶距离不符合作业规程的规定，或者支架有损坏，或者伞檐超过规定。

2）爆破地点附近 20 m 以内风流中瓦斯体积分数达到 1.0%。

3）在爆破地点 20 m 以内，矿车，未清除的煤、矸或其他物体堵塞巷道断面 1/3 以上。

4）炮眼内发现异状、温度骤高骤低、有显著瓦斯涌出、煤岩松散、透老空等情况。

5）采掘工作面风量不足。

（13）爆破前，班组长亲自布置专人在警戒线和可能进入爆破地点的所有通路上担任警戒工作。警戒人员在安全地点警戒。警戒线处应设置警戒牌、栏杆或拉绳。

（14）每次爆破作业前，爆破工做电爆网路全电阻检查。严禁用发爆器打火放电检测电爆网路是否导通。发爆器统一管理、发放。定期校验发爆器的各项性能参数，并进行防爆性能检查，不符合规定的严禁使用。

（15）爆破工最后离开爆破地点，并在安全地点起爆。起爆地点到爆破地点的距离在作业规程中具体规定。

（16）发爆器的把手、钥匙或电力起爆接线盒的钥匙，由爆破工随身携带，严禁转交他人。不到爆破通电时，不得将把手或钥匙插入发爆器或电力起爆接线盒内。爆破后，立即将把手或钥匙拔出，摘掉母线并扭结成短路。

（17）爆破前，脚线的连接工作可由经过专门训练的班组长协助爆破工进行。爆破母线连接脚线、检查线路和通电工作，只准爆破工一人操作。

爆破前，班组长清点人数，确认无误后，方准下达起爆命令。

爆破工接到起爆命令后，先发出爆破警报，至少再等 5 s，方可起爆。

（18）爆破后，待工作面的炮烟被吹散，爆破工、瓦斯检查工和班组长首先巡视爆破地点，检查通风、瓦斯、煤尘、顶板、支架、拒爆、残爆等情况。如有危险情况，应立即处理。

（19）处理拒爆、残爆时，在班组长指导下进行，并应在当班处理完毕。

处理拒爆时，应遵守下列规定：

（20）爆炸材料库和爆炸材料发放硐室附近 30 m 范围内，严禁爆破。

（21）开凿或延深立井井筒向井底工作面运送爆炸材料和在井筒内装药时，除负责装药爆破的人员、信号工、看盘工和水泵司机外，其他人员撤到地面或上水平巷道中。

（22）在开凿或延深立井井筒时，在地面或在生产水平巷道内进行爆破。

在爆破母线与电力起爆接线盒引线接通之前，井筒内所有电气设备应断电。

只有在爆破人员完成装药和连线工作，将所有井盖门打开，井筒、井口房内的人员全部撤出，设备、工具提升到安全高度以后，方可爆破。

爆破通风后，应仔细检查井筒，清除崩落在井圈上、吊盘上或其他设备上的矸石。

九、矿山运输、提升和空气压缩机安全对策措施

1. 平巷和倾斜井巷运输

（1）在瓦斯矿井中使用机车运输时，应遵守下列规定：

1）在低瓦斯矿井进风（全风压通风）的主要运输巷道内，可使用架线电力机车，但巷道使用不燃性材料支护。

2）在高瓦斯矿井进风（全风压通风）的主要运输巷道内，应使用矿用防爆特殊型蓄电池电力机车或矿用防爆内燃机车。

3）在掘进的岩石巷道中，可使用矿用防爆特殊型蓄电池电力机车或矿用防爆内燃机车。

4）瓦斯矿井的主要回风巷和采区进、回风巷内，应使用矿用防爆特殊型蓄电池电力机车或矿用防爆内燃机车。

5）煤（岩）与瓦斯突出矿井和瓦斯喷出区域中，如果在全风压通风的主要风巷内使用机车运输，使用矿用防爆特殊型蓄电池电力机车或矿用防爆内燃机车。

（2）机车司机按信号指令行车，在开车前发出开车信号。机车运行中，严禁将头或身体探出车外。司机离开座位时，应切断电动机电源，将控制手把取下，扳紧车闸，但不得关闭车灯。

（3）列车通过的风门，应设有当列车通过时能够发出在风门两侧都能接收到声光信号的装置。

（4）巷道内应装设路标和警标。机车行近巷道口、硐室口、弯道、道岔、坡度较大或噪声大等地段，以及前面有车辆或视线有障碍时，降低速度，并发出警报。

（5）架线电力机车运行的轨道，不回电的轨道与架线电力机车回电轨道之间，加以绝缘。在与架线电力机车线路相连通的轨道上有钢丝绳跨越时，钢丝绳不得与轨道相接触。

（6）严禁使用固定车厢式矿车、翻转车厢式矿车、底卸式矿车、材料车和平板车等运送人员。

（7）用人力车运送人员时，严禁同时运送有爆炸性的、易燃性的或腐蚀性的物品，或附挂物料车。双轨巷道乘车场设信号区间闭锁，人员上下车时，严禁其他车辆进入乘车场。

（8）列车行驶中和尚未停稳时，严禁上、下车和在车内站立。严禁在机车上或任何 2 车厢之间搭乘。严禁超员乘坐。严禁扒车、跳车和坐矿车。

（9）人力推车时，一次只准推 1 辆车。严禁在矿车两侧推车。同向推车的间距，在轨道坡度小于 5‰时，不得小于 10 m；坡度大于 5‰时，不得小于 30 m。严禁放飞车。巷道坡度大于 7‰时，严禁人力推车。

（10）倾斜井巷运送人员的人力车有顶盖，车辆上装有可靠的防坠器。

（11）用人力车运送人员时，严禁同时运送携带爆炸物品的人员。

（12）斜井人力车设置使跟车人在运行途中任何地点都能向司机发送紧急停车信号装置。

（13）倾斜井巷内使用串车提升时遵守下列规定：

1）在倾斜井巷内安设能够将运行中断绳、脱钩的车辆阻止住的跑车防护装置。

2）在各车场安设能够防止带绳车辆误入非运行车场或区段的阻车器。

3）在上部平车场入口安设能够控制车辆进入摘挂钩地点的阻车器。

4）在上部平车场接近变坡点处，安设能够阻止未连挂的车辆滑入斜巷的阻车器。

5）在变坡点下方略大于1列车长度的地点，设置能够防止未连挂的车辆继续往下跑车的挡车栏。

6）在各车场安设甩车时能发出警报的信号装置。

(14）倾斜井巷使用绞车提升时，串车提升的各车场设有信号硐室及躲避硐；运人斜井各车场设有信号和候车硐室，候车硐室具有足够的空间。

(15）采用滚筒驱动带式输送机运输时，装设驱动滚筒防滑保护、堆煤保护和防跑车装置，并装设温度保护、烟雾保护和自动洒水装置。倾斜井巷中使用的带式输送机，上运时，同时装设防逆转装置和制动装置；下运时，装设制动装置。

(16）采用钢丝绳牵引带式输送机运输时，装设下列保护装置：

1）过速保护。

2）过电流和欠电压保护。

3）钢丝绳和输送带脱槽保护。

4）钢丝绳张紧车到达终点和张紧重锤落地保护。

(17）井巷中采用钢丝绳牵引带式输送机或钢丝绳芯带式输送机运送人员时，设有能自动停车的安全装置。在卸煤口，设有防止人员坠入煤仓的设施。应装有在输送机全长任何地点可由搭乘人员或其他人员操作的紧急停车装置。钢丝绳芯带式输送机应设断带保护装置。

(18）单轨吊车、卡轨车、齿轨车和胶套轮车的牵引机车和驱动绞车，应有可靠的制动系统。

2. 立井提升

(1）提升装置严禁超载和超载重差运行。箕斗提升采用定重装载。

(2）升降人员或升降人员和物料的单绳提升罐笼、带乘人间的箕斗，应装设可靠的防坠器。

(3）对金属井架、井筒罐道梁和其他装备的固定和锈蚀情况，应每年检查1次。发现松动，应采取加固或其他措施；发现防腐层剥落，应补刷防腐剂。

(4）提升装置的各部分，包括提升容器、连接装置、防坠器、罐耳、罐道、阻车器、罐座、摇台、装卸设备、天轮和钢丝绳，以及提升绞车各部分，包括滚筒、制动装置、深度指示器、防过卷装置、限速器、调绳装置、传动装置、电动机和控制设备以及各种保护和闭锁装置等，每天由专职人员检查。发现问题，应立即处理。

(5）严禁在同一层罐笼内人员和物料混合提升。

(6）井上下信号系统设有保证顺序发出信号的闭锁装置。

3. 提升装置

(1）提升装置装设下列保险装置：防止过卷装置，防止过速装置，过负荷和欠电压保护装置，限速装置，深度指示器失效保护装置，闸间隙保护装置，松绳保护装置，满仓保护装置，减速功能保护装置。

防止过卷装置、防止过速装置、限速装置和减速功能保护装置应设置为相互独立的双线形式；立井、斜井缠绕式提升绞车应加设定车装置。

(2）提升绞车装设深度指示器、开始减速时能自动示警的警铃与不离开座位即能操纵的常用闸和保险闸，保险闸能自动发生制动作用。提升绞车除设有机械制动闸外，还应设有电气制动装置。

（3）开凿立井时，悬挂吊盘、水泵和其他设备的稳车，装设可靠的制动装置和防逆转装置，并设有电气闭锁。

4. 空气压缩机

（1）空气压缩机有压力表和安全阀。使用油润滑的空气压缩机装设断油保护装置或断油信号显示装置。水冷式空气压缩机装设断水保护装置或断水信号显示装置。

（2）空气压缩机装设温度保护装置，在超温时能自动切断电源。

十、煤矿电气安全对策措施

1. 一般规定

（1）煤矿地面、井下各种电气设备、电力和通信系统的设计、安装、验收、运行、检修、试验以及安全等工作，可参照有关部门的规程执行。

（2）矿井应有两回路电源线路。年产 60 000 t 以下的矿井采用单回路供电时，有备用电源；备用电源的容量满足通风、排水、提升等的要求。矿井的两回路电源线路上都不得分接任何负荷。矿井电源线路上严禁装设负荷定量器。

（3）对井下各水平中央变（配）电所、主排水泵房和下山开采的采区排水泵房供电的线路，不得少于两回路。当任一回路停止供电时，其余回路应能担负全部负荷。

（4）严禁井下配电变压器中性点直接接地。严禁由地面中性点直接接地的变压器或发电机直接向井下供电。

（5）井下不得带电检修、搬迁电气设备、电缆和电线。

（6）容易碰到的、裸露的带电体及机械外露的转动和传动部分应加装护罩或遮栏等防护设施。

（7）防爆电气设备入井前，应检查其“产品合格证”“防爆合格证”“煤矿矿用产品安全标志”及安全性能，检查合格并签发合格证后方准入井。

2. 电气设备和保护

（1）硐室外严禁使用油浸式低压电气设备。

（2）井下高压电动机、动力变压器的高压控制设备，应具有短路、过负荷、接地和欠压释放保护。井下由采区变电所、移动变电站或配电点引出的馈电线上，应装设短路、过负荷和漏电保护装置。低压电动机的控制设备，应具备短路、过负荷、单相断线、漏电闭锁保护装置及远程控制装置。

（3）井下配电网路（变压器馈出线路、电动机等）均应装设过流、短路保护装置；用该配电网路的最大三相短路电流校验开关设备的分断能力和动、热稳定性以及电缆的热稳定性。正确选择熔断器的熔体。

（4）矿井高压电网，采取措施限制单相接地电容电流不超过 20 A。井下低压馈电线上，装设检漏保护装置或有选择性的漏电保护装置，保证自动切断漏电的馈电线路。煤电钻使用设有检漏、漏电闭锁、短路、过负荷、断相、远距离启动和停止煤电钻功能的综合保护装置。

（5）井上、井下装设防雷电装置。

（6）带油的电气设备设在机电设备硐室内，严禁设在集油坑中。

3. 井下电缆

（1）在总回风巷和专用回风巷中不应敷设电缆。在机械提升的进风的倾斜井巷(不包括输送机上山、下山）和使用木支架的立井井筒中敷设电缆时，有可靠的安全措施。溜放煤、矸、材料的溜道中严禁敷设电缆。

（2）低压电缆不应采用铝芯，采区低压电缆严禁采用铝芯。

（3）电缆不应悬挂在风管或水管上，不得遭受水淋。电缆上严禁悬挂任何物件。

4. 照明、通信和信号

（1）严禁用电力机车架空线作为照明电源。

（2）矿灯应保持完好，出现电池漏液、亮度不够、电线破损、灯锁失效、灯头密封不严、灯头圈松动、玻璃破裂等情况时，严禁发放。发出的矿灯，最低应能连续正常使用11 h。

（3）使用矿灯的人员严禁拆开、敲打、撞击矿灯。

（4）矿灯应装有可靠的短路保护装置，高瓦斯矿井应装有短路保护器。

（5）准备和装添电液使用专用器具。工作人员戴防护眼镜、口罩和橡胶手套，系橡胶围裙，穿胶鞋。调和和储存电液要使用有盖的瓷质、玻璃质等容器。调和酸性电液时，将硫酸徐徐倒入水中，严禁向硫酸中倒水。房间内备有中和电液用的溶液。

（6）井下电话线路严禁利用大地作为回路。

（7）井下照明和信号装置，应采用具有短路、过载和漏电保护的照明信号综合保护装置配电。

（8）井下防爆型的通信、信号和控制等装置，应优先采用本质安全型。

（9）高压停、送电的操作，可根据书面申请或其他可靠的联系方式，得到批准后，由专职电工执行。

采区电工，在特殊情况下可对采区变电所内高压电气设备进行停、送电的操作，但不得擅自打开电气设备进行修理。

（10）井下防爆电气设备的运行、维护和修理，应符合防爆性能的各项技术要求。防爆性能遭受破坏的电气设备，应立即处理或更换，严禁继续使用。

十一、煤矿救护安全对策措施

1. 进风井口、井筒、井底车场、主要进风巷和硐室发生火灾时，应进行全矿井反风。下达反风命令前，将火源进风侧的人员撤出，并采取阻止火灾蔓延的措施。采取风流短路措施时，将受影响区域内的人员全部撤出。

2. 处理火灾事故过程中，指定专人检查瓦斯和煤尘，观测灾区气体和风流变化。当瓦斯体积分数在2.0%以上、并继续增加有爆炸危险时，矿山救护队将全部人员立即撤到安全地点，然后采取措施，排除爆炸危险。

3. 扑灭上山、下山巷道火灾时，采取防止火风压造成风流逆转的措施。

4. 扑灭硐室火灾时，应遵守下列规定：

（1）爆炸材料库着火时，应首先将雷管运出，然后将其他爆炸材料运出；因高温运不出时，应关闭防火门，退至安全地点。

（2）绞车房着火时，应将火源下方的矿车固定，防止烧断钢丝绳造成跑车伤人。

（3）蓄电池电力机车库着火时，应切断电源，采取措施，防止氢气爆炸。

5. 矿山救护队处理掘进工作面火灾时，应保持原有的通风状态，进行侦察后再采取措施。

6. 处理爆炸事故时，救护小队进入灾区应遵守下列规定：

（1）进入前切断灾区电源。

（2）检查灾区内各种有害气体的浓度、温度及通风设施破坏情况，发现有再次爆炸危险时，立即撤到安全地点。

（3）穿过支架被破坏的巷道时，要架好临时支架。

（4）通过支护不好的地点时，救护队员之间要保持一定的距离，按顺序通过。

（5）进入灾区行动要谨慎，防止碰撞产生火花，引起爆炸。

（6）确知人员已经牺牲时，先恢复灾区通风，再进行处理。

恢复突出区通风时，应以最短的路线将瓦斯引入回风巷。回风井口 50 m 范围内不得有火源，并设专人监视。

是否停电应根据井下实际情况决定。

十二、矿山有害因素（尘、毒、窒息、噪声和振动等）控制对策措施

1. 按国家规定对生产性粉尘进行定期监测，包括总粉尘、呼吸性粉尘中游离 SiO_2 含量。

2. 作业场所的噪声，不应超过 85 dB（A）。大于 85 dB（A）时，需配备个人防护用品；大于或等于 90 dB（A）时，还应采取降低作业场所噪声的措施。

3. 矿区水源和供水工程应保证矿区工业用水量，其水质应符合国家卫生标准。

4. 有下列病症之一的，不得从事接尘作业：

（1）活动性肺结核病及肺外结核病。

（2）严重的上呼吸道或支气管疾病。

（3）显著影响肺功能的肺脏或胸膜病变。

（4）心、血管器质性疾病。

（5）经医疗鉴定，不适于从事粉尘作业的其他疾病。

5. 有下列病症之一的，不得从事井下工作：

（1）上条所列病症之一的。

（2）风湿病（反复活动）。

（3）严重的皮肤病。

（4）经医疗鉴定，不适于从事井下工作的其他疾病。

6. 癫痫病和精神分裂症患者严禁从事煤矿生产工作。

7. 患有高血压、心脏病、深度近视等病症以及其他不适应高空（2 m 以上）作业者，不得从事高空作业。

8. 粉尘、毒物及有害物理因素超过国家职业卫生标准的作业场所，除采取防治措施外，作业人员应佩戴防尘或防毒等个体劳动防护用品。

第四节　安全管理安全对策措施

安全管理对策措施在煤矿企业的安全生产工作中起着非常重要的作用。安全管理对策措施通过一系列管理手段将企业的安全生产工作整合、完善、优化，将人、机、物、环境涉及安全生产工作的各个环节有机地结合起来，保证煤矿生产在安全健康的前提下正常进行，使安全技术对策措施发挥最大的作用。在某些缺乏安全技术对策措施的情况下，为了保证生产经营活动的正常进行，依靠安全管理对策措施的作用加以弥补。

安全管理对策措施的具体内容涉及面较为广泛，《中华人民共和国安全生产法》《煤矿安全规程》《煤矿安全监察条例》等许多法律法规和政府行政规章中具体的条款内容都能涉及。如《中华人民共和国安全生产法》中规定："第四条　生产经营单位必须遵守本法和其他有关安全生产的法律、法规，加强安全生产管理，建立、健全安全生产责任制度，完善安全生产条件，确保安全生产。""第二十一条　生产经营单位应当对从业人员进行安全生产教育和培训，保证从业人员具备必要的安全生产知识，熟悉有关的安全生产规章制度和安全操作规程，掌握本岗位的安全操作技能。未经安全生产教育和培训合格的从业人员，不得上岗作业。""第三十六条　生产经营单位应当教育和督促从业人员严格执行本单位的安全生产规章制度和安全操作规程；并向从业人员如实告知作业场所和工作岗位存在的危险因素、防范措施以及事故应急措施"等。

安全生产管理是以保证建设项目建成以后以及现实生产过程安全为目的的现代化、科学化的管理。其基本任务是发现、分析和控制生产过程中的危险、有害因素，制定相应的安全卫生规章制度，对企业内部实施安全卫生监督、检查，对各类人员进行安全、卫生知识的培训和教育，防止发生事故和职业病，避免、减少有关损失。

即使具有本质安全性、高度自动化的生产装置，也不可能全面地、一劳永逸地控制、预防所有的危险、有害因素（例如维修等辅助生产作业中存在的、生产过程中设备故障造成的危险、有害因素）和防止作业人员的失误。安全管理是煤矿企业管理的重要组成部分，是保证安全生产必不可少的措施。

一、建立制度

《中华人民共和国安全生产法》第四条规定：生产经营单位必须遵守本法和其他有关安全生产的法律、法规，加强安全生产管理，建立、健全安全生产责任制度，完善安全生产条件，确保安全生产。因此，煤矿企业应建立健全煤矿安全生产责任制、落实煤矿安全生产规章制度和操作规程。

例如，依据企业的自身特点，应建立《安全生产总则》《安全生产守则》《"三同时"管理制度》等指导性安全管理文件，制定《安全生产责任制》《工艺技术安全生产规程》《安全操作规程》；明确各级人员的安全生产岗位责任制，对日常安全管理工作，应建立相应的《安全检查制度》《安全生产巡视制度》《安全生产交接班制度》《安全生产监督制度》《安全生产确认制》《安全生产奖惩制度》《劳保用品管理制度》等管理制度，对工伤事故应建立《伤亡事故管理制度》《伤亡事故责任者处理规定》《职业病报告处理制度》等制度；对设备、工机具等应建立《特种责任制度》《手持电动工具管理制度》《吊索具安全管理规程》等制度；在安全教育培训方面，应建立《各级领导安全培训教育制度》《新进员工三级安全教育制度》《转岗安全培训教育制度》《日常安全教育和考核制度》《违章员工教育制度》和《临时性安全教育制度》等制度；对特殊工种应建立《特种作业人员的安全教育制度》《持证上岗管理规定》等制度。

二、完善机构和人员配置

建立并完善生产经营单位的安全管理组织机构和人员配置，保证各类安全生产管理制度能认真贯彻执行，各项安全生产责任制能落实到人。明确各级机构的第一负责人为安全生产第一责任人。

例如，煤矿企业设立安全生产管理委员会（或者相类似的管理机构），建立安全监督管理网络。各生产单位的安全管理机构设安全科，各班设班安全员。

《中华人民共和国安全生产法》第十九条规定，矿山、建筑施工单位和危险物品的生产、经营、储存单位，应当设置安全生产管理机构或者配备专职安全生产管理人员。

煤矿根据规模确定安全管理机构的设置和人员配置。在落实安全生产管理机构和人员配置后，还需建立各级机构和人员安全生产责任制。

各级人员安全职责包括单位负责人及其副手、总工程师（或技术总负责人）、区队长、班组长、安全员、作业工人的安全职责。

三、安全培训、教育和考核

在建立了各类安全生产管理制度和安全操作规程，落实机构和人员安全生产责任制后，安全管理对策措施所要涉及的内容是各类人员的安全教育和安全培训。矿长、安全负责人、安全员和作业人员，都要接受相应的安全教育和培训。

《中华人民共和国安全生产法》第十一条规定，各级人民政府及其有关部门应当采取多种形式，加强对有关安全生产的法律、法规和安全生产知识的宣传，提高职工的安全生产意识。第二十条规定，生产经营单位的主要负责人和安全生产管理人员必须具备与本单位所从事的生产经营活动相应的安全生产知识和管理能力。危险物品的生产、经营、储存单位以及矿山、建筑施工单位的主要负责人和安全生产管理人员，应当由有关主管部门对其安全生产知识和管理能力考核合格后方可任职。第二十一条规定，生产经营单位应当对从业人员进行安全生产教育和培训，保证从业人员具备必要的安全生产知识，熟悉有关的安全生产规章制度和安全操作规程，掌握本岗位的安全操作技能。未经安全生产教育和培训合格的从业人员，不得上岗作业。第二十三条规定，生产经营单位的特种作业人员必须按照国家有关规定经专门的安全作业培训，取得特种作业操作资格证书，方可上岗作业。第五十条规定，从业人员应当接受安全生产教育和培训，掌握本职工作所需的安全生产知识，提高安全生产技能，增强事故预防和应急处理能力。

生产经营单位的安全培训和教育工作分三个层面进行。①单位主要负责人和安全生产管理人员的安全培训教育，侧重面为国家有关安全生产的法律法规、行政规章和各种技术标准、规范，了解企业安全生产管理的基本脉络，掌握对煤矿进行安全生产管理的能力，取得安全管理岗位的资格证书。②从业人员的安全培训教育在于了解安全生产知识，熟悉有关的安全生产规章制度和安全操作规程，掌握本岗位的安全操作技能。③特种作业人员按照国家有关规定经专门的安全作业培训，取得特种作业操作资格证书。要选拔具有一定文化程度、操作技能、身体健康和心理素质好的人员从事相关工作，并定期进行考察、考核和调整。

对作业人员要加强职业培训、教育，使作业人员具有高度的安全责任心、缜密的态度，并且要熟悉相应的业务，有熟练的操作技能，具备有关设备、设施的基本知识和危险应急处理能力，在紧急情况下能采取正确的应急方法，发生事故时有自救、互救能力。

加强对新职工的安全教育、专业培训和考核，新进人员经过严格的三级安全教育和专业培训，并经考试合格后方可上岗。对转岗、复工人员应参照新职工的办法进行培训和考试。对职工每年至少进行两次安全技术培训和考核。

四、安全投入与安全设施

建立健全煤矿企业安全生产投入的长效保障机制，从资金和设施装备等物质方面保障安全生产工作正常进行，也是安全管理对策措施的一项内容。《中华人民共和国安全生产法》第十八条规定，生产经营单位应当具备安全生产条件所必需的资金投入，由生产经营单位的决策机构、主要负责人或者个人经营的投资人予以保证，并对由于安全生产所必需的资金投入不足导致的后果承担责任。第二十四条规定，生产经营单位新建、改建、扩建工程项目（以下统称建设项目）的安全设施，必须与主体工程同时设计、同时施工、同时投入生产和使用。安全设施投资应当纳入建设项目概算。

建设项目在可行性研究阶段和初步设计阶段都应该考虑投入用于安全生产的专项资金的预算。生产经营单位在正常运行过程中应该安排用于安全生产的专项资金，进行安全生产方面的技术改造、增添安全设施和防护设备以及个体防护用品。配备安全卫生管理、检查、事故调查分析、检测检验的用房和检查、检测、通信、录像、照相、微机、车辆等设施、设备。根据生产特点，适应事故应急预案措施的需要，配备必要的训练、急救、抢险的设备、设施及安全卫生管理需要的其他设备、设施。配备安全卫生培训、教育（含电化教育）设备和场所。设计单位和生产单位应根据安全管理的需要，配备必要的人员和管理、检查、检测、培训教育和应急抢救仪器设备和设施。如设置卫生室并配置相应的急救药品等。

五、实施监督与日常检查

安全管理对策措施的动态表现就是监督与检查，对于有关安全生产方面国家法律法规、技术标准、规范和行政规章执行情况的监督与检查，对于本单位所制定的各类安全生产规章制度和责任制的落实情况的监督与检查；通过监督检查，保证本单位各层面的安全教育和培训能正常有效地进行；保证本单位安全生产投入的有效实施；保证本单位安全设施、安全技术装备能正常发挥作用；应经常性督促、检查本单位的安全生产工作，及时消除生产安全事故隐患。第三十六条规定，生产经营单位应当教育和督促从业人员严格执行本单位的安全生产规章制度和安全操作规程；并向从业人员如实告知作业场所和工作岗位存在的危险因素、防范措施以及事故应急措施。第三十八条规定，生产经营单位的安全生产管理人员应当根据本单位的生产经营特点，对安全生产状况进行经常性检查；对检查中发现的安全问题，应当立即处理；不能处理的，应当及时报告本单位有关负责人。检查及处理情况应当记录在案。

例如，生产经营单位建有《安全活动日制度》，明确每周一为安全活动日，总结和回顾一周来安全规章制度执行情况，发现存在问题并提出改进措施。《安全生产检查制度》规定了单位安全管理部门每季度进行一次安全生产综合大检查，各作业区每月进行两次安全检查，并建立了季节性安全检查、专业性安全检查和节假日安全检查制度。

此外，设备的不安全状态是诱发事故的物质基础。保持设备、设施的完好状态，是实现安全生产的前提。因此，要加强对设备运行时的监视、检查、定期维修保养等管理工作。经常进行安全分析，对发生过的事故或未遂事件、故障、异常工艺条件和操作失误等，应作详细记录和原因分析并找出改进措施。还应经常收集、分析国内外的有关案例，类比本企业建设项目的具体情况，加强教育，积极采取安全技术、管理等方面的有效措施，防止类似事故的发生。经常对主要设备故障处理方案进行修订，使之不断完善。

对瓦斯监控系统、安全保护装置、瓦斯闭锁装置等应定期检验，防止失效；做好各检测点的记录和分析，对不安全因素进行及时处理和整改。

制定并严格执行密闭开封审批制度，开封前应检测密闭区的温度、瓦斯浓度、一氧化碳浓度，并准备相应快速密闭的器材。

第五节　安全对策措施实例

以下为某矿安全现状评价提出的安全对策措施（安全措施及建议）。

一、安全管理措施及建议

1. 对建立、健全的各项管理制度要严格落实和执行。

2. 加强对作业人员的安全管理和安全教育，提高作业人员的综合素质。

3. 及时填绘反映实际情况的各系统图纸，如矿井地质、水文地质图，井上下对照图，巷道布置图，采掘工程平面图，通风系统图，井下运输系统图，安全监测装备系统图，排水、防尘、压风等管路系统图，井下通信系统图，井上、井下配电系统和井下电气设备布置图，井下避灾路线图等。

4. 落实煤矿安全技术措施费用，用于安全设备和安全教育。

5. 干部要靠前指挥，加强机电和通风瓦斯的现场管理，认真贯彻、执行和落实采掘作业规程、操作规程、安全技术措施和各项规章制度，加强安全检查，及时排除隐患，严格工程质量的验收和监督管理。

6. 强化安全教育和安全技术培训，狠抓特种专业人员、普掘队和分散作业人员的安全管理和安全技术培训。

7. 矿井灾害预防实战演习，今后每年必须至少要进行 1 次。

8. 要对伤亡事故认真分析事故原因，制定具有针对性的防治措施。

9. 要重视综合防尘工作，加大综合防尘治理的力度，狠抓有效措施的落实。

二、开采系统措施及建议

1. 矿井田地质条件差，倒转、褶皱、断层多，变化大，加强地质勘探工作，对井田开拓、开采具有重要意义。

2. 采掘工艺、巷道的支护方法等对一个生产矿井不是一成不变的，矿井应在作业规程中制定遇到不同地质条件，要根据地质变化、矿压变化等具体情况进行选取适合的采掘工艺、支护方式，制定有针对性安全技术措施。

3. 在回采过程中要加强安全出口的支护和管理，对地压灾害进行观测研究，采取有效控制措施。

4. 严格执行回采工作面作业规程，加强回采工作面端头支护，加强顶板管理，不能自然垮落的顶板要采取有效措施进行强制人工放顶；掘进工作面迎头要及时支护，后方顶板支护也要定期进行检查，发现问题立即处理，防止巷道冒顶，严禁空顶作业。

5. 一个采区内同一煤层的一翼只能布置一个回采工作面和两个掘进工作面同时作业。严禁在采煤工作面范围内再布置另一采煤工作面同时作业。采掘过程中严禁任意扩大和缩小设计规定的煤柱。采空区内不得遗留未经设计规定的煤柱。

三、“一通三防”安全措施及建议

1. 矿井下通风设施用量较多，通风系统网络中各通风支路的风流稳定性应尽量提高，应考虑通风参数变化；对矿井、区域的主要漏风源应强化堵漏风工程的实施，减少矿井漏风量。对各主要风路上的通风设施进行合理优化，在能够满足调风前提下，尽可能减少通风设施，对准备期间开掘的一些联络通道，而生产期不用或少用的通道应尽可能实施坚固性封闭，尽量减少联络通道，对启闭频繁的通风设施必须设置坚固型通风设施组合，避免经常性风流短路或通风设施损毁，矿井通风设施设置应合理可靠。各分区及各需风地点，尤其是各采掘工作面尽量实施独立通风系统，尽量避免串联通风，各独立通风系统的独立性应可靠，受其他通风系统和设施的影响程度小。矿井应制定巷道频繁贯通调风预案，预先分析贯通巷道对其他巷道的影响程度和对通风设施及通风系统的可能影响，研究通风的可行性和可靠性。

2. 矿井下掘进工作面过于集中，尤其是柔掩掘进工作面施工上下顺槽及切眼、平巷小硐等，巷道内风筒所占断面积加上行人、运料，放炮后煤（矸）的堆积，工作空间极小，巷道供风条件较差，放炮后风筒断开或崩烂损坏，造成掘进工作面迎头无风或微风，工作人员进入时容易导致作业人员患职业病，甚至造成炮烟熏人事故。

3. 为防止瓦斯事故的发生，在生产过程中，要采用合理的通风系统，保证井下各用风地点有足够的风量和风流稳定可靠；要严格局部通风管理；临时停工的工作面和其他地点，一律不得停风。在计划停风停电的地点，必须切断电源、在盲巷口设置栅栏树立警示牌，并安排专人查看，任何人都不得进入。在工程中要尽可能不出现盲巷和低风速巷道；要加强对职工的安全知识培训，提高安全意识和自保意识，保证自己不进入停风或有栅栏的巷道内，同时要严格执行“一通三防”管理制度，采取有效的措施，严防人员进入盲巷、不通风巷道和临时停风的巷道。

4. 机电设备硐室采用砌碹、锚喷支护，不得采用可燃性材料，在中央变电所、排水泵房两侧及采区变电所通道设置防火栅栏门，在消防材料库、机电硐室，火药库等处按规定配备足够的消防器材；井下动用电气灯焊时应制定专项安全技术措施，经矿长或矿总工程师批准。

5. 加强综合防尘管理，完善制度、严格执行、落实到位。

6. 安全监控设备必须定期进行调试、校正，每月至少校正1次。甲烷传感器、便携式甲烷检测报警仪等采用载体催化元件的甲烷检测设备，每7天必须使用标准气样和空气样调校1次。每7天必须对甲烷超限断电功能进行测试。其他传感器也必须按照说明书的要求定期调校，使之始终处于完好状态。

四、水害防治方面的安全措施及建议

1. 水文地质条件探测研究。因矿井防治水工作与水文地质条件有密切关系，因而要不断加强对矿井水文地质条件的探测和研究工作，提前探测各种水源的位置、富水性、径流通道和导水性，以便有针对性地采取措施。

2. 小煤窑采空积水区探测并采取措施。按照“预测预报、有疑必探、先探后掘、先治后采”的超前探放水原则，采用先进的物探手段，对井田之上小煤窑采空区积水区进行探测，并依据积水情况进行处理，以实现小煤窑老空积水区下煤炭的安全开采。

3. 留设防水煤（岩）柱。对井田周边的小煤窑和导水断层按《煤矿安全规程》的规定，要留设足够的防水煤（岩）柱。

4. 地表防治水措施。要疏通地表河道和防洪沟渠，避免洪涝灾害。对地面出现的采动裂缝，要通过碾压等方法及时加以封填，以避免形成导水的通道。

5. 加强排水设施的管理。必须经常检查和维护排水沟，保持畅通。

五、提升、运输系统方面的措施及建议

1. 选用不能自行脱落矿车连接装置。各种保险链以及矿车的连接环、链和插销等初次使用前和使用后每隔2年，必须逐个以2倍于其最大静荷重的拉力进行试验，发现裂纹或永久伸长量超过2%时，不得使用。

2. 要经常检查井下运输车辆完好性，保证台台完好，无失爆现象，前有照明，后有信号灯。“行车不行人，行人不行车”制度必须落实到每个人。

3. 加强对“一坡三挡”的维护和管理。

4. 巷道人行道、安全间隙宽度必须按设计尺寸施工，巷道壁保持平整，局部冒顶、变形等应及时维护。

5. 井下应使用矿用型的符合《煤矿安全规程》要求的运输设备，运输设备应有煤安标志。

六、供电系统方面的措施及建议

1. 机电硐室应设置足够数量的扑灭电气火灾的消防器材。

2. 为防止雷电事故，应注意地面架空线路引入的供电线路，在入井处应设防雷装置；通信线路在入井处设熔断器和防雷装置。

3. 为防止井下电气着火事故，井下固定敷设的电缆，必须采用煤矿阻燃、抗静电型电力电缆。

4. 为预防触电事故，建议机电硐室入口处悬挂“非工作人员禁止入内”字样的警示牌，硐室内有“高压危险”字样警示牌，硐室内的设备分别编号，标明用途，并有停送电标志；井下不得带电检修和搬迁电气设备、电缆和电线，所有的开关闭锁装置均能可靠地防止擅自送电，防止擅自开盖操作，并悬挂有“有人工作，不准送电”字样的警示牌；操作高压电气设备主回路时，操作人员必须戴绝缘手套并穿电工绝缘靴或站在绝缘台上；容易碰到裸露带电体及机械外露的转动和传动部分均加装护罩、遮栏等防护措施。

5. 要将信号线、监测监控线、电话线和电力电缆分开悬挂，同侧悬挂时，电话线、信号线、监测监控线要挂在电力电缆的上面。按《煤矿安全规程》要求距离悬挂。

6. 对于井下电气设备的保护接地要勤检查、勤维护，尤其对经常移动的电气设备，随着设备的变动，保护接地也要同时安装。

7. 井上下变电所绝缘操作杆、绝缘手套、绝缘靴、高压验电笔等高压绝缘用具应定期做耐压试验，保证操作人员的安全。

8. 井上下电气仪表应定期校正，保证所测电气数据的准确性。

9. 井上下变电所应悬挂系统图、操作规程、岗位责任制等图板，应有值班、试验、检修等记录本。

七、爆破材料运输与存储方面的措施及建议

1. 爆炸材料库内按规定配备足够的消防器材。

2. 电雷管和炸药必须分开运送。

3. 必须严格执行爆炸材料领退制度、电雷管编号制度和爆炸材料丢失处理办法。

4. 严格控制爆破材料库火工品存储量。

八、职业卫生方面的措施及建议

1. 井下任何地点都存在粉尘，对该矿来说，以采煤工作面和掘进工作面的粉尘浓度最高，其次是运输环节的各转载点。要通过采取防尘、降尘、除尘等综合防尘措施，并加强检查、监测，使粉尘浓度满足《煤矿安全规程》的规定。同时还要加强个体防护。

2. 煤矿井下的噪声主要来自各种设备在运转过程中由震动、摩擦、碰撞而产生的机械动力噪声和通风机而产生的气体动力噪声。井下的主要噪声源是局部通风机和采掘工作面设备，以机械动力性噪声为主。因此，应尽量选择低噪声设备或加装消声器。

第六章 煤矿安全评价结论

煤矿安全评价结论应体现系统安全的概念，要阐述整个被评价系统的安全能否得到保障，系统客观存在的固有危险、有害因素在采取安全对策措施后能否得到控制及其受控的程度如何。

取得煤矿安全评价结论的一般工作步骤如下：

(1) 收集与评价相关的技术与管理资料。

(2) 按评价方法从现场获得与各评价单元相关的基础数据。

(3) 进行数据处理，得到单元评价结果。

(4) 将单元评价结果整合成单元评价小结。

(5) 将各单元评价小结整合成评价结论。

第一节 评价结果与评价结论

一、评价结果与评价结论的关系

评价结果是指子系统或单元的各评价要素通过检查、检测、检验、分析、判断、计算、评价、汇总后得到的结果；评价结论是对整个被评价系统进行安全状况综合评判的结果，是评价结果的综合。

评价结果与评价结论是输入与输出的关系，输入的评价结果按照一定的原则整合后，得到评价小结，各评价小结通过整合在输出端可以得到评价结论。整合的原则可以因评价对象的不同而不同，但其基本的原理则是逻辑思维的结论。

整合原则是评价方法的核心，不同的评价方法体现不同的整合原则。

在安全评价中很重要的一项内容是，各评价单元的“风险”或称“危险度”要能够比较，以体现各评价单元对整个系统安全的不同贡献值，从而决定急需重点控制的单元。

一般来说，安全评价的结果是“风险”或称“危险度”。而“危险度”可分解成“事故后果的严重程度”和“发生事故的可能性”两个部分。

对照现代系统安全理论中危险源的概念：“事故后果的严重程度”由每一类危险源（系统中存在的、可能发生意外释放的能量或危险物质）所决定；“发生事故的可能性”是由第二类危险源（导致约束、限制能量措施失效或破坏的各种不安全因素，如人、机、环境）所决定。评价结果的比较通常有：矩长比较、面积比较和落点比较三种。

1. 矩长比较

矩长比较是指将单元结果的严重程度（事故后果的严重性）和发生频率（发生事故的可

能性）作为横坐标和纵坐标的输入，则各个输入结果的交点至原点的矩，就表示该评价单元的“风险”或称“危险度”。输入不同单元结果的严重程度和频率，矩随之变动，根据矩的长短可比较危险度的大小，得出评价结论。

2. 面积比较

面积比较是指将单元结果的严重程度（事故后果的严重性）和发生频率（发生事故的可能性）作为横坐标和纵坐标的输入，则各个输入结果横坐标和纵坐标包围的面积（风险＝严重程度×发生频率），就表示该评价单元的“风险”或称“危险度”。输入不同单元结果的严重程度和频率，面积随之变动，根据面积大小可比较危险度的大小，得出评价结论。

3. 落地比较

落地比较是指先要按风险（危险度）的规律（结合本地区实际状况和对风险的可接受程度）制定出标准，再将得到的单元的风险（危险度）与标准进行比较，得出结论。

二、评价结论中逻辑思维方法的应用

安全评价报告是基于对评价对象的危险、有害因素的分析，运用评价方法进行评价、推理、判断；评价方法的选择、单元的确定，需要有充足的理由和依据；根据因果联系提出对策措施，将评价结果再综合起来做出评价结论；而安全评价报告要遵守内容、结论的同一性、不矛盾性，也不能模棱两可；结论的提出要进行充分的论证。

在编写评价结论时应考虑逻辑思维方法中“逻辑规律”的运用，主要有同一律、不矛盾律、排中律、充足理由律等。

第二节　评价结论编制原则

由于工程、系统进行安全评价时，通过分析和评价将单元各评价要素的评价结果汇总成各单元安全评价的小结，因此，整个项目的评价结论应是各评价单元评价小结的高度概括，而不是将各评价单元的评价小结简单地罗列起来作为评价的结论。

评价结论的编制应着眼于整个被评价系统的安全状况，应遵循客观公正、观点明确、清晰准确的原则，做到概括性、条理性强且文字表达精练。

1. 客观公正

评价报告应客观地、公正地针对评价项目的实际情况，实事求是地给出评价结论。应注意既不夸大危险，也不缩小危险。

（1）对危险、危害性分类、分级的确定，如火灾危险分类、防雷分类、重大危险源辨识、火灾危险环境电力装置危险区域的划分、毒性分级等，应恰如其分，实事求是。

（2）对定量评价的计算结果应进行认真的分析，是否与实际情况相符；如果发现计算结果与实际情况出入较大，就应该认真分析所建立的数学模型或采用的定量计算模式是否合理，数据是否合格，计算是否有误。

2. 观点明确

在评价结论中观点要明确，不能含糊其辞、模棱两可、自相矛盾。

3. 清晰准确

评价结论应是评价报告进行充分论证的高度概括，层次要清楚，语言要精练，结论要准确，要符合客观实际，要有充足的理由。

第三节　评价结论主要内容

一、评价结论分析

评价结论应较全面地考虑评价项目各方面的安全状况，要从“人、机、料、法、环”理出评价结论的主线并进行分析。交代建设项目在安全卫生技术措施、安全设施上是否能满足系统安全的要求，安全验收评价还需考虑安全设施和技术措施的运行效果及可靠性。

1. 人力资源和管理制度方面

（1）人力资源。安全管理人员和生产人员是否经安全培训，是否满足安全生产需要，是否持证上岗等。

（2）安全管理。是否建立安全管理体系，是否建立支持文件（管理制度）和程序文件（作业规程），设备装置运行是否建立台账，安全检查是否有记录，是否建立事故应急救援预案等。

2. 设备装置和附件设施方面

（1）设备装置。生产系统、设备和装置的本质安全程度，控制系统是否做到了故障安全型，即一旦超越设计或操作控制的参数限度时，是否具备能使系统或设备恢复到安全状态的能力及其可靠性。

（2）附件设施。安全附件和安全设施配置是否合理，是否能起到安全保障作用，其有效性是否得到证实；一旦超越正常的工艺条件或发生误操作时，安全设施是否能保证系统安全。

3. 物质物料和材质材料方面

（1）物质物料。危险化学品的安全技术说明书（MSDS）是否建立，生产、储存是否构成重大危险源，在燃爆和急性中毒上是否得到有效控制。

（2）材质材料。设备、装置及危险化学品的包装物的材质是否符合要求，材料是否采取防腐蚀措施（如：牺牲阳极法）、测定数据是否完整（测厚、探伤等）。

4. 方法工艺和作业操作

（1）方法工艺。生产过程工艺的本质安全程度、生产工艺条件正常和工艺条件发生变化时的适应能力。

（2）作业操作。生产作业及操作控制是否按安全操作规程进行。

5. 生产环境和安全条件

（1）生产环境。生产作业环境能否符合防火、防爆、防急性中毒的安全要求。

（2）安全条件。自然条件对评价对象的影响，周围环境对评价对象的影响，评价对象总图布置是否合理，物流路线是否安全和便捷，作业人员安全生产条件是否符合相关要求。

二、评价结果归类及重要性判断

由于系统内各单元评价结果之间存在关联，且各评价结果在重要性上不平衡，对安全评价结论的贡献有大有小，因此，在编写评价结论之前，最好对评价结果进行整理、分类并按严酷度和发生频率分别将结果排序列出。

例如，将影响特别重大的危险（群死群伤）或故障（或事故）频发的结果；将影响重大危险（个别伤亡）或故障（或事故）发生的结果；将影响一般危险（偶有伤亡）或故障（或事故）偶然发生的结果等进行排序列出。

三、评价结论的主要内容

安全评价结论的内容，因评价种类（安全预评价、安全验收评价、安全现状综合评价和专项评价）的不同而各有差异。通常情况下，安全评价结论的主要内容应包括：

1. 评价结论分析

（1）评价结果概述、归类、危险程度排序。

（2）对于评价结果可接受的项目还应进一步提出要重点防范的危险、危害性。

（3）对于评价结果不可接受的项目，要指出存在的问题，列出不可接受的充足理由。

（4）对受条件限制而遗留的问题提出改进方向和措施建议。

2. 评价结论

（1）评价对象是否符合国家安全生产法规、标准要求。

（2）评价对象在采取所要求的安全对策措施后达到的安全程度。

3. 持续改进方向

（1）提出保持现已达到安全水平的要求（加强安全检查、保持日常维护等）。

（2）进一步提高安全水平的建议（冗余配置安全设施、采用先进工艺、方法、设备）。

（3）其他建设性的建议和希望。

第四节　评价结论实例

以下是安全评价机构对某煤矿进行安全预评价工作之后，得出的安全预评价结论。

×××安全评价机构受×××煤炭有限公司的委托，按照煤矿安全评价有关法律、法规及评价导则，采用预先危险性分析法、安全检查表法、事故树分析法等评价方法，对该煤炭有限公司提供的《×××矿井及选煤厂可行性研究报告》（以下简称《可研报告》）进行了安全预评价。评价的内容包括矿井的主要危险、有害因素识别与分析，采用系统安全工程分析方法评价、类比工程分析评价方法和经验数据分析比较，并根据评价结果分别提出安全对策措施和建议，做出以下评价结论：

1. 矿井危险、有害因素

该矿井的重大危险、有害因素排序为自燃发火、煤尘。

主要危险、有害因素为顶板、水、瓦斯和提升、运输事故。

2. 矿井灾害防治

（1）矿井火灾防治

1）该矿井煤层变质程度较低，原煤挥发分含量高，均为容易自燃煤层，因此，必须做好自燃发火防治工作。

2）从《可研报告》的设计来看，工作面推进速度有利于防止自燃发火，但参照该地区其他矿井的实际情况，单纯依靠加快推进速度并不能完全满足防治自燃发火的产生，《可研报告》中虽提出要采取注氮防灭火措施，但未对所需氮气量、设备选型、设备数量进行全面详细的分析计算，需在《安全专篇》中补充。同时应通过多方案比较确定综合防灭火措施。

3）本矿井为近距离煤层群开采，下部煤层开采产生的裂隙容易与上部煤层采空区沟通，增大漏风量，遗煤氧化自燃，发生内因火灾。另外，《可研报告》中3煤层设计大采高一次采全高，这将成为预防自燃发火的难点和重点，在《安全专篇》中必须制定科学、可行的防治措施。

4）做好采空区的密闭工作以及对密闭的管理。

5）胶带输送机是外因火灾防治的重点，应从设备选型、安全防护装置的安装等方面着手，采取防治措施。

（2）煤尘灾害防治

1）《可研报告》中提到在采掘工作面、运煤转载点、煤仓上下口等容易产生煤尘的地点设置喷雾装置，做好个体防护等措施，但未对防尘系统的布置进行详细设计，需在初设中补充完善。

2）根据该矿井煤层含水情况以及顶底板遇水软化、破坏的特点，建议对煤层注水防尘的可行性进一步进行分析。

3）《可研报告》中没有提及必须采取的预防和隔绝煤尘爆炸的措施，需在《安全专篇》中补充。

（3）瓦斯灾害防治。《可研报告》中对矿井瓦斯灾害防治的措施是基本合理、可行的。

该矿井虽然为低瓦斯矿井，但井田存在瓦斯局部积聚的可能性，同时该矿井属于近距离煤层开采，井田内煤层之间的间距不大，煤层开采后产生的冒落裂隙带可能影响到上部煤层或采空区，导致上部煤层采空区瓦斯涌入回采工作面，导致下部回采工作面瓦斯浓度升高或超限。因此，矿井投产后应及时进行瓦斯等级鉴定工作，加强对矿井各区域瓦斯涌出情况的观测，特别是地质构造较复杂区域，预防瓦斯的异常涌出。生产过程中应重点加强回采工作面上隅角瓦斯易积聚区域的检查，避免局部瓦斯积聚、超限而诱发事故。

（4）顶板灾害防治。《可研报告》中对采掘工作面支护设备、支护形式的选择合理、可行。但在锚杆支护巷道必须加强施工质量和顶板运动情况的监测，防止顶板事故的发生，相关措施在《安全专篇》中加以详细说明。

（5）矿井水灾防治

1）《可研报告》中对矿井含水层情况、充水条件进行了分析，并确定了井底中央水仓容量和中央泵房设备选型，设计合理，能够满足矿井排水的需要。《可研报告》中提出要加强探放水工作，预防采空区涌水，确定了防治水工作的重点，符合矿井实际。

2）在今后设计工作中对矿井水仓、中央泵房、各采区水仓和泵房要进行详细设计，确保排水系统合理，满足安全生产需要。

（6）矿井开采系统。《可研报告》中设计的井田境界划分、井筒位置、开拓方式、采煤方法、采掘工艺、工作面回采方式、掘进与支护、设备选型等基本合理，适合本矿井煤层条件。开采过程中要严格遵循自上而下的煤层开采顺序，薄煤层与厚煤层之间合理配采。

（7）通风系统。《可研报告》中提出的中央并列式的通风方式符合初期划定的井田范围，建议达产后矿井开采范围扩大之后，采取混合式通风方式，以满足安全生产条件。《可研报告》中风量计算过程中未严格按照 AQ 1028—2006 标准计算，需在《初步设计》中重新对照标准计算矿井风量、矿井通风阻力，确定风机选型。生产中要做好无轨胶轮车所需风量的校核工作，避免尾气对作业人员的伤害。

（8）矿井供电系统。《可研报告》确定的矿井供电电源、供电线路、地面配电、井下供电系统等合理、可行，符合《煤矿安全规程》的规定。本区内天气干旱，多风少雨，受沙尘暴危害严重，架空线、杆、塔选型应充分考虑当地气象条件，10 kV 下井电源及井下采区 3 300 V 供电，必须在《安全专篇》中提出专门安全技术措施。

由于《可研报告》双回路供电线路均较长，因此架线杆、塔等设施可能通过其他煤矿境界，其他煤矿的开采造成的地表沉陷均会对架线杆、塔等的安全性造成一定的影响，因此，建议矿方在供电线路选择上应做充分的考虑。

（9）提升运输系统。《可研报告》提出的主井提升系统、副井提升系统、井下运输系统、辅助运输系统及设备选型等基本合理，符合矿井开采条件，满足生产的需要。在《初步设计》中要重新计算和校核设备选型，安装齐全的各类保护装置，准确确定无轨胶轮车的数量，确保提升运输的安全。

（10）矿井通信系统、监控系统、压风系统、矿灯及自救器。《可研报告》对通信系统、监控系统、压风系统、矿灯型号数量、自救器数量进行了说明，基本符合《煤矿安全规程》等的相关规定，但压风系统对用风设备统计不全，需在编写初设时重新计算、设计。

（11）救援与职业健康。《可研报告》中对救护队的设备配置、救护协议的签订等内容叙述不明确，需在《安全专篇》中进行修改和补充完善。

3. 总体结论

综上所述：×××矿井采用斜井多水平开拓方式，系统简单，布局合理，生产集中，便于采掘接续。井底车场及硐室布置、采区划分及采区巷道布置、井巷支护方式、采掘工艺及采掘机械选型等的设计比较合理，矿井的提升运输、通风、排水、瓦斯防治、煤尘防治、安全监测、监控系统、通信系统等生产系统、辅助系统以及地面生产、生活设施的设计符合客观情况，基本合理。但整个井田范围内总体勘查程度低，应对井田范围内勘探程度不足的区域进行补充勘探，尤其矿井移交首采区勘查程度低，首采煤层无高级别（探明 331）资源储量直接影响首采面的布置，应在划定的先期开采区域进行必要的补充勘探，提高初期开采块段的地质控制程度，确保矿井移交生产时能够顺利回采，并抓紧办理井田境界内探矿权的相关手续。

第七章　煤矿安全评价报告编制

第一节　安全预评价报告编制

一、预评价报告的主要内容

预评价报告的主要内容应包括：概述，生产工艺简介和主要危险、有害因素分析，安全预评价方法和评价单元，定性、定量安全评价，安全对策措施，评价结论和建议。

1. 概述

概述包括编制预评价报告书的依据、建设项目概况和评价范围三部分。

（1）安全预评价依据。包括有关安全预评价的法律、法规及技术标准，建设项目可行性研究报告等建设项目相关文件，其他参考资料。

（2）建设单位简介。

（3）建设项目概况。包括建设项目选址、总图及平面布置、生产规模、工艺流程、主要设备、主要原材料、中间体、产品、经济技术指标、公用工程及辅助设施等。

2. 生产工艺简介和主要危险、有害因素分析

在分析建设项目资料和对同类生产厂家初步调研的基础上，对建设项目建成投产后生产过程中所用原、辅材料，中间产品的数量、危险性、有害性及其储运，以及生产工艺、设备，公用工程，辅助工程，地理环境条件等方面危险、有害因素进行分析，确定主要危险、有害因素的种类、产生原因、存在部位及其可能产生的后果，以便确定评价对象和选用评价方法。

3. 安全预评价方法和评价单元

根据建设项目主要危险、有害因素的种类和特征，选用评价方法。不同的危险、有害因素，选用不同的方法；对重要的危险、有害因素，必要时可选用两种（或多种）评价方法进行评价，相互补充、验证，以提高评价结果的可靠性。

在选用评价方法的同时，应明确所要评价的对象和进行评价的单元。

4. 定性、定量安全评价

定性、定量安全评价是预评价报告书的核心章节，应分别运用所选取的评价方法，对相应的危险、有害因素进行定性、定量的评价计算和论述。根据建设项目的具体情况，对主要危险、有害因素应分别采用相应评价方法进行评价，对危险性大且容易造成群死群伤事故的危险因素，也可选用两种或几种评价方法进行评价，以相互验证和补充。

5. 安全对策措施

由于安全方面的对策措施对建设项目的设计、施工和今后的安全生产及管理具有指导作用，因此备受建设、设计单位的重视，这也是预评价报告书中的一个重要章节。因此，提出的安全对策措施针对性要强，要具体、合理、可行，一般情况下按下列几个方面分别列出可行性研究报告中已提出的和建议补充的安全对策措施：

（1）总图布置和建筑方面的安全措施。

（2）工艺和设备、装置方面的安全措施。

（3）安全工程设计方面的对策措施。

（4）安全管理方面的对策措施。

（5）应采取的其他综合措施。

同时，本节中应列出建设项目必须遵守的国家和地方安全方面的法规、法令、标准、规范和规程。

6. 预评价结论和建议

主要内容应包括以下几方面：

（1）简要地列出对主要危险、有害因素评价（计算）的结果。

（2）明确指出本建设项目今后生产过程中应重点防护的重大危险因素。

（3）指出建设单位应重视的重要安全技术措施和管理措施，以确保今后的安全生产。

二、预评价报告的格式

1. 封面。封面上应有（建设项目）安全预评价报告书、预评价单位全称、完成预评价报告书的日期（年、月）和预评价报告书的编号（与大纲编号相同）。如图 7—1 所示。

×××××××有限公司 ××矿井建设项目 安全预评价报告   评价机构名称 资质证书编号： ××××年××月

图 7—1　封面

2. 安全预评价单位资格证书影印件。

3. 著录项。评价课题组组长、主要人员和审核人员。如图 7—2 所示。

××××××××有限公司

××矿井建设项目

安全预评价报告

项目编号：×××

法定代表人：×××

技术负责人：×××

评价项目负责人：×××

××××年××月

评价人员

	姓名	资格证书号	从业登记编号	签字
项目负责人	×××	APR-×××××-××××		
项目组成员	×××	APR-×××××-××××		
	×××	APR-×××××-××××		
	×××	APR-×××××-××××		
	×××	APR-×××××-××××		
	×××	APR-×××××-××××		
	×××	APR-×××××-××××		
报告编制人	×××	APR-×××××-××××		
报告审核人	×××	APR-×××××-××××		
过程控制负责人	×××	APR-×××××-××××		
技术负责人	×××	APR-×××××-××××		

技术专家

姓名	签字
×××	
×××	
×××	

图 7—2　著录项

4. 编制说明（或前言）。如图 7—3 所示。

前　言

……（矿井简介）。

根据《中华人民共和国安全生产法》及国家关于建设项目的有关规定，为认真贯彻“安全第一、预防为主、控制有效”的安全生产方针，×××××××有限公司于2008年12月委托某评价机构对××矿井建设项目进行安全预评价。我单位接受委托函后即进行组织落实，制定了安全预评价工作计划及评价方案。

本次预评价工作主要依据《××井田煤炭资源储量核实报告》《××矿井可行性研究报告》及有关文件，评价范围限定在可研报告范围内。主要采用事故树分析法（FTA）、预先危险性分析法、综合评价法等评价方法，依据国家法律、法规和行业标准，结合本工程的特点，对该工程危险、有害因素的种类和危险、危害程度进行分析、预测，提出了有针对性的安全技术措施，得出评价结论。在与××矿井有关技术人员交换意见的基础上，编制完成了安全预评价报告。

图7—3　前言

5. 目录。如图7—4所示。

目录

图 7—4　目录

6. 正文。

7. 附件（或附录）。如图 7—5 所示。

附录

1. 关于《××井田煤炭勘探报告》矿产资源储量评审备案证明。

2. 《××井田煤炭勘探报告》矿产资源储量评审意见书。

3. 委托书。

图 7—5　附录

第二节　安全验收评价报告编制

一、安全验收评价报告的编制要求

安全验收评价报告是安全验收评价工作过程形成的成果。安全验收评价报告的内容应能反映安全验收评价两方面的义务：一是为企业服务，帮助企业查出安全隐患，落实整改措施以达到安全要求；二是为政府安全生产监督管理机构服务，提供建设项目安全验收的依据。

1. 安全验收评价报告内容的要求

（1）初步设计中的安全设（措）施，是否已按设计要求与主体工程同时建成，并投入使用。

（2）建设项目中的特种设备，是否经具有法定资格的单位检验合格，并取得安全使用证

（或检验合格证书）。

（3）工作环境、劳动条件等，经测试是否符合国家有关规定。

（4）建设项目中的安全设（措）施，经现场检查是否符合国家有关安全规定或标准。

（5）是否建立了安全生产管理机构；建立、健全了安全生产规章制度和安全操作规程；配备了必要的检测仪器、设备；组织进行劳动安全卫生培训教育及特种作业人员培训、考核及取证情况。

（6）是否制定了事故预防和应急救援预案。

2. 安全验收评价报告的编制要求

安全验收评价报告编制的要求为：内容全面、重点突出、条理清楚、数据完整、取值合理，整改意见具有可操作性，评价结论客观、公正。

二、安全验收评价报告的主要内容

1. 概述

（1）安全验收评价依据。

（2）建设单位简介。

（3）建设项目概况。

（4）生产工艺。

（5）主要安全卫生设施和技术措施。

（6）建设单位安全生产管理机构及管理制度。

2. 主要危险、有害因素识别

（1）主要危险、有害因素及相关作业场所分析。

（2）列出建设项目所涉及的危险、有害因素并指出存在的部位。

3. 总体布局及常规防护设施、措施评价

（1）总平面布局。

（2）厂区道路安全。

（3）常规防护设施和措施。

（4）评价结果。

4. 易燃易爆场所评价

（1）爆炸危险区域划分符合性检查。

（2）可燃气体泄漏检测报警仪的布防安装检查。

（3）防爆电气设备安装认可。

（4）消防检查（主要检查是否取得消防安全认可）。

（5）评价结果。

5. 有害因素安全控制措施评价

（1）防急性中毒、窒息措施。

（2）防止粉尘爆炸措施。

（3）高、低温作业安全防护措施。

（4）其他有害因素控制安全措施。

（5）评价结果。

6. 特种设备监督检验记录评价

（1）压力容器与锅炉（包括压力管道）。

（2）起重机械与电梯。

（3）厂内机动车辆。

（4）其他危险性较大的设备。

（5）评价结果。

7. 强制检测设备设施情况检查

（1）安全阀。

（2）压力表。

（3）可燃、有毒气体泄漏检测报警仪及变送器。

（4）其他强制检测设备设施情况。

（5）检查结果。

8. 电气安全评价

（1）变电所。

（2）配电室。

（3）防雷、防静电系统。

（4）其他电气安全检查。

（5）评价结果。

9. 机械伤害防护设施评价

（1）夹击伤害。

（2）碰撞伤害。

（3）剪切伤害。

（4）卷入与绞碾伤害。

（5）割刺伤害。

（6）其他机械伤害。

（7）评价结果。

10. 工艺设施安全连锁有效性评价

（1）工艺设施安全连锁设计。

（2）工艺设施安全连锁相关硬件设施。

（3）开车前工艺设施安全连锁有效性验证记录。

（4）评价结果。

11. 安全生产管理评价

（1）安全生产管理组织机构。

（2）安全生产管理制度。

（3）事故应急救援预案。

（4）特种作业人员培训。

（5）日常安全管理。

（6）评价结果。

12. 安全验收评价结论

在对现场评价结果分析归纳和整合基础上，做出安全验收评价结论。

（1）建设项目安全状况综合评述。

（2）归纳、整合各部分评价结果，提出存在问题及改进建议。

（3）建设项目安全验收总体评价结论。

13. 安全验收评价报告附件

（1）数据表格、平面图、流程图、控制图等安全评价过程中制作的图表文件。

（2）建设项目存在问题与改进建议汇总表及反馈结果。

（3）评价过程中的专家意见及建设单位证明材料。

14. 安全验收评价报告附录

（1）与建设项目有关的批复文件（影印件）。

（2）建设单位提供的原始资料目录。

（3）与建设项目相关的数据资料目录。

三、安全验收评价报告的格式

1. 封面。
2. 评价机构安全验收评价资格证书影印件。
3. 著录项目录。
4. 编制说明。
5. 前言。
6. 正文。
7. 附件。
8. 附录。

第三节　安全现状评价报告编制

一、安全现状评价报告的编制要求

安全现状评价报告的主要内容一般包括：

1. 前言

包括项目单位简介；评价项目的委托方及评价要求和评价目的。

2. 评价项目概况

应包括评价项目概况、地理位置及自然条件、工艺过程、生产运行现状、项目委托约定的评价范围、评价依据（包括法规、标准、规范及项目的有关文件）。

3. 评价程序和评价方法

说明针对主要危险、有害因素和生产特点选用的评价程序和评价方法。

4. 危险性预先分析

应包括工艺流程、工艺参数、控制方式、操作条件、物料种类与理化特性、工艺布置、总图位置、公用工程的内容，运用选定的分析方法对生产中存在的危险、危害隐患逐一分析。

5. 危险度与危险指数分析

根据危险、有害因素分析的结果和确定的评价单元、评价要素，参照有关资料和数据，用选定的评价方法进行定量分析。

6. 事故分析与重大事故模拟

结合现场调查结果以及同行或同类生产的事故案例分析，统计其发生的原因和概率，运用相应的数学模型进行重大事故模拟。

7. 对策措施与建议

综合评价结果，提出相应的对策措施与建议，并按照风险程度的高低进行解决方案的排序。

8. 评价结论

明确指出项目安全状态水平，并简要说明。

二、安全现状评价报告格式

安全现状评价报告建议采用图 7—6 所示的格式。不同行业在评价内容上有不同的侧重点，可进行部分调整或补充。

前言
目录
第一章　评价项目概述
第一节　评价项目概况
第二节　评价范围
第三节　评价依据
第二章　评价程序和评价方法
第一节　评价程序
第二节　评价方法
第三章　危险性预先分析
第四章　危险度与危险指数分析
第五章　事故分析与重大事故模拟
第六章　职业卫生现状评价
第一节　重大事故原因分析
第二节　重大事故概率分析
第三节　重大事故预测、模拟
第七章　对策措施与建议
第八章　评价结论
附录

图 7—6　安全现状评价报告格式

三、安全现状评价报告的特殊要求

安全现状评价报告的内容要求比预评价报告更详尽、更具体，特别是对危险分析要求较高，因此安全检查表的编制，要由懂工艺和操作的专家参与完成，评价组成员的专业能力应涵盖评价范围所涉及的专业内容。表7—1是某煤矿安全现状评价中通风安全所列出的安全检查表。

表7—1　某矿通风安全检查表

项目	评价内容	评价依据	评价结果
必备条件	1. 矿井具备完整的独立通风系统，生产水平和采区实行分区通风。 ①采区进、回风巷必须贯穿整个采区，严禁一段为进风、一段为回风。②高瓦斯有煤（岩）与瓦斯突出危险的矿井的每个采区和开采容易自燃煤层的采区必须设置一条专用回风巷。③低瓦斯矿井开采煤层群和分层开采采用联合布置的采区必须设置1条专用回风巷。④采掘工作面实行独立通风	《规程》第107、113、114条	矿井具有完整独立的通风系统，生产水平和采区实行分区通风
	2. 矿井使用安装在地面的矿用主要通风机进行通风，并有同等能力的备用主要通风机；矿井应备反风设施，并能在10 min内改变巷道中的风流方向，且主要通风机反风量不小于正常供风量的40%	《规程》第121、122条	三个通风机房均有2台同等能力的主通风机，10 min内均可以改变巷道风流，反风量满足要求
	3. 矿井、采区和采掘工作面的供风量必须满足安全生产要求，必须按实际风量核定矿井产量	《规程》第103、104条	矿井通风能力达到514.5万t/a，满足生产能力380万t/a的要求
	4. 掘进工作面使用专用局扇进行通风；瓦斯喷出区域、高瓦斯矿井、煤与瓦斯突出矿井中，掘进工作面的局扇采用专用变压器，专用电缆，专用开关供电，实现风电、瓦斯电闭锁。 低瓦斯矿井掘进工作面的局扇通风机，应采用装有选择性漏电保护装置的专用开关和供电线路供电，做到采掘与采煤工作面分开供电	《规程》第127、128条。《煤矿井下供电设计规范》	掘进工作面使用专用局扇进行通风，符合规定
通风系统	1. 备用主扇能在10 min内启动；装备主要通风机的出风井口安装防爆门	《规程》第121条	备用主扇均可以在5 min内启动，出风井口有防爆门

续表

项目	评价内容	评价依据	评价结果
通风系统	2. 主要通风机应定期进行性能测定。 新安装的主要通风机投入使用前，必须进行一次性能测定，以后每五年至少一次	《规程》第121条	2008年12月4日4台主扇由国家安全生产徐州劳动防护用品检测检验中心检测合格
	3. 主要通风机房应有电话直通矿调度室，并有反风操作系统图、司机岗位责任制和操作规程	《规程》第123条	各种设施、制度均齐全
	4. 无不符合《规程》规定的串联通风、扩散通风、采空区或冒顶区通风。 ①开采有瓦斯喷出或有煤（岩）与瓦斯突出危险煤层时严禁任何2个面之间串联通风； ②突出危险的采煤工作不得采用下行通风	《规程》第114、115、116条	无串联通风现象
	5. 井下爆破材料库、井下充电室、采区变电所必须有独立的通风系统	《规程》第130、131、132条	各硐室均为独立通风
	6. 矿井主要进、回风巷失修率符合要求。回风巷失修率不高于7%，严重失修率不高于3%，矿井主要进回风巷实际断面不能小于设计断面2/3	《煤矿安全质量标准》通风系统第7条规定	回风巷失修率、严重失修率均符合规定
	7. 矿井有通风系统图，并符合《规程》要求	《规程》第120条	按《规程》规定绘制通风系统图
局部通风	1. 局部通风机安装应符合《规程》要求。 ①压入式局部通风机和启动装置必须安装在进风巷道中，距掘进巷道回风口不得小于10 m，局扇不吃循环风。②局扇应挂牌指定专人管理，保证正常运转	《规程》第128条	压入式通风，安装位置符合规定，挂牌专人管理
	2. 局部通风机的风筒应符合《规程》要求。①必须采用抗静电阻燃风筒；②风筒口到迎头的距离符合作业规程规定	《规程》第128条	采用抗静电阻燃风筒，风筒口到迎头距离符合规定
	3. 使用局部通风机的掘进工作面不得停风	《规程》第129条	无停风现象
	4. 不得使用3台以上（含3台）局扇同时向1个掘进工作面供风；不得使用一台局部通风机同时向两个或两个以上地点供风	《规程》第128条	局扇使用符合规定

续表

项目	评价内容	评价依据	评价结果
通风设施	1. 应建立测风站，建立测风制度 ①在总进风和总回风巷建立测风站，各分风点设立测风站（点）； ②配备风表，每旬测风一次，有测风台账	《规程》第105条	矿井建有30处测风站，测风制度完善
	2. 控制风流的风门、风桥、风墙、风窗等设施必须可靠。进、回风井之间和主要进、回风巷之间的每个联络巷中，必须砌筑永久性风墙；需要使用的联络巷，必须安设连锁的2道正向风门和2道反向风门	《规程》第118、109、211条	井下风门、风桥等通风设施安全、可靠
	3. 采空区、报废巷道，长期停工地点管理。采空区必须及时密闭。采区开采结束45天内，必须在所有与已采区连通的巷道全部封闭采区	《规程》第117条	采空区按规定及时密闭

第八章　露天煤矿安全评价

第一节　前期准备

一、露天煤矿安全评价前需要准备的资料

露天煤矿建设项目安全验收评价和露天煤矿安全现状综合评价需要建设单位（或煤矿）提供资料参考目录如下：

1. 煤矿概况

（1）企业基本情况，包括隶属关系、职工人数、所在地区及其交通情况等。

（2）企业生产、经营活动合法证明材料，包括：企业法人证明、矿山企业生产营业执照、矿产资源开采许可证等。

2. 采场设计依据

（1）采场设计依据的批准文件。

（2）采场设计依据的地质勘探报告书。

（3）采场设计依据的其他有关矿山安全的基础资料。

3. 采场设计文件

（1）采场详细设计文件。

（2）开采水平、采区、采掘工作面设计文件。

（3）生产系统和辅助系统设计文件。

（4）下列反映采场实际情况和不同时期开采情况的图纸

1）地形地质图。

2）工程地质平面图、断面图和综合水文地质平面图。

3）采剥工程平面图、断面图。

4）排土工程平面图。

5）运输系统图。

6）输配电系统图。

7）安全监测装备布置图。

8）通信系统图。

9）防排水系统及排水设备布置图。

10）边坡监测系统平面图、断面图。

11）井工老空区、废弃巷道与露天采场平面对照图。

4. 生产系统及辅助系统说明

（1）采场实际生产能力、开拓方式、开采水平等。

（2）开采水平、采区、采掘工作面生产及安全情况的说明。

（3）生产系统和辅助系统生产及安全情况的说明。

5. 危险、有害因素分析所需资料

（1）地质构造资料。

（2）工程地质及对开采不利的岩石力学条件。

（3）水文地质及水文资料。

（4）内因火灾倾向性资料。

（5）采场热害资料。

（6）有毒有害物质组分和放射性物质含量、辐射类型及强度。

（7）地震资料。

（8）气象条件资料。

（9）生产过程危害因素分析（主要生产环节或者生产工艺的危害因素分析）。

（10）附属生产单位或附属设施危害因素分析。

（11）矿体四邻情况和废弃采场情况及其危害因素。

（12）矿体开采的特殊危害因素的说明。

6. 安全技术与安全管理措施资料

（1）矿体开采可能滑坡区地面范围资料。

（2）采场、水平、采区的安全通道布置、开采顺序、采矿方法。

（3）边坡稳定及防治滑坡的措施。

（4）保障采场通风的措施。

（5）防治瓦斯、煤尘爆炸的安全措施。

（6）防治自燃发火的安全措施。

（7）防治采场火灾的安全措施。

（8）防治地面洪水的安全措施。

（9）防治采场突水、涌水的安全措施。

（10）提升、运输及机械设备防护装置及安全运行保障措施。

（11）供电系统安全保障措施。

（12）爆破安全措施。

（13）爆破器材加工、储存安全措施。

（14）防噪声、振动的安全措施。

（15）矿山安全监测设备资料。

（16）安全标志及其使用情况资料。

（17）安全生产责任制。

（18）安全生产管理规章制度。

（19）安全操作规程。

（20）其他安全管理和安全技术措施。

7. 安全机构设置及人员配置

（1）安全管理、通风防尘、灾害监测机构及人员配置。

（2）工业卫生、救护和医疗急救组织及人员配置。

（3）安全教育、培训情况。

（4）工种及其设计定员。

8. 安全专项投资及其使用情况

主要包括：项目改造投资、安全设备投资、人员安全培训与教育投资、安全风险投资等。

9. 安全检验、检测和测定的数据资料

（1）特种设备检验合格证。

（2）特殊工种培训、考核记录及其上岗证。

（3）边坡稳定情况测定数据。

（4）采场空气、防尘测定数据。

（5）采场瓦斯测定数据。

（6）采场涌水量记录。

（7）采场自燃发火区记录及其自燃情况的数据。

（8）各类事故情况的记录。

（9）职工健康监护的数据。

（10）其他安全检验、检测和测定的数据资料。

10. 安全评价所需的其他资料和数据

其他资料和数据包括：井田开发状况、矿区总体规划、附属生产厂家或公司的配置情况等。

二、露天煤矿安全评价常用的法律依据及标准

1. 常用法律、法规与指导性文件

（1）《中华人民共和国劳动法》。

（2）《中华人民共和国煤炭法》。

（3）《中华人民共和国安全生产法》。

（4）《中华人民共和国矿山安全法》。

（5）《中华人民共和国职业病防治法》。

（6）《中华人民共和国环境保护法》。

（7）《矿山安全条例》。

（8）《煤矿安全监察条例》。

（9）《安全生产许可证条例》。

（10）《中华人民共和国矿山安全法实施条例》。

（11）《中华人民共和国民用爆破物品管理条例》。

（12）《中华人民共和国尘肺病防治条例》。

（13）《关于加强煤矿安全生产工作规范企业劳动定员管理的若干指导意见》。

（14）《建设项目（工程）劳动安全卫生监察规定》。

（15）《煤矿矿山救护工作暂行规定》。

(16)《关于国有煤矿防治重大瓦斯煤尘事故的规定》。
(17)《煤矿井下粉尘综合防治技术规范》。
(18)《国务院关于预防煤矿生产安全事故的特别规定》。
(19)《煤矿建设项目安全设施监察规定》。
(20)《关于加强建设项目劳动安全卫生预评价工作的通知》。
(21)《关于加强建设项目安全设施“三同时”工作的通知》。
(22)《煤矿安全监控系统及检测仪器使用管理规范》。

2. 规程及规范

(1)《煤矿安全规程》。
(2)《煤炭工业露天矿设计规范》。
(3)《防洪标准》。
(4)《建筑抗震设计规范》。
(5)《建筑设计防火规范》。
(6)《煤矿防治水规定》。
(7)《矿山电力设计规范》。
(8)《供配电系统设计规范》。
(9)《通用用电设备配电设计规范》。
(10)《继电保护和安全自动装置技术规程》。
(11)《66 kV 及以下架空电力线路设计规范》。
(12)《爆炸和火灾危险环境电力装置设计规范》。
(13)《煤矿安全装备基本要求（试行)》。
(14)《生产过程危险和有害因素分类和代码》。
(15)《工业企业设计卫生标准》。
(16)《爆破安全规程》。
(17)《粉尘作业场所危害程度分级》。
(18)《重大事故隐患管理规定》。
(19)《爆炸危险场所安全规定》。
(20)《工业企业噪声控制设计规范》。
(21)《安全预评价导则》。
(22)《煤矿评价通则》。
(23)《矿区水文地质工程地质勘探规范》。
(24)《煤、泥炭地质勘查规范》。

3. 技术资料、基础资料

项目在运作之前、期间相关政府、管理部门制定的文件和审批意见等。

第二节　主要危险、有害因素危险性分析

露天煤矿与井工煤矿有很大的不同，井工煤矿是在地下封闭的空间作业，而露天煤矿是

在敞开型的空间内作业，不安全因素比井工煤矿要少些，从安全生产和劳动保护方面来讲比井工煤矿优越。

露天煤矿的主要生产系统有：采剥排土系统，运输系统，边坡与滑坡防治系统，主要危险、有害因素有：台阶塌陷、片帮、滚石，火灾，煤尘爆炸，水害，爆破器材存储、运输和使用，电气，职业危害以及其他危险、有害因素。

一、采剥排土系统危险性分析

1. 采剥系统

如某露天煤矿可行性研究报告中，设计剥离工程采用单斗-卡车开采工艺。采煤采用单斗-卡车-半移动破碎站-带式输送机半连续开采工艺。设计使用 WK-20 型挖掘机。一期工程期间使用 2 台挖掘机，2 年 5.0 Mt/a 过渡期时使用 4 台挖掘机，二期工程期间使用 6 台挖掘机，达产后第 10 年生产剥采比由 4.80 m^3/t 增大到 5.97 m^3/t 时，自营挖掘机增至 8 台。其危险、有害因素见表 8—1。

表 8—1　　采剥系统危险、有害因素

危险、有害因素	伤害情况
单斗挖掘机与清扫作业的推土机因操作失误导致相撞	挖掘设备在启动、行走、装车前未发信号，其他设备没有确认，瞭望不够，造成挖掘机与车、推土机或其他设备的刮碰
人员误入作业区，铲斗撒出物料砸伤人员	挖掘机司机因技术不熟练、不负责任、睡眠不足、精神不佳、装车时砸车厢、刮车体、刮厢斗，撒落物料砸伤人员
双侧装载时，卡车就位不准导致物料撒落	挖掘机装煤时未注意煤中混杂的铁器（如电铲勺斗大牙、翻板，或其他金属部件等），造成破碎机损坏及运煤皮带撕裂、断裂损伤
卡车倒车时司机操作失误与挖掘机相撞等	挖掘机走车时瞭望不够，或缺乏经验，造成掉道，断方轴，轧坏电缆
电铲采装	冬季采装时，台阶上的冻土岩块会砸伤电铲
	雨季平盘有积水，会造成电铲陷入软岩

2. 爆破作业

（1）爆破作业可能产生的危险情况

1）现场加工药包或装药时爆炸。火雷管、塑料导爆管遇明火或撞击；非电毫秒雷管、非电瞬发雷管遇明火或撞击。

2）爆破作业瞎炮。起爆时断爆；非电瞬发电雷管以及非电毫秒雷管起爆、塑料导爆管起爆、导爆线起爆及导火线火雷管起爆都可能因网络连接有误出瞎炮；火药及火工品质量不合格或过期变质可能出瞎炮；加工起爆药包时，雷管未放入其中；装药时岩粉碎石堵塞，隔断起爆弹与炸药引起拒爆等。

3）二次爆破出瞎炮。主要危险、有害因素有：先行起爆的炸飞了后续起爆的导火线；火雷管未装入炸药中，火雷管失效；导火线中断传导；火工品质量差，过期变质。

4）瞎炮爆炸。瞎炮附近补穿孔砸、撞引爆系统而爆炸；机械清理不规范，人工清理不规范而爆炸；推土机作业，砸、撞引爆系统而爆炸；不知有瞎炮，挖掘机作业、推土机作业而引爆。

5）爆破飞石伤害。安全警戒距离之内的人没通知周全，有人被飞石砸伤；安全警戒距离不够，有人被飞石砸伤；设备的安全警戒距离不明确砸坏了设备；瞎炮处理不当，引起爆炸伤人。

6）残药爆炸。炸药混装车向钻孔中装药，到最后一孔没清扫干净，在车中有残留炸药。

（2）爆破材料储存可能出现的危险情况

1）避雷线电阻值超标，雷电引爆火药库。

2）库房起火。爆破材料遇静电火花、火种、撞击起火；电气设备电弧、电气设备操作失误、电气老化起火。

（3）爆破材料运输可能存在的危险、有害因素

1）火工品无毡布遮盖，夏季受烈日暴晒，火药车行车聚集大量静电（接地链导电不良时）。

2）押运人员装卸火工品时，不小心撞击爆破器材，穿着易产生静电的衣服和带钉的鞋等。

3. 排土作业

排土作业对推土机、自卸式卡车机械性能要求很高，尤其是制动系统不能有任何问题。另外，对安全堤的要求也很高。安全堤高度不合格，推土机容易倒出安全堤而掉坑。此外，作业人员操作不慎，倒车超速、视线不清，也很容易造成事故。

二、运输系统危险性分析

1. 卡车运输

例如，根据某露天煤矿可行性研究报告资料，设计在一期阶段使用 20 台，二期使用 31 台 108 t 自卸式卡车运输，外包工程队伍设计在一期使用 84 台、二期使用 149 台 25 t 自卸式卡车运输。即使是在一期工程阶段，场内运输车辆已经达到了 104 台，另外还有各种服务型车辆，包括炸药混装车、杂作业车、压路机、洒水车、平地机、加油车、生产指挥车等。众多不同性质的车辆同时在场内作业，若是不遵守场内交通规则，不按照各自的路线行驶，不遵守统一调度制度，就很容易发生事故。煤矿剥离选用 108 t 大型卡车盲区较大，容易碰撞其他卡车和砸小型车辆、人员，存在的危险程度较大。启动时没给信号，或没走出司机室瞭望盲区，最容易发生轧小车、轧设备和轧人的危险。另外，根据煤矿所属地区露天煤矿收集的资料统计可知，近三年内该区露天煤矿发生过三起卡车运输事故，其中两起是车辆事故，一起是车辆掉坑事故，另一起是倒车轧人事故。

交通运输系统存在的主要危险情况有：

（1）卡车与轻型车碰撞。俗称大车轧小车，由于车体结构的原因，使驾驶卡车的司机不能看到向前行驶的最近路段，构成视野盲区，因而不可避免地存在大型卡车与驶入其盲区的

轻型车辆发生碰撞的可能性。此类事故在大型露天矿中多有发生。

卡车运行的主要危险、有害因素是：存在盲区；转向、制动失效（机械系统、电气系统和人为因素）；轻型卡车驶入（相对运动）盲区之前未能发现（天气影响、夜晚）；超速运行；司机技术不佳；行车路线违规等。

轻型车运行的主要危险、有害因素是：违反行车规则，不遵守左侧通行；停车位置不安全（如盲区内）；超速行驶；抢道；制动失效；转向不灵；人的因素（情绪焦躁、作风松懈、困乏、不守规程、饮酒等）。

(2) 卡车与卡车碰撞。驾驶员操作失误，不熟悉露天场内的作业环境和路线，不合理使用灯光，超速、超载或是抢路行驶，也容易发生车辆碰撞事故。该露天煤矿生产能力大，使用车辆多，而且该矿地处高寒地带，冬季冰冻时期较长，路面较滑，也容易造成车辆碰撞和翻倒事故。冬天冰雪天气，视线不清，容易发生追尾事故。卡车运行中存在卡车与卡车相碰撞的可能性，其主要危险、有害因素是：

超速行驶；抢道；道路等级差（转弯半径小、坡度大，竖曲线半径小，道路宽度不足3车道）；安全路标不齐，无反光标志等；路面不好；司机操作失误；车况不佳；两车同侧行驶时后面的车速过快或制动失效可能导致追尾。

(3) 卡车着火。导致卡车着火的主要危险、有害因素是油和火源。

可燃油：发动机漏油、储油箱漏油及其连接的油管破裂漏油；

液压油：液压油泵漏油；液压油管漏油；翻卸车举升缸系统漏油；后车轮内制动系统漏油；前车轮转向系统漏油；控制系统漏油；润滑油系统存在于各个机械零部件的间隙及封闭壳内漏油。

火源：主要是制动片摩擦产生高温，一旦遇到喷洒出的油，起火燃烧；发动机排气管高温红热，遇到喷洒出的油燃烧；电气着火。

(4) 卡车启动撞坏设备、撞轧人。启动前瞭望不够，尤其是对存在于盲区和车体附近的人员与设备查看不够；发出行车信号不到位或未发出信号。

(5) 卡车侧翻倒。过弯道时卡车速度超过了额定车速，超过了重车抗倾倒的安全系数，导致翻倒。装车时超载、偏载，且过弯道时偏载在弯道外侧，导致事故的发生。路面凹凸不平，导致卡车过弯道时，路面外侧超高不足，加大离心力矩，使车辆翻倒；或偏载侧在路面凹处，导致事故发生。

(6) 卡车翻滚到台阶下。安全挡墙不合格，高度、宽度不够，坚固程度不够，或无安全墙。超速行车，弯道处超速导致离心力过大撞毁安全墙翻滚而下。

(7) 装车不规范，如出现超载、装载过满情况，卡车边缘会有大块物料掉落，容易砸伤人员。

(8) 爆胎。轮胎磨耗超限或轮胎局部受损伤，抗空气压力明显下降到不能约束轮胎内空气压力时；轮胎受到突然撞击，胎内压力突然增大，超过轮胎约束力；轮胎受到热源的热量、胎内压力增加，超过轮胎约束力。

2. 皮带运输

皮带运输存在的危险、有害因素主要有：

(1) 皮带纵向撕裂。金属物料、硬块砸伤皮带或在转载点处卡住，撕裂皮带；跑偏开关失灵，皮带跑偏后磨损、刮住部件，撕裂皮带；皮带机件（清扫器架、挡料帘固定件、机头槽梁、护栏等）在运转中损坏脱落，在转载点处卡住，将皮带撕裂；托辊不转或断裂后卡在皮带上，将皮带撕裂。

（2）皮带横向拉断。皮带跑偏后又回来，但未回到原位，而被物料挡板内侧挡住，拉伤该侧皮带边缘，断口渐大，而横向拉断。

（3）皮带缠绕主驱动滚筒。在皮带机头（驱动站）处，由于被撕裂的皮带缠绕主驱动滚筒，扩大了事故，造成了张紧滑轮损坏和滚筒损坏事故。

（4）皮带跑偏。滚筒轴向与皮带运行方向不垂直；托辊轴向与皮带运行方向不垂直；滚筒一侧磨耗过量；托辊故障；大块重物料冲击皮带弹起又回落，而未落回原位、跑偏。

（5）撒料或溢料。因皮带跑偏引起皮带过度磨耗而撒料；前后序皮带机启动和停机程序失误，造成转载点处发生大量溢料事故；转载点处挡料帘破损造成撒料事故。

（6）人员伤亡。在皮带运行中（未停机），人员临时探进身体、手臂清扫或维修造成伤亡；停机维修、清扫时，由于闭锁失灵或其他原因突然开机，人员来不及撤出而被卷进去造成人员死亡；停机时，人员违章踏上皮带，突然启动后，被卷进去而死亡。

有的露天煤矿地处高寒地带，冬季非常寒冷。冬季在生产过程中，皮带运输物料有可能冻结。若是在皮带运输过程中物料冻结而没有及时发现或没有采取措施，就很可能产生皮带撕裂或是皮带摩擦着火现象。因此，对于皮带运输环节，应采取相应的防止物料冻结的安全措施。

三、边坡与滑坡防治系统危险性分析

滑坡是对露天矿威胁最大的地质灾害。根据研究，当边坡稳定系数下降到1.0以下时，边坡就可能失稳并最终产生滑坡。通过对已发生的各类滑坡事故进行分析可知，导致露天矿边坡失稳的主要因素有：

1. 岩性

地层岩性对边坡稳定性的影响很大，软硬相间，并有软化、泥化或易风化的夹层最易造成边坡失稳。如某露天矿边坡岩体岩性以软岩为主，软岩中蒙脱石含量为13%～63%，一般为40%，且第四系潜水丰富。同时，边坡中有多层软弱夹层，对边坡稳定十分不利。同时，内、外排土场排弃物料以泥岩为主，物料松散，散体物料岩体强度低，对排土场边坡稳定十分不利。

2. 地下水

地下水是影响边坡稳定的十分敏感的因素。地下水位增高，边坡稳定性下降。

3. 坡表水

如某露天矿边坡岩性以软岩为主，蒙脱石含量达23%，其遇水后，强度降低较快，往往造成滑坡事故。

4. 边坡角

边坡角是控制边坡稳定程度的最主要因素之一，边坡角越大，边坡稳定性越差。

5. 排土场基底

排土场基底工程地质、水文地质条件是决定排土场排弃高度、边坡稳定性的决定性因

素。基底承载力低，排土场稳定性差。

6. 排土线推进强度

排弃物料排弃后，均有自然沉降周期和孔隙压力消散过程。如果排土强度过大，基底或排土台阶排弃物内孔隙压力未及时消散，极易造成滑坡或片帮事故。

7. 排弃工艺

最下层应该排弃硬岩，然后还要使软岩和硬岩混合排放。

边坡稳定是关系到露天煤矿安全生产的重要环节，需要矿方特别重视，认真做好边坡管理和维护工作，防止出现滑坡重大事故。

四、台阶塌陷、片帮、滚石

如某露天矿所处井田地质的第四系十分发育，广泛分布于煤系地层之上。厚度为10.55～68.77 m，平均厚度为32.78 m。岩性由褐黄色黏土、砂质黏土、砂砾，少量的中砂、细砂、粉砂、少量的砖红色砾石和腐殖土等组成。岩石抗压强度均小于10 MPa，系软弱松散岩类，而岩性复杂。岩石强度低，台阶有发生坍塌、片帮的危险。

该露天煤矿采用挖掘机采剥装载，场内还有松动爆破作业，由于区内岩石较为松散，在施工作业中，台阶坡面有发生滚石的危险。

曾有邻近露天矿发生过一起表土台阶超高和地表渗漏导致的工作面台阶坍塌事故，造成死亡4人、设备损坏的重大损失。

五、火灾

露天煤矿涉及的火灾危险，依据引火源的性质可分为自燃火灾（内因火灾）危险和外因火灾危险两种。自然火灾主要是煤炭在一定的条件和环境下（破碎堆积、连续的供氧条件和保存热量的环境），自身发生物理、化学变化，逐渐聚集热量而着火形成的火灾。外因火灾是可燃物受到外来热源的作用而形成的火灾。

内因火灾主要是煤炭的自燃，主要可能发生内因火灾的地方是采场、处理矸石的排土场及储煤场等。

快速装车站和圆形储煤场均是可能发生内因火灾的重要场所。如果露天煤矿所采的煤为褐煤，煤容易自燃。因此，在这两个要害场所要配备有足够的消防器材，而且还要建立严格的管理制度，由专人负责，随时观测检查，一旦发现隐患及时处理。在储煤场还应留有消防通道，以便出现危险情况能够及时灭火。

外因火灾主要发生于设备、建筑物、仓库、油库、爆破器材库、各作业车间等。可能发生在生产作业场所的外因火灾因素主要有：挖掘机、履带式推土机、平路机、吊车等设备的液压系统、润滑系统及电气系统可能导致火灾；皮带运输机着火。

其中皮带运输机发生火灾的危险性比较大。虽然皮带一般都具有阻燃性，但是当局部温度过高时也会导致燃烧，主要是皮带机的某些部件由于轴承损坏后继续作业，致使该转动部件停转，产生摩擦使温度过高，从而导致着火。另外，当带式输送机运送的物料是煤时，若皮带周围煤尘积压过多，也会导致因煤尘着火而引燃皮带。

露天煤矿中的油库一般储油量较大，加上存在于爆炸性气体环境中，属于重大危险区域，是消防工作防范的重点对象。

六、煤尘爆炸危险性分析

当粒径小于 1 mm、具有爆炸性的煤尘悬浮于空气中，且浓度为 40～2 500 g/m^3，氧气体积分数大于 13%，遇到火源（最低点火温度为 600～1 000℃）或火花（最低点火能为 30 mJ)时，就会发生爆炸事故。

煤尘爆炸会产生高温火焰（温度可达 2 500℃)、爆炸冲击波（最高达 2 MPa)，并生成大量的一氧化碳和其他有毒有害气体。高温火焰会造成人员皮肤、呼吸器官和消化器官黏膜烧伤，并导致电气设备毁坏，以及引起火灾。爆炸冲击波可造成人员创伤、死亡，导致设备毁坏。

煤尘爆炸多发生在局部空间内。对于露天煤矿，最有可能发生煤尘爆炸的场所是快速装车站、圆形储煤场和皮带机走廊内。

露天煤矿的生产能力较大，快速装车站储煤量也较多，容易产生大量煤尘。而圆形储煤场通常储煤量都较大，在这样一个封闭的空间内储存大量煤炭，一旦碰到干燥多风季节，极易产生大量煤尘。如果降尘除尘措施不到位，就很可能造成大量煤尘积聚，这就为煤尘爆炸创造了条件。在生产中应加强对各煤层煤尘爆炸性的监测工作，以免导致爆炸事故。

七、水害危险性分析

露天矿水害主要是矿坑内地下水涌出和大气降雨积水。水害不仅影响矿山的生产，还会导致滑坡、地基沉降等地质灾害。以下是某露天矿水害控制措施：

1. 地下水控制

一期达产时期，该含水层主要分布在－5 勘探线附近，即采掘场的中部。利用降水孔超前疏干降压和平盘集水沟、集水坑平行疏干的联合疏干方式疏降Ⅰ号含水层地下水。二期达产时期，Ⅰ号含水层的疏干方式同一期。采用地面降水孔超前疏干截取部分补给量，在平盘开挖集水沟、集水坑疏干静储量的联合疏干方式疏降Ⅱ号含水层地下水。

2. 采场排水

在采掘场坑底较低位置开挖集水坑，设置采掘场排水泵站，排水泵站随采掘推进而相应移设。由排水泵站向南侧端帮布设两条相互平行的排水管路（一条正常降雨排水管路和一条暴雨排水管路)，排水管路引至地面后向西平行于 1 号疏干排水管布置。暴雨排水管路的水排放至采掘场西南侧天然沟道中排除区外。二期达产时，在采掘场底部煤岩破碎站附近，由于断层两侧 2 煤底板的赋存情况，相应地将采掘场坑底划分成两个汇水区。在各自汇水区的较低位置开挖集水坑，分别设置采掘场 1 号排水泵站和 2 号排水泵站。1 号、2 号排水泵站分别向南侧端帮各布置两条相互平行的排水管路，排水管路引至地面后向西平行与疏干排水管路布置。暴雨排水管路的水排放至采掘场西南侧天然沟道中排除区外。雨季时，在采掘场坑底设临时排水沟，汇水通过临时排水沟进入采掘场排水泵站。

3. 地面排水

采掘场北侧、东侧修筑 1 号防洪堤Ⅰ段拦截上游汇水；在采掘场北端帮地表境界外利用二号疏干排水管路埋设后形成的挡水土堤拦截局部汇水。

一期达产以后，在采掘场北侧修筑1号防洪堤Ⅱ段，并将1号防洪堤Ⅱ段与Ⅰ段相连接构成一个长达6 300 m的防洪堤，拦截采掘场北侧大范围的汇水，将汇水导出区外。并在采掘场北侧端帮境界外设置1号挡水坝拦截1号防洪堤南侧流入采掘场的汇水。对1号挡水坝汇水区内不能自流排出的汇水，采用潜水电泵排除。

八、爆破器材存储、运输及使用危险性分析

例如，某露天煤矿按7 Mt/a生产能力消耗量爆破材料对爆破材料库进行了设计。二期达到设计产量时爆破材料消耗量为：多孔粒状铵油炸药693.4 t/a，乳化炸药115.6 t/a，2号岩石炸药177.2 t/a；塑料导爆管38.5万m/a，导火索0.8万m/a，导爆索15.4万m/a；火雷管1.5万发/a；非电毫秒雷管2.3万发/a；非电瞬发雷管2.3万发/a。因此，煤矿需建爆破材料库、混装炸药车地面制备站各一座。

考虑当地没有爆破材料制造厂，该矿爆破材料库储存各种炸药的总容量，不得超过由该库所供应露天矿两个月的计划需用量；导爆索及雷管的总容量不得超过6个月的计划需用量。因此，本着这一原则，爆破材料库内布置有乳化炸药库、2号岩石炸药库、雷管库、导爆索库及其相关辅助设施。

库区内拟建：乳化炸药库一座，储存量为30t，危险等级为1.1级；2号岩石炸药库一座，储存量为30t，危险等级为1.1级；雷管库1座，储存量为5万发，危险等级为1.1级；导爆索库1座，储存量为30万m，危险等级为1.1级。

库区内有大门、门卫及值班室、消防泵房、消防水池、雷管检查室等相应的辅助设施，满足安全需要。

爆破材料采用1台专用运输车运输，爆破材料库共有生产人员8人。

爆破材料库为危险品仓库区。爆破材料仓库1.1级危险品仓库单个库房外部安全距离均满足《民用爆破器材工程设计安全规范》(GB 50089—2007)规范要求。爆破材料库1.1级危险品仓库之间均设有防护屏障，内部距离符合《民用爆破器材工程设计安全规范》(GB 50089—2007)有关规定。

爆破器材是危险物品，应该有严格完善的管理制度，由专人负责。该危险品是必要的生产物品，但是一旦外泄、流失，会给社会带来极大的危害。因此，应依照《中华人民共和国民用爆破物品管理条例》建立相应的爆破器材存储、运输和使用管理制度。

九、电气危险性分析

1. 过电压和消防隐患

由于气候变化、雷雨时节常因雷击产生过电压、放电产生火花或将设备和电缆击穿甚至短路。放电产生的火花或短路的火源将易燃物（电缆、控制线、残留少量的油、油污等）点燃，引发火灾，变电所内未装设烟雾报警装置、通风排烟装置及足够的灭火器材，事故处理困难，导致事故扩大，变电所停电，露天矿停产。

2. 开关断路器容量不足

由于多种原因设备损坏，电缆所产生的短路电流相当大，地面10 kV级短路电流在1 000 A以上，因开关断路器容量小，不能分断短路电流，瞬间产生大量的热能而烧毁设备

及电缆，或可能引发火灾扩大事故，造成部分用户或矿区停电、停产，可能导致人员伤亡，财产损失。

3. 主要容量不足，电源线路缺陷

矿区电源线路如果未按当地气象条件设计，一旦遇到大风、雷电、雨雪、结冰等恶劣气候，线路强度不足，易造成倒杆、断线。

4. 继电保护装置缺陷

继电保护是变电站（所）的重要装置，如果未装设或设计不当，型号落后，就会出现越级跳闸、误动作，没有选择性跳闸，无故停电，扩大事故范围。

5. 触电

露天煤矿变电所架空线路全线应设有避雷线。强电变配电所应设有独立的避雷针，母线设阀型避雷器可防雷电波入侵。移动变电站内也要设有避雷器。露天采掘场 6kV 以上配电系统应采用中性点经电阻接地系统，接地保护装置设在移动变电站。

十、职业危害因素

1. 粉尘

粉尘对工人的健康极为不利，长期暴露于粉尘浓度较高的作业场所，可能会对作业人员造成伤害。长期接触煤尘会引起煤矽肺。此外，粉尘还会降低工作场所的可见度，使工伤事故增多，加速机械的磨损，缩短精密仪表的使用时间。

对于露天作业场所，粉尘危害尤其严重，在整个生产过程中都不可避免地会产生各种粉尘，其中采掘作业场所、排土场、钻机钻孔场所、破碎站及皮带运输转载点产生的粉尘尤为突出。

2. 生产性噪声与振动

机械设备运转和煤岩的钻孔、破碎及转载过程中都会产生强度不等的噪声。长期接触一定强度的噪声，会对人体产生不利的影响，如对听力的损伤，严重的会导致噪声性耳聋，或对神经系统、心血管系统等产生影响。一般是钻机在钻孔过程中和机修车间及其他大型设备运转的场所产生的噪声强度较大。

对于操纵大型设备的人员，由于长期接触设备运转过程中振动的操纵杆，可能会导致局部振动病。

3. 有毒有害气体

露天作业环境中的有毒有害气体主要来自爆破、燃料尾气和煤炭自燃，爆破产生的有害气体与应用的炸药有关，常见的气体有一氧化碳、二氧化氮等。

煤层或排放到排土场混有煤的矸石长期暴露在空气中易发生自燃现象，自燃后产生的大量煤烟，其中含有烟尘、一氧化碳、二氧化碳、二氧化硫、氮氧化物、碳氢化物等有害气体。

各种挖掘机械和运输机械的燃料尾气中含有一氧化碳、氮氧化物等，也会污染环境。以上有毒有害气体在露天矿坑深处不容易扩散，会对作业人员的健康产生损害甚至致人中毒。

4. 其他

如计量设备中的电离辐射、变电所等场所的电磁辐射、机修车间电焊作业产生的紫外线等都对人体有所伤害。

十一、其他危险有害因素

1. 油库

（1）油罐漫溢。卸油时不能及时监测液面，造成油品跑冒，使油蒸气浓度迅速上升，达到爆炸极限范围，遇到火源，即可爆炸燃烧。

（2）油品滴漏。由于卸油胶管破裂、密封垫破损、快速接头螺钉松动等原因，使油品漏在地面，遇火花便会燃烧。

（3）静电起火。由于油管、罐车无静电接地，卸油时流速过快等原因造成静电积聚放电，点燃油蒸气。

（4）在非密封卸油过程中，大量油蒸气从卸油口冒出，当周围出现烟火时，就可能爆炸燃烧。

（5）若油罐车到站未静置稳油（小于 10 min）就开盖量油，会引起静电起火。

（6）油管未安装量油孔或量油孔铝质（铜质）镶槽脱落，在量油时，量油尺与钢质管口摩擦产生火花，就会点燃罐内油蒸气，引起爆炸燃烧。

（7）在气压低、无风的环境下，工作人员穿着化纤服装，因衣物摩擦产生静电火花也能点燃油蒸气。

（8）清洗油罐不彻底，残余有油蒸气，因摩擦、电火花都可能导致火灾。

（9）加油时未采取密封加油技术，使大量油蒸气外溢或由于操作不当、油品外溢等原因，在加油口附近形成一个爆炸危险区域，遇明火、使用手机、铁钉鞋摩擦、金属碰撞、电气打火、发动机排气管喷火等，都可导致火灾。

（10）油罐、管道渗漏。由于设备质量差、腐蚀或法兰未紧固等原因，造成油品渗漏，遇明火便会燃烧。

（11）雷击。雷电直击或间接放电于油罐及有关设备，而导致燃烧、爆炸。

（12）电气火灾。因电气设备老化，绝缘破损，过电流、短路、接线不规范，电气使用不当等引起火灾。

（13）油蒸气沉积。油蒸气密度比空气密度大，易沉淀于管沟、电缆沟、下水道等低凹处，一旦遇火会爆炸燃烧。

（14）明火管理不严。因生产、生活用火失控，会引起站房或站外火灾。

2. 机修车间危险性分析

露天煤矿机修车间是机电维修的重要场所，拥有多种加工手段，其危险、有害因素是机械伤害、高空坠物、触电伤害、噪声、粉尘、火灾等。

（1）机械伤害。在设备检修和机械加工中，机械事故比例较高，主要有：

1）维修设备时，由于防护不当造成砸、挤、刮、碰等人身伤亡事故和机械故障。

2）维修车间内的设施如各种机床、电动大门，由于操作不当或失控，造成人身伤害事故。

3）检修车辆运输事故及电焊、气焊等设备防护不当，违章操作造成外伤。

4）由于维修车间通道不畅，引起碰、挤、卡、撞等事故，使用移动吊车时，司机的盲区（被墙体遮挡等原因）导致拉倒墙体而砸伤人员及汽车吊顶倾斜等危险情况。

5）机修车间用电设备及设施较多，电气装置绝缘损坏、操作失误、误接触带电物体、设备漏电等均可引发触电事故。

6）拆装轮胎、轮辋时，未按操作规程操作，轮胎气体未放尽就进行拆装作业，造成崩胎、崩轮辋事故。

（2）高空坠落伤害

1）高空检修设备作业时，未采取必要的防护措施，造成人员坠落事故。

2）吊装作业时，未按吊装作业安全规程操作，造成高空坠物伤人事故。

3）火灾及爆炸。机修中心常用压缩气体、乙炔气、氧气、喷漆等，使用不当（如氧气、乙炔气之间的距离不够等）会发生危险，对人体造成伤害。

第三节　安全对策措施及建议

以下为某露天煤矿安全预评价时，提出的安全对策措施及建议：

一、采剥系统安全对策措施

1. 单斗挖掘机司机上车前应该观察周围人员情况，倒车、装车、行车启动前发信号，装车不砸车厢，不刮车体、勺斗，不撒落物料、岩块，不陷铲，不压电缆。

2. 台阶高度，不爆破的剥离台阶和爆破的煤岩台阶分别不得大于挖掘机最大挖掘高度的 1 倍和 1.2 倍；司机应密切关注滚石，避免从高处砸入司机室。

3. 过渡期挖掘机增至 4 台，二期时达到 6 台，最终数量确定为 8 台，多台挖掘机同时作业，需要制定相应的作业规程，在不同的台阶采剥以致互不影响。

二、运输系统安全对策措施

1. 卡车运输安全技术措施

（1）大型卡车启动行车前和倒车时要观察周围人员情况，及时发出信号。

（2）行车保持间距，不超载、不超速（尤其是弯道不超速）；会车道口缓行或停车瞭望，礼让行车，遵守道路行车规则（如界限内左侧通行，限界外右侧通行）。

（3）大卡车安装并改进视盲镜，减少卡车视野盲区；小车插高位标志杆（昼旗夜灯），便于被大卡车发现。

（4）保证道路质量合格，安全挡墙合格，防排水系统合格，安全路标齐全、合格，有夜间显示，平路车和洒水车要保障道路清洁平整。

（5）修路设备功能完善、能力齐全；洒水车能力充足，坚持洒水。

（6）雨天路泥泞，坏天气道路积水、积雪、结冰有防治措施。

（7）若矿地处高寒地带，由于天气原因导致视线不清，要有保障场内灯光的照明设施。

（8）加强对卡车司机的技术培训和安全培训，使他们熟悉作业场内的路线和安全常识。

除以上安全技术措施外，对卡车运输提出以下建议：

（1）避免运煤系统与剥离系统平面交叉，从而减少危险因素。

（2）加强外包工程协作单位的安全管理，建立相应的管理制度，防止因为行驶车辆多、线路不清而造成交通运输事故。

（3）应将新增大卡车与原有小卡车设置成各自相对独立的运输系统，以防止大卡车轧小车、碰撞等事故发生。

（4）及时检修机械操作系统和电气系统，保持制动和转向系统完好。

（5）每天按安全标准检查轮胎气压，予以增补，发现轮胎刮伤影响安全时及时更换，卸螺母时严防伤人。

（6）严格执行防灭火管理制度，及时检查自动灭火装置，备足灭火器材，一旦轮胎着火、火势扩大时，只能用水枪远距离灭火，禁止人员靠近。

2. 皮带运输安全对策措施及建议

（1）建议矿方对皮带机走廊采取防冻措施，以免因为天气原因造成物料黏结而致使皮带撕裂、着火。

（2）皮带机要安装自动闸或逆止器、防跑偏等安全保护装置，安全保护装置要齐全、完好、先进，性能可靠，以防撕裂撒料、飞石等。

（3）机头机尾处设安全防护罩，防止人员擅入，防止飞石溅出。

（4）皮带运输机走廊为全封闭式，为了避免煤尘积聚，应设置降尘装置。

（5）设备巡视人员发现问题时，等停机后进行处理。电气检修应确认停电并挂好接地线后进行检修，避免发生伤亡事故；设备检修时，停电要有人看护开关，或上锁，防止多工种、多人交叉作业情况下，误操作造成事故。

三、排土工程安全对策措施

1. 建议在初步设计之前，做必要的工程地质勘探、岩石物理力学试验，对采场、内外排土场边坡稳定性做出定量评价。

2. 为防止卡车在卸车排土时跌落台阶，必须严格控制倒车速度不要过猛，且制动系统良好；有合格的安全堤（高为车轮直径的2/5）；作业场地保持3%～5%反坡；排水系统良好，场地无积水，场地不滑。雨后不能立刻作业，待作业场地晾干后，能正常下沉承载载重卡车时方可作业。

3. 为防止卡车侧翻，倒车方向要垂直工作线，不要歪斜驶向安全挡土墙（使单侧后轮驶上挡墙——车身重心升高偏向一侧——失稳侧翻）；不超载，不超速。

4. 加强地表水管理，防止坡表水入渗边坡，严禁坡表水沿坡漫流。对非稳定区边坡建立临时变形监测线，并进行必要的变形预测或滑坡预报。雨季加强边坡巡视与加密变形观测。

5. 建议在排土工作面设移动照明灯，保证夜间照明良好，并及时调整照射范围和方向，确保不刺激卡车司机的眼睛，并保证排土工作面视线良好。

6. 为防止推土机跌落台阶，不准平行工作线推土而且又靠近边沿。

7. 为防止推土机与卡车碰撞，应时刻注意观察，以信号沟通，准确判断。

四、边坡与滑坡防治系统安全对策措施

1. 建立、完善边坡管理制度，设立专职机构、人员管理边坡。

2. 应不间断地加强并改进疏干排水措施。

3. 对非稳定区边坡建立临时变形监测线，并进行必要的变形预测或滑坡预报。雨季加强边坡巡视与加密变形观测。

4. 制定滑坡应急救援处理预案。应投入专项资金进行边坡稳定工作。

五、防治水系统安全技术措施

1. 雨季前对全矿防排水设施做全面检查，制订好防排水计划和措施。对露天矿地表和边坡上的排水沟要进行修补、清淤，以防倒灌和漫流。有渗漏危险地段设平盘导流槽和边坡导流槽。在滑坡危险区周围设截水沟。在水沟经过变形、裂缝地段处采取防渗措施。

2. 疏干排水方案要确保相应条件下的边坡稳定，开采工艺的可靠性和恶劣天气（严寒）条件下的工艺可操作性。

3. 在后期开采揭露Ⅰ号、Ⅱ号裂隙-孔隙承压含水层前，对其采取预先疏干降压措施，应进行地下水位、水压及涌水量的观测，分析地下水对边坡的影响程度及疏干效果，进一步制定地下水治理措施，确保地表和坑内排水设施不对边坡构成渗水威胁。

4. 建议初步设计阶段对排土场排水设施做出详细说明。外排土场应布设行之有效的排水设施，包括水沟、导流槽，防止冲刷和过量渗透，尤其要防止基底积水，以确保外排土场的稳定。

5. 制定好防治水的应急预案，以保证矿区生产不受水害影响。

6. 建议在初步设计中根据邻近煤矿实际资料和两种以上的方法对洪峰流量计算进行核实。

7. 建议矿方在初步设计时，在二期产量高峰期补充暴雨时期相应能力的排水泵，以保证暴雨时期的安全生产需要。

六、防尘、防灭火安全技术措施

1. 皮带机走廊内应装设降尘喷雾装置，快速装车站也应该设置降尘除尘装置，以防煤尘积聚。

2. 储煤场内部应定时进行必要的除尘，以防出现火灾。而且还要留有消防通道，一旦出现着火，能够及时采取措施。

3. 作业场内以及道路上的洒水车应保障没有煤尘飞扬，确保空气清新，视线清楚，保证运输安全。

4. 应制定详细的防止煤炭自燃发火的安全技术措施和完善的防灭火系统。

5. 应进一步对煤矿采、运、排的主要设备和辅助设备火灾进行分析及制定防治措施。

6. 对防尘系统缺少详细的设计，应注意在凿岩用水的防冻和道路洒水对呼吸性粉尘的抑制，可根据实际情况添加防冻剂和湿润剂。

7. 采掘、运输、排土等主要设备，必须备有灭火器材，并定期检查和更换，以保证质

量合格、数量充足、功能有效。

8. 制定各部门的消防责任制度，建立应急预案。

七、爆破作业和爆破材料运输与储存系统安全对策措施

1. 培训爆破特殊工种工人（持公安局颁发考试合格证书），执行《煤矿安全规程》和《爆破作业安全操作规程》，完成煤矿爆破作业，可保障安全。

2. 煤矿采取垂直双排孔松动爆破方式，在炮孔装药充填和爆破安全警戒距离等方面应严格遵守《煤矿安全规程》的要求。

3. 矿方需要建立完善的爆破材料库管理制度，包括领取登记、运输和使用制度。并且配备专人负责。

八、供电安全对策措施

为进一步提高矿山供电的可靠性，保证矿山生产不受影响，生产过程中还应注意以下几点：

1. 为提高电气设备可靠性，积极推广供配电软件的应用，及时调整继电保护的整定，建立一套完整的继电保护整定技术档案。

2. 建立供配电系统定期检查制度，排查隐患，确保供配电系统的可靠性。

3. 定期检查采场和排土场的接地网，并及时测量接地网的电阻值。

4. 加强对通信系统设施的维护和防雷、接地等安全防护的检修。

5. 建议移动变电站和用电设备接地或接零线采用橡套电缆，并配备相应的接地线监测系统；爆破作业结束后，必须检查爆破区的接地装置。

6. 35 kV 电源架空线路只按经济电流选择型号，建议同时采用另外两种安全载流量和热稳定性选择架空线。

7. 煤矿的外部供电电源不详细，请说明供电电源来自方向及长度。

8. 建议有淹没危险的主排水泵站的电源线路设有两回路，当一回路停电时，另一回路能承担最大的排水负荷。

九、安全卫生保健安全对策措施

1. 新工人入矿前，必须经过体检，不适合从事露天煤矿作业者不得录用。

2. 接触粉尘及其他有毒有害物质的作业人员，必须定期进行健康检查。体检鉴定患有职业病或职业禁忌证，并确诊不适合原工种的，应及时调离。

3. 破碎场、排土场等粉尘和有毒有害气体污染源，应当位于工业场地和居民区的最小频率风向的上风侧。

4. 作业地点的空气中，粉尘和有毒有害物质的浓度不得超过规定值，并定期进行测定。产尘及有毒有害作业点的人员，应佩戴个体防护器具。

5. 作业场所的噪声，不宜超过 90 dB（A）。达不到噪声标准的作业场所，作业人员应佩戴防护用具。

6. 对于振动危害，应尽量选用振动小、动平衡性能好的设备，或安装减振设施；操作

人员要佩戴防振手套、防振鞋等个体防护用品，降低振动危害程度。

7. 采场附近应设保健站或医务室，并备有电话、急救药品和担架。

8. 露天煤矿应备有医疗救护用车与保健站，并备有电话等通信设施、急救药品和担架等应急设施。

附录一 《安全评价通则》
(AQ 8001—2007)

1 范围

本标准规定了安全评价的管理、程序、内容等基本要求。

本标准适用于安全评价及相关的管理工作。

2 规范性引用文件

下列文件中的条款通过本标准的引用而成为本标准的条款。凡是注明日期的引用文件，其随后所有的修改本（不包括勘误的内容）或修订版不适用于本标准。然而，鼓励根据本标准达成协议的各方研究是否可使用这些文件的最新版本。凡是不注明日期的引用文件，其最新版本适用于本标准。

GB 4754 国民经济行业分类

3 术语和定义

3.1 安全评价 Safety Assessment

以实现安全为目的，应用安全系统工程原理和方法，辨识与分析工程、系统、生产经营活动中的危险、有害因素，预测发生事故或造成职业危害的可能性及其严重程度，提出科学、合理、可行的安全对策措施建议，做出评价结论的活动。安全评价可针对一个特定的对象，也可针对一定区域范围。

安全评价按照实施阶段的不同分为三类：安全预评价、安全验收评价、安全现状评价。

3.2 安全预评价 Safety Assessment Prior to Start

在建设项目可行性研究阶段、工业园区规划阶段或生产经营活动组织实施之前，根据相关的基础资料，辨识与分析建设项目、工业园区、生产经营活动潜在的危险、有害因素，确定其与安全生产法律法规、标准、行政规章、规范的符合性，预测发生事故的可能性及其严重程度，提出科学、合理、可行的安全对策措施建议，做出安全评价结论的活动。

3.3 安全验收评价 Safety Assessment Upon Completion

在建设项目竣工后正式生产运行前或工业园区建设完成后，通过检查建设项目安全设施与主体工程同时设计、同时施工、同时投入生产和使用的情况或工业园区内的安全设施、设备、装置投入生产和使用的情况，检查安全生产管理措施到位情况，检查安全生产规章制度健全情况，检查事故应急救援预案建立情况，审查确定建设项目、工业园区建设满足安全生产法律法规、标准、规范要求的符合性，从整体上确定建设项目、工业园区的运行状况和安全管理情况，做出安全验收评价结论的活动。

3.4 安全现状评价 Safety Assessment In Operation

针对生产经营活动中、工业园区的事故风险、安全管理等情况，辨识与分析其存在的危险、有害因素，审查确定其与安全生产法律法规、规章、标准、规范要求的符合性，预测发生事故或造成职业危害的可能性及其严重程度，提出科学、合理、可行的安全对策措施建议，做出安全现状评价结论的活动。

安全现状评价既适用于对一个生产经营单位或一个工业园区的评价，也适用于某一特定的生产方式、生产工艺、生产装置或作业场所的评价。

3.5 安全评价机构 Safety Assessment Organization

是指依法取得安全评价相应的资质，按照资质证书规定的业务范围开展安全评价活动的社会中介服务组织。

3.6 安全评价人员 Safety Assessment Professional

是指依法取得《安全评价人员资格证书》，并经从业登记的专业技术人员。其中，与所登记服务的机构建立法定劳动关系，专职从事安全评价活动的安全评价人员，称为专职安全评价人员。

4 管理要求

4.1 评价对象

4.1.1 对于法律法规、规章所规定的、存在事故隐患可能造成伤亡事故或其他有特殊要求的情况，应进行安全评价。也可根据实际需要自愿进行安全评价。

4.1.2 评价对象应自主选择具备相应资质的安全评价机构按有关规定进行安全评价。

4.1.3 评价对象应为安全评价机构创造必备的工作条件，如实提供所需的资料。

4.1.4 评价对象应根据安全评价报告提出的安全对策措施建议及时进行整改。

4.1.5 同一对象的安全预评价和安全验收评价，宜由不同的安全评价机构分别承担。

4.1.6 任何部门和个人不得干预安全评价机构的正常活动，不得指定评价对象接受特定安全评价机构开展安全评价，不得以任何理由限制安全评价机构开展正常业务活动。

4.2 工作规则

4.2.1 资质和资格管理

4.2.1.1 安全评价机构实行资质许可制度。

安全评价机构必须依法取得安全评价机构资质许可，并按照取得的相应资质等级、业务范围开展安全评价。

4.2.1.2 安全评价机构需通过安全评价机构年度考核保持资质。

4.2.1.3 取得安全评价机构资质应经过初审、条件核查、许可审查、公示、许可决定等程序。

安全评价机构资质申报、审查程序详见附录A。

a）条件核查包括：材料核查、现场核查、会审三个阶段。

b）条件核查实行专家组核查制度。材料核查2人为1组；现场核查3至5人为1组，并设组长1人。

c）条件核查应使用规定格式的核查记录文件。核查组独立完成核查、如实记录并做出评判。

d）条件核查的结论由专家组通过会审的方式确定。

e）政府主管部门依据条件核查的结论，经许可审查合格，并向社会公示无异议后，做出资质许可决定；对公示期间存在异议或受到举报的申报机构，应在进行调查核实后再做出决定。

f）政府主管部门依据社会区域经济结构、发展水平和安全生产工作的实际需要，制订安全评价机构发展规划，对总体规模进行科学、合理控制，以利于安全评价工作的有序、健康发展。

4.2.1.4　业务范围

a）依据国民经济行业分类类别和安全生产监管工作的现状，安全评价的业务范围划分为两大类，并根据实际工作需要适时调整。安全评价业务分类详见附录B。

b）工业园区的各类安全评价按本标准规定的原则实施。

c）安全评价机构的业务范围由政府主管部门根据安全评价机构的专职安全评价人员的人数、基础专业条件和其他有关设施设备等条件确定。

4.2.1.5　安全评价人员应按有关规定参加安全评价人员继续教育保持资格。

4.2.1.6　取得《安全评价人员资格证书》的人员，在履行从业登记，取得从业登记编号后，方可从事安全评价工作。安全评价人员应在所登记的安全评价机构从事安全评价工作。

4.2.1.7　安全评价人员不得在两个或两个以上安全评价机构从事安全评价工作。

4.2.1.8　从业的安全评价人员应按规定参加安全评价人员的业绩考核。

4.2.2　运行规则

4.2.2.1　安全评价机构与被评价对象存在投资咨询、工程设计、工程监理、工程咨询、物资供应等各种利益关系的，不得参与其关联项目的安全评价活动。

4.2.2.2　安全评价机构不得以不正当手段获取安全评价业务。

4.2.2.3　安全评价机构、安全评价人员应遵纪守法、恪守职业道德、诚实守信，并自觉维护安全评价市场秩序、公平竞争。

4.2.2.4　安全评价机构、安全评价人员应保守被评价单位的技术和商业秘密。

4.2.2.5　安全评价机构、安全评价人员应科学、客观、公正、独立地开展安全评价。

4.2.2.6　安全评价机构、安全评价人员应真实、准确地做出评价结论，并对评价报告的真实性负责。

4.2.2.7　安全评价机构应自觉按要求上报工作业绩并接受考核。

4.2.2.8　安全评价机构、安全评价人员应接受政府主管部门的监督检查。

4.2.2.9　安全评价机构、安全评价人员应对在当时条件下做出的安全评价结果承担法律责任。

4.3　过程控制

4.3.1　安全评价机构应编制安全评价过程控制文件，规范安全评价过程和行为，保证安全评价质量。

4.3.2　安全评价过程控制文件主要包括机构管理、项目管理、人员管理、内部资源管理和公共资源管理等内容。

4.3.3　安全评价机构开展业务活动应遵循安全评价过程控制文件的规定，并依据安全评价过程控制文件及相关的内部管理制度对安全评价全过程实施有效的控制。

5 安全评价程序

安全评价的程序包括前期准备，辨识与分析危险、有害因素；划分评价单元，定性、定量评价，提出安全对策措施建议，做出评价结论，编制安全评价报告。

安全评价程序框图见附录C。

6 安全评价内容

6.1 前期准备

明确评价对象，备齐有关安全评价所需的设备、工具，收集国内外相关法律法规、标准、规章、规范等资料。

6.2 辨识与分析危险、有害因素

根据评价对象的具体情况，辨识和分析危险、有害因素，确定其存在的部位、方式，以及发生作用的途径和变化规律。

6.3 划分评价单元

评价单元划分应科学、合理、便于实施评价、相对独立且具有明显的特征界限。

6.4 定性、定量评价

根据评价单元的特性，选择合理的评价方法，对评价对象发生事故的可能性及其严重程度进行定性、定量评价。

6.5 对策措施建议

6.5.1 依据危险、有害因素辨识结果与定性、定量评价结果，遵循针对性、技术可行性、经济合理性的原则，提出消除或减弱危险、危害的技术和管理对策措施建议。

6.5.2 对策措施建议应具体翔实，具有可操作性。按照针对性和重要性的不同，措施和建议可分为应采纳和宜采纳两种类型。

6.6 安全评价结论

6.6.1 安全评价机构应根据客观、公正、真实的原则，严谨、明确地做出安全评价结论。

6.6.2 安全评价结论的内容应包括高度概括评价结果，从风险管理角度给出评价对象在评价时与国家有关安全生产的法律法规、标准、规章、规范的符合性结论，给出事故发生的可能性和严重程度的预测性结论，以及采取安全对策措施后的安全状态等。

7 安全评价报告

7.1 安全评价报告是安全评价过程的具体体现和概括性总结。安全评价报告是评价对象实现安全运行的技术性指导文件，对完善自身安全管理、应用安全技术等方面具有重要作用。安全评价报告作为第三方出具的技术性咨询文件，可为政府安全生产监管、监察部门、行业主管部门等相关单位对评价对象的安全行为进行法律法规、标准、行政规章、规范的符合性判别所用。

7.2 安全评价报告应全面、概括地反映安全评价过程的全部工作，文字应简洁、准确，提出的资料清楚可靠，论点明确，利于阅读和审查。

7.3 安全评价报告的格式见附录D。

附录略。

附录二 《煤矿安全评价导则》
(煤安监技装字［2003］114号)

1 主题内容和适用范围

本导则依据《安全评价通则》制定，规定了煤矿建设项目安全预评价、煤矿建设项目安全验收评价和煤矿安全现状综合评价（以下统称煤矿安全评价）的目的、基本原则、内容、程序和方法，适用于煤矿建设项目和煤矿的安全评价。

2 煤矿安全评价目的与基本原则

煤矿安全评价目的是为了贯彻“安全第一，预防为主”的方针，提高煤矿的本质安全程度和安全管理水平，减少与控制煤矿建设项目和煤矿生产中的危险、有害因素，降低煤矿生产的安全风险，预防事故发生，保护建设单位和煤矿的财产安全及人员的健康和生命安全。

煤矿安全评价基本原则是具备国家规定资质的安全评价机构科学、公正和合法地自主开展安全评价。

3 定义

3.1 煤矿建设项目安全预评价

在煤矿建设项目可行性研究报告完成后，根据建设项目可行性研究报告的内容，定性、定量分析和预测该建设项目可能存在的各种危险、有害因素，确定其危险度，提出合理可行的安全对策措施及建议。

3.2 煤矿建设项目安全验收评价

在煤矿建设项目竣工、试生产运行正常后，通过对煤矿建设项目的设施、设备、装置实际情况和管理状况的调查分析，查找该煤矿建设项目投产后存在的危险、有害因素，确定其危险度，提出合理可行的安全对策措施及建议。

3.3 煤矿安全现状综合评价

通过对煤矿设施、设备、装置实际情况和管理状况的调查分析，定性、定量分析其生产过程中存在的危险、有害因素，确定其危险度，对其安全管理状况给予客观的评价，对存在的问题提出合理可行的安全对策措施及建议。

4 煤矿安全评价内容

4.1 煤矿建设项目安全预评价内容

分析煤矿建设项目的规模、范围、厂址及其周边情况；

评价煤层瓦斯赋存条件和自燃倾向性、煤尘爆炸性、岩（煤）体含水储水条件和岩石力学、老窑分布等与安全生产有关的数据资料的充分性；

分析和预测煤矿建设项目投入生产后可能存在的危险、有害因素，预测发生重大事故的危险度；

分析并明确安全设施、设备在生产和使用中的作用和要求，提出合理可行的安全对策措施及建议。

4.2 煤矿建设项目安全验收评价内容

检查各类安全生产相关资质（资格）、证件、数据资料的系统性和充分性，说明是否满足安全生产法律法规和技术标准的要求；

评价安全设施与有关规定、标准、规程的符合性及其确保安全生产的可行性、可靠性；

评价安全管理模式、制度的系统性和科学性，明确安全生产责任制、安全管理机构及安全管理人员、安全生产制度等安全管理相关内容是否满足安全生产法律法规和技术标准的要求及其落实执行情况；

通过对煤矿的系统、开采方式、生产场所及其设施、设备的实际情况、管理状况的调查分析，查找该煤矿投产后危险、有害因素，确定其危险度；

评价生产系统和辅助系统，明确是否形成了煤矿安全生产系统，提出合理可行的安全对策措施及建议。

对于一矿多井的企业，应先分别对各个自然井按上述要求进行安全验收评价，然后再根据所属自然井的安全验收评价结果对全矿井进行安全验收评价。

4.3 煤矿安全现状综合评价内容

评价煤矿安全管理模式对确保安全生产的适应性，明确安全生产责任制、安全管理机构及安全管理人员、安全生产制度等安全管理相关内容是否满足安全生产法律法规和技术标准的要求及其落实执行情况，说明现行企业安全管理模式是否满足安全生产的要求；

评价煤矿安全生产保障体系的系统性、充分性和有效性，明确其是否满足煤矿实现安全生产的要求；

评价各生产系统和辅助系统及其工艺、场所、设施、设备是否满足安全生产法律法规和技术标准的要求；

识别煤矿生产中的危险、有害因素，确定其危险度；

评价生产系统和辅助系统，明确是否形成了煤矿安全生产系统，对可能的危险、有害因素，提出合理可行的安全对策措施及建议。

对于一矿多井的企业，应先分别对各个自然井按上述要求进行安全现状综合评价，然后再根据所属自然井的安全评价结果对全矿井进行安全现状综合评价。

5 煤矿安全评价程序

煤矿安全评价程序一般包括：前期准备；危险、有害因素识别与分析；划分评价单元；现场安全调查；定性、定量评价；提出安全对策措施及建议；做出安全评价结论；编制安全评价报告；安全评价报告评审等。

5.1 前期准备

明确评价对象和范围，进行煤矿建设项目或煤矿现场调查，初步了解煤矿建设项目或煤矿状况，收集国内外相关法律法规、技术标准及与评价对象相关的煤矿行业数据资料。

煤矿建设项目安全预评价需要建设单位提供资料参考目录见附录A。

井工煤矿建设项目安全验收评价和井工煤矿安全现状综合评价需要建设单位（或煤矿）提供资料参考目录见附录B。

露天煤矿建设项目安全验收评价和露天煤矿安全现状综合评价需要建设单位（或煤矿）提供资料参考目录见附录C。

5.2　危险、有害因素识别与分析

根据煤矿的开拓工艺、开采方式、生产系统和辅助系统、周边环境及水文地质条件等特点，识别和分析生产过程中的危险、有害因素。

井工煤矿生产系统与辅助系统包括的内容见附录D。

露天煤矿生产系统与辅助系统包括的内容见附录E。

5.3　划分评价单元

对于生产系统复杂的煤矿建设项目（或煤矿），为了安全评价的需要，可以按安全生产系统、开采水平、生产工艺功能、生产场所、危险与有害因素类别等划分评价单元。评价单元应相对独立，便于进行危险、有害因素识别和危险度评价，且具有明显的特征界限。

5.4　现场安全调查

针对煤矿生产的特点，对照安全生产法律法规和技术标准的要求，采用安全检查表或其他系统安全评价方法，对煤矿（或选择的类比工程）的各生产系统及其工艺、场所和设施、设备等进行安全调查。

在煤矿建设项目的安全验收评价和煤矿安全现状综合评价中，通过现场安全调查应明确：

安全管理机制、安全管理制度等是否适合安全生产，形成了适应于煤矿生产特点的安全管理模式；

安全管理制度、安全投入、安全管理机构及其人员配置是否满足安全生产法律法规的要求；

生产系统、辅助系统及其工艺、设施和设备等是否满足安全生产法律法规及技术标准的要求；

可能引起火灾、瓦斯与煤尘爆炸、煤与瓦斯突出、水害、片帮冒顶等灾害、机械伤害、电气伤害及其他危险、有害因素是否得到了有效控制；

明确通风、排水、供电、提升运输、应急救援、通讯、监测、抽放、综合防突等系统及其他辅助系统是否完善并可靠；

说明各安全生产系统、开采方法及开采工艺等是否合理；

明确采空区、废弃巷道（或边坡）是否都进行了管理，并得到了有效控制；

不满足安全生产法律法规或不适应煤矿安全生产的事故隐患有哪些。

5.5　定性、定量评价

选择科学、合理、适用的定性、定量评价方法，对可能引发事故的危险、有害因素进行定性、定量评价，给出引起事故发生的致因因素、影响因素及其危险度，为制定安全对策措施提供科学依据。

5.6　提出安全对策措施及建议

根据现场安全检查和定性、定量评价的结果，对那些违反安全生产法律法规和技术标准或不适合本煤矿的行为、制度、安全管理机构设置和安全管理人员配置，以及不符合安全生产法律法规和技术标准的工艺、场所、设施和设备等，提出安全改进措施及建议；对那些可能导致重大事故发生或容易导致事故发生的危险、有害因素提出安全技术措施、安全管理措施及建议。

5.7 做出安全评价结论

简要地列出对主要危险、有害因素的评价结果，指出应重点防范的重大危险、有害因素，明确重要的安全对策措施。

对于煤矿建设项目安全验收评价，还应做出开拓方式、开采方法、生产工艺与系统、辅助系统、安全管理以及安全设施的设计、施工、生产和使用等是否满足有关安全生产法律法规和技术标准要求的结论。

对于煤矿安全现状综合评价，还应做出开拓方式、开采方法、生产工艺与系统、辅助系统、安全管理等是否满足有关安全生产法律法规和技术标准要求以及安全管理模式是否适应安全生产要求的结论。

5.8 编制安全评价报告

煤矿安全评价报告是煤矿安全评价过程的记录，应将安全评价对象、安全评价过程、采用的安全评价方法、获得的安全评价结果、提出的安全对策措施及建议等写入安全评价报告。

煤矿安全评价报告应满足下列要求：

真实描述煤矿安全评价的过程；

能够反映出参加安全评价的安全评价机构和其他单位、参加安全评价的人员、安全评价报告完成的时间；

简要描述煤矿建设项目可行性研究报告内容或煤矿生产及管理状况；

阐明安全对策措施及安全评价结果。

煤矿建设项目安全预评价报告主要内容参见附录F。

煤矿建设项目安全验收评价报告主要内容参见附录G。

煤矿安全现状综合评价报告主要内容参见附录H。

5.9 安全评价报告评审

建设单位（或煤矿）将安全评价报告送有关单位组织专家进行技术评审，并由专家评审组提出书面评审意见，评价单位根据审查意见，修改、完善评价报告。建设单位（或煤矿）应将安全评价报告报送当地煤矿安全监察机构（或由当地人民政府指定的负责煤矿安全监察工作的其他部门）备案。

6 安全评价报告格式

安全评价报告格式一般包括：

封面（参见附录I）；

评价机构安全评价资格证书副本复印件；

著录项（参见附录J）；

目录；

编制说明；

前言；

正文；

附件；

附录。

7　**安全评价报告载体**

安全评价报告一般采用纸质载体。为适应信息处理需要，安全评价报告可辅助采用电子载体形式。

附录略。

参 考 文 献

[1] 国家安全生产监督管理总局. 安全评价. 北京：煤炭工业出版社，2005

[2] 中国就业培训技术指导中心. 安全评价师（国家职业资格三级）（第二版）. 北京：中国劳动社会保障出版社，2010

[3] 中国就业培训技术指导中心. 安全评价常用法律法规（第二版）. 北京：中国劳动社会保障出版社，2010

[4] 中国就业培训技术指导中心. 安全评价师（基础知识）（第二版）. 北京：中国劳动社会保障出版社，2010

[5] 沈斐敏. 安全评价. 徐州：中国矿业大学出版社，2009

[6] 李美庆. 安全评价员实用手册. 北京：化学工业出版社，2007

[7] 柴建设等. 安全评价　技术·方法·实例. 北京：化学工业出版社，2008

[8] 佟瑞鹏等. 常用安全评价方法及其应用. 北京：中国劳动社会保障出版社，2010

[9] 马英楠. 安全评价基础知识. 北京：中国劳动社会保障出版社，2010